Flugregelung

Walter Fichter · Johannes Stephan

Flugregelung

Theoretische Grundlagen für die Lenkung und Regelung von Flächenflugzeugen

Walter Fichter
Institut für Flugmechanik und Flugregelung
Universität Stuttgart
Stuttgart, Deutschland

Johannes Stephan
Navigation and Flight Control
Volocopter GmbH
Bruchsal, Deutschland

ISBN 978-3-662-60906-4   ISBN 978-3-662-60907-1   (eBook)
https://doi.org/10.1007/978-3-662-60907-1

Die Deutsche Nationalbibliothek verzeichnet diese Publikation in der Deutschen Nationalbibliografie; detaillierte bibliografische Daten sind im Internet über http://dnb.d-nb.de abrufbar.

Verantwortlich im Verlag: Markus Braun

Springer Vieweg ist ein Imprint der eingetragenen Gesellschaft Springer-Verlag GmbH, DE und ist ein Teil von Springer Nature.
Die Anschrift der Gesellschaft ist: Heidelberger Platz 3, 14197 Berlin, Germany

Vorwort

Die Automatisierung und Autonomie von Flugzeugen spielen bei aktuellen und
zukünftigen Entwicklungen in der Luftfahrttechnik eine zentrale Rolle. Dies ist im
Fall von unbemannten Flugzeugen offensichtlich, aber auch bei bemannten Flugzeugen finden Automatisierungs- und Assistenzfunktionen immer mehr Verbreitung.
Die notwendige Grundlage hierzu bilden Verfahren der Flugregelung und Lenkung. In
dem vorliegenden Text werden diese Grundlagen mit Anwendung auf Flächenflugzeuge behandelt. Er richtet sich vorwiegend an Studierende im Masterstudium einer
Ingenieursdisziplin, insbesondere an Studierende der Luft- und Raumfahrttechnik, aber
auch an berufstätige Ingenieure, die sich mit dieser Thematik auseinandersetzen wollen.

Das theoretische Fundament der Flugregelung bilden insbesondere die Systemtechnik
und die Flugmechanik. Zum Verständnis des hier behandelten Stoffes werden Grund-
kenntnisse der Theorie linearer Mehrgrößensysteme vorausgesetzt, deren Darstellung
im Zustandsraum sowie die dazu gehörenden Konzepte wie Stabilität, Steuerbarkeit
und Beobachtbarkeit. Um den Einstieg zur Regelung mit Zustandsraumverfahren zu
erleichtern, sind die entsprechenden Methoden im Anhang zusammengefasst. Darüber hinaus sind Kenntnisse in der Flugmechanik sinnvoll, hier besonders die gängigen linearen
Bewegungsmodelle der Längs- und Seitenbewegung in Zustandsraumdarstellung, wie sie
in üblichen Einführungsvorlesungen der Flugmechanik vermittelt werden. Der Vollständig-
keit halber werden diese in einem eigenen Kapitel nochmals eingeführt und diskutiert.

Der vorliegende Text zielt darauf ab, die *grundlegenden funktionalen Algorithmen*
eines Flugregelungssystems typischer Flächenflugzeuge *in kompakter Form* darzustellen.
Darum baut die Vorgehensweise auf den oben genannten *Zustandsraummodellen* und
entsprechenden *Zustandsraumverfahren* auf. Frequenzbereichsmethoden der Regelungstechnik werden weitgehend vermieden, was nach Ansicht der Autoren den Zugang zum
Flugregelungsentwurf deutlich erleichtert.

Die hier vorgestellte Herangehensweise hat sich auch im Rahmen von Projekten als
praxistauglich herausgestellt, sowohl bei Flugzeugen der Allgemeinen Luftfahrt als auch
bei kleinen, autonomen Drohnen. Neben der methodischen Herangehensweise spielen für
eine Anwendung die zur Verfügung stehenden Messgrößen eine elementare Rolle. Darum
werden alle typischen *Sensoren eines Flugregelungssystems* in ihrer Funktionsweise
beschrieben und entsprechende Messgleichungen für Zustandsraummodelle formuliert.

Die hier behandelten Algorithmen umfassen sämtliche Regelkreise eines automatisierten Flächenflugzeuges. Diese sind:

- *Basisregelkreise,* die die Flugeigenschaften, das heißt die Flugdynamik und die Steuerbarkeit beeinflussen.
- *Einfache Autopiloten* für konstante Vorgaben, beispielsweise für die Höhe oder den Gierwinkel.
- *Autopiloten zur Bahnfolge* bei einfachen geo-referenzierten Flugbahnen, die üblicherweise durch eine Folge von Geradenstücken vorgegeben sind.
- *Bahnplanungsverfahren* und *Lenkverfahren* für komplexere 3-dimensionale oder 4-dimensionale Bahnen bei vorgegebenen Wegpunkten.

Weiterhin wird ein kurzer Einblick in die Zustandsschätzung gegeben und eine mögliche Umsetzung eines Kalman-Filters besprochen. Nicht behandelt in diesem Text wird die Routenplanung, also die Berechnung von Wegpunkten bei einem vorgegebenen Start- und Zielpunkt.

Der vorliegende Stoff beschränkt sich auf einige wenige, relativ leicht verständliche, aber auch praxistaugliche Konzepte. Im Vordergrund steht also der einfache und kompakte Zugang und nicht die ausführliche Darstellung und der Vergleich verschiedener Verfahren. Aufgrund der Herangehensweise und Stoffauswahl stellt dieser Text eine logische Fortsetzung und Anwendung der Flugmechanik (Flugeigenschaften) einerseits und der Theorie der Mehrgrößensysteme andererseits dar. Mit Ausnahme der oben genannten erforderlichen Grundlagen ist der Inhalt weitestgehend in sich geschlossen.

Die Liste der Literaturstellen ist kurz gehalten und hat nicht den Anspruch, eine umfassende Bestandsaufnahme des aktuellen Forschungsstands zu repräsentieren. Stattdessen enthält sie Quellen, die zur Vertiefung einzelner Teilgebiete und als Anhaltspunkt für weitere Recherchen dienen. Darum sind hauptsächlich Lehrbücher zitiert. In einigen speziellen Bereichen, insbesondere der Kalman-Filterung sowie der Bahnplanung und Lenkung, sind vereinzelt auch neuere Konferenzbände und Fachzeitschriften angegeben. Um an die aktuellen Entwicklungen und Forschungsergebnisse anzuknüpfen, sei auf das Journal of Guidance, Control, and Dynamics verwiesen, welches vom American Institute of Aeronautics and Astronautics (AIAA) herausgegeben wird.

Abschließend sei nochmals hervorgehoben, dass die hier behandelten Algorithmen durchaus als Grundlage zur praktischen Realisierung eines Flugregelungssystems dienen können. Neben dem grundlegenden Verständnis für Flugregelungs- und Lenkverfahren soll dieser Text letztendlich hierzu beitragen.

Stuttgart   Walter Fichter
April 2020   Johannes Stephan

Danksagung

Die Autoren bedanken sich besonders bei folgenden Mitarbeitern des Instituts für Flugmechanik und Flugregelung der Universität Stuttgart: Herrn Dipl.-Ing. Federico Pinchetti, auf dessen Arbeiten das Kap. 6 aufbaut; Herrn Vincenz Frenzel, M.Sc., der die vereinfachte Modellbildung im Anhang unter Anleitung des zweiten Autors erarbeitet hat; Herrn Stefan Notter, M.Sc., auf dessen Modell eines Propellers einige Gleichungen im Anhang aufbauen; Herrn Dr. Werner Grimm für die sorgfältige Durchsicht des Manuskriptes und die Herleitung von Gl. (6.2).

Inhaltsverzeichnis

Abkürzungsverzeichnis

AS	Anstellwinkelschwingung
CAP	Control Anticipation Parameter
CAS	Control Augmentation System (Vorgaberegler)
DME	Distance Measuring Equipment (Abstandsmessung)
EW	Eigenwert einer Matrix
FBW	Fly-by-wire, elektronische Flugzeugsteuerung
GNC	Guidance, Navigation, and Control (Lenkung, Navigation und Regelung)
GPS	Global Positioning System (Satellitennavigationssystem)
PH	Phygoide
RB	Rollbewegung
SAS	Stability Augmentation System (Stabilisierungsregler)
SB	Spiralbewegung
TS	Taumelschwingung
VHF	Very High Frequency (Funksignal)
VOR	VHF Omnidirectional Radio Range (Drehfunkfeuer)

Algorithmen zur Regelung und Lenkung von Flugzeugen müssen immer in einem systemtechnischen Zusammenhang betrachtet werden. Hierzu dient dieses erste Kapitel.

Zunächst verschaffen wir uns einen Überblick über die Hierarchie und Architektur von Flugregelungsalgorithmen. Danach betrachten wir für eine sehr allgemeine Klasse von linearen und nichtlinearen Lenk- und Regelgesetzen deren praktische Umsetzung in digitalen Bordrechnern. Der eigentliche Entwurf und die Auslegung der entsprechenden Verfahren wird in den nachfolgenden Kapiteln behandelt.

1.1 Aufgaben der Flugregelung

Die Aufgaben eines Flugregelungssystems können hierarchisch in mehrere Teilaufgaben gegliedert werden. Eine Übersicht ist in Abb. 1.1 dargestellt. Sogenannte *Basisregelkreise* oder auch innere Regelkreise dienen der Beeinflussung, das heißt der Veränderung oder Verbesserung der Flugeigenschaften. Hierzu gehören die systematische Anpassung der Frequenzen und Dämpfungen der Flugzeugbewegungen, die Abschwächung oder Aufhebung von Verkopplungen zwischen Bewegungsachsen (Stabilisierungsregler) und die Verbesserung des Übertragungs- beziehungsweise Folgeverhaltens von der Pilotensteuerung zur tatsächlichen Flugzeugbewegung (Vorgaberegler). Weiterhin befasst sich die Basisregelung mit Störungsunterdrückung gegenüber Windeinflüssen und Schutzmaßnahmen zur Begrenzung von Flugzuständen (engl. envelope protection).

Einfache Autopiloten dienen der automatischen Einhaltung gewisser Flugzustandsgrößen bezüglich eines konstanten Sollwertes. Bei einfachen Autopiloten sind dies typischerweise translatorische Größen wie Kurs und Geschwindigkeit, außerdem Höhe oder Sink- und Steigrate. Auch eine konstant gehaltene Lage gehört zu den Aufgaben eines einfachen Autopiloten, zum Beispiel ein konstanter Gierwinkel (engl. heading) oder ein zu Null geregelter Hängewinkel (engl. wings level). Mit Ausnahme der Höhe sind dies Größen, die

© Springer-Verlag GmbH Deutschland, ein Teil von Springer Nature 2020
W. Fichter und J. Stephan, *Flugregelung,*
https://doi.org/10.1007/978-3-662-60907-1_1

Flugregler
- **Autopiloten** langsame Bewegungen, z.B. Phygoide (V_A, γ)
  - **Einfache Autopiloten** z.B. Roll- oder Gierwinkel, Höhe, Geschwindigkeit
  - **Moderne Autopiloten** einfache (geo-referenzierte) Bahnfolge
  - **Allgemeine Bahnplanung und Lenkung**
- **Basisregler** schnelle Bewegungen, z.B. Anstellwinkelschwingung (α, q)
  - **Stabilisierungsregler (SAS)** Anpassung der Dynamik (Frequenzen, Dämpfungen)
  - **Vorgaberegler (CAS)** Folgeverhalten bezüglich Sollwert

Abb. 1.1 Hierarchie in der Flugregelung

nicht geo-referenziert sind. Wie der Name andeutet, bewerkstelligen Autopiloten einige der traditionellen Aufgaben eines Piloten im manuellen Flug. In vielen Fällen wird zum Entwurf von Autopiloten eine gewisse Regelgüte der inneren Regelkreise vorausgesetzt.

Übliche moderne Autopiloten regeln darüber hinaus ein Flugzeug auf geo-referenzierte Bahnen ein, die normalerweise durch Geradenstücke vorgegeben sind. Sie bewerkstelligen also eine *einfache Bahnfolge*. Die Geraden werden mithilfe von zwei Wegpunkten oder auch durch Wegpunkte und Radiale sowie einer Höhe spezifiziert. Gleitpfade bei Instrumentenanflügen gehören ebenfalls in die Kategorie der einfachen geo-referenzierten Bahnen.

Mit komplexeren *Bahnplanungs- und Lenkverfahren* werden Sollflugbahnen zwischen gegebenen Wegpunkten berechnet und auf diese eingeregelt beziehungsweise gelenkt. Dabei können Flugleistungsgrenzen und Anforderungen an die Flugeigenschaften bereits bei der Berechnung der Sollbahn mit berücksichtigt werden. Eine automatische Flugführung kann entweder 3-dimensional erfolgen (Bahnfolge) oder auch 4-dimensional (Trajektorienfolge). Bei einer Trajektorienfolge wird eine Bahn nicht nur abgeflogen, sondern es wird zu jedem Bahnpunkt entweder eine Geschwindigkeitsvorgabe oder eine Zeitvorgabe eingehalten – eine Bahn wird also mit einem gewissen zeitlich vorgegebenen Verlauf abgeflogen. Weitere Aufgaben in dieser Kategorie sind beispielsweise Geländefolge oder auch automatisches Starten und Landen.

Das grundlegende Abgrenzungskriterium zwischen Autopiloten und Basisreglern ist die Dynamik der betrachteten Flugbewegungen. Autopiloten beeinflussen in erster Linie die *langsamen* Anteile der Flugdynamik, Basisregler dagegen hauptsächlich die *schnellen* Bewegungsformen.

Die Ausprägung der oben genannten Aufgaben der Flugregelung hängt natürlich auch stark vom nominalen Flugzustand ab, der betrachtet wird. Ein typischer Flugverlauf setzt sich aus einer Abfolge elementarer Flugphasen beziehungsweise nominaler Flugzustände zusammen. Diese sind: 1) Start (Startlauf, Rotieren), 2) Steigflug, Sinkflug oder horizontaler Geradeausflug, 3) horizontaler Kurvenflug und Kurvenflug mit Steigen oder Sinken, 4) Landeanflug, 5) Landung (Abfangen, Ausschweben, Ausrichten, Aufsetzen, Ausrollen), 6) Durchstarten. Bis auf Start und Landung lassen sich diese Flugzustände nominal durch stationäre Größen beschreiben, das heißt, die nominalen Flugzustandsgrößen ändern sich zeitlich nicht. Diese Eigenschaft ist ausgesprochen vorteilhaft für die Modellbildung und dadurch auch für die Bereitstellung entsprechender mathematischer Modelle für den Flugregelungsentwurf.[1]

1.2 Architektur eines Flugregelungssystems

Moderne Architekturen von Flugregelungssystemen nutzen die sogenannte Fly-by-Wire Technologie [3, S. 95]. Ein solches System ist dadurch gekennzeichnet, dass zwischen Pilot beziehungsweise Pilotensteuerung und den Stellantrieben keine mechanische Verbindung mehr besteht, sondern dass diese durch einen Bordrechner unterbrochen ist. Ein Übersichtsschaltbild ist in Abb. 1.2 dargestellt.

Beim manuellen Flug gibt der Pilot seine Steuereingaben an einen Bordrechner und dieser berechnet die Ansteuerungssignale für alle Stellglieder. Eine solche Architektur erlaubt eine integrierte und sehr flexible Implementierung aller funktionalen Algorithmen, also der Flugregelungsalgorithmen. Im Gegensatz zu einem traditionellen System hat ein Pilot bei einem Fly-by-Wire System keine Möglichkeit mehr, Stellsignale manuell zu übersteuern. Andererseits können Piloteneingaben relativ einfach als Sollwertsignale für bestimmte Bewegungsgrößen eines Flugzeuges interpretiert werden, was bei konventionellen Systemen so nicht möglich ist.[2] Beim automatischen Flug ohne Piloteneingabe entspricht die in Abb. 1.2 dargestellte Architektur aus rein funktionaler Sicht einem gängigen Regelungssystem auf der Basis eines Echtzeitrechners. Aufgrund der Digitaltechnik können natürlich kleine Fehler, insbesondere Softwarefehler, sehr große Auswirkungen haben. Darum spielen Sicherheitsaspekte bei Fly-by-Wire Systemen ein große Rolle, zum Beispiel Wirksamkeitsbegrenzungen von Stellmotoren, Überwachung, Fehlererkennung und Fehlerbeseitigung sowie Redundanz.

Bei militärischen Flugzeugen und Linienflugzeugen werden Fly-By-Wire Systeme bereits seit einigen Jahrzehnten eingesetzt. Im Zuge der Automatisierung und Elektrifizierung von Flugzeugen der Allgemeinen Luftfahrt werden solche Systeme auch hier in Betracht gezogen. Alle Flugregelungssysteme von ferngesteuerten und automatisierten Drohnen[3] fallen ebenfalls in diese Kategorie, je nach Größe und Gewicht auch mit deutlich geringeren Anforderungen an die Zuverlässigkeit.

Im Folgenden setzen wir ein System voraus, wie es in Abb. 1.2 dargestellt ist.

---

[1] Ein quasi-stationärer Arbeitspunkt ermöglicht die Verwendung von linearen Modellen.

[2] Dort befindet sich der Flugregler im Rückwärtszweig eines Standardregelkreises. Bei einem Fly-by-Wire System im Vorwärtszweig.

[3] Damit sind hier auch Flächenflugzeug-Drohnen gemeint.

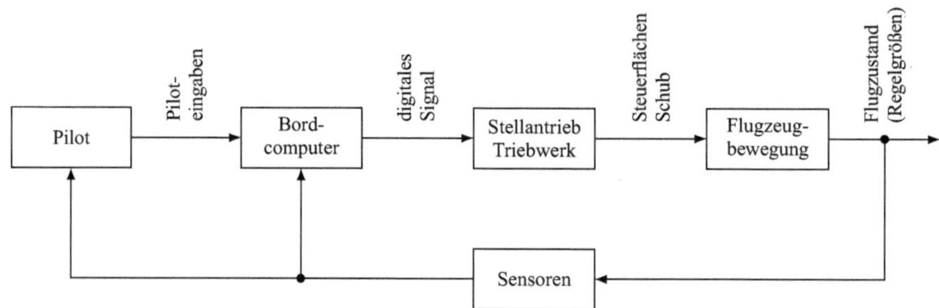

Abb. 1.2 Architektur eines modernen Flugregelungssystems

1.3 Algorithmen im Bordrechner

Die Rechnerhardware eines Flugregelungssystems besteht nicht aus einem einzigen Bordrechner, sondern aus einen ganzen Netzwerk von Rechnern, der sogenannten Rechnerplattform. Grundsätzlich unterscheiden wir zwischen der Software der Rechnerplattform und der Software der Funktionen. Eine zentrale Funktion bilden die Flugführungs- und Flugregelungsalgorithmen. Diese setzen sich aus mehr Elementen als nur üblichen Regelkreisen zusammen, nämlich aus Algorithmen zur 1) Bahnplanung und Sollwertberechnung, 2) Lenkung und Regelung, 3) Navigation und Schätzung und 4) funktionalen Überwachung.

Im Folgenden behandeln wir hauptsächlich die ersten beiden Punkte, also Algorithmen zur Bahnplanung[4] und Sollwertberechnung sowie zur Lenkung und Regelung. Stark vereinfacht betrachtet bestehen diese Algorithmen aus den folgenden zwei grundlegenden Elementen:

- Ereignisdiskrete Logik auf der Basis von diskreten Zuständen, die jeweils einem nominalen, üblicherweise stationären Flugzustand entsprechen.
- Berechnungsalgorithmen, die hochfrequent, also quasi-kontinuierlich ausgeführt werden. Messungen und Piloteneingaben bilden den Eingang und Stellgrößen den Ausgang dieser Algorithmen.

Eine *ereignisdiskrete Logik* ist ein Mechanismus, der abhängig von bestimmten Bedingungen zwischen diskreten Betriebszuständen, in unserem Fall nominalen stationären Flugzuständen umschaltet. Für jeden Betriebszustand sind sowohl die Sensor- und Aktuatorkonfiguration als auch die funktionalen Berechnungsalgorithmen, also das quasi-kontinuierliche Verhalten festgelegt. In Abb. 1.3 ist beispielhaft eine solche Logik in Form eines Zustandsgraphen dargestellt. Jeder Kasten entspricht einem nominalen Betriebszustand und jeder Pfeil einer Übergangsbedingung. Befindet man sich in einem Zustand und tritt eine Bedingung

---

[4]In diesem Zusammenhang sei nochmals darauf hingewiesen, dass die Routenplanung, also die Festlegung von Wegpunkten, hier nicht behandelt wird.

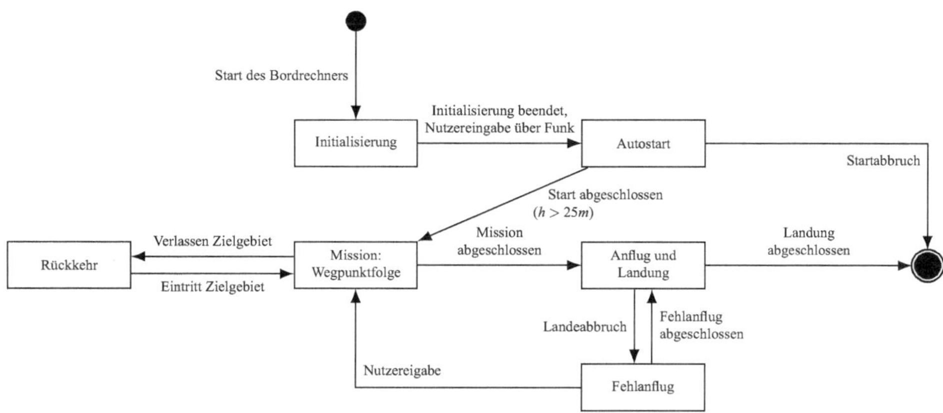

Abb. 1.3 Vereinfachtes Beispiel einer ereignisdiskreten Logik für eine kleine, unbemannte Drohne

ein, die von diesem Zustand wegführt, so wird in einen neuen Betriebszustand umgeschaltet. Solche Zustandsgraphen können auch hierarchisch und/oder parallel aufgebaut sein [2].

Die *Berechnungsalgorithmen* können wir als Signale und eine Kombination verschiedener Übertragungsglieder auffassen. Übertragungsglieder wiederum teilen wir nach zwei Kriterien ein: linear oder nichtlinear sowie statisch (algebraische Gleichung) oder dynamisch (Differenzengleichung). Sehr oft werden lineare, dynamische Übertragungsglieder verwendet. In diese Klasse fallen praktisch alle linearen Regler der klassischen Regelungstechnik und der Mehrgrößenregelung. Solche linearen, dynamischen Übertragungsglieder sind als Differenzengleichungen darstellbar, was im nächsten Abschnitt im Detail erklärt wird. Darüber hinaus kommen in der Flugregelung auch oft statische nichtlineare Übertragungsglieder kombiniert mit einfachen linearen, dynamischen Elementen zum Einsatz, beispielsweise Integratoren mit Begrenzern.

1.4 Digitaler Flugregler

Algorithmen zur Flugregelung werden üblicherweise auf der Grundlage von zeitkontinuierlichen Modellen der Flugbewegung entworfen. Aus diesem Grund liegen Flugregler zunächst ebenfalls in zeitkontinuierlicher Form vor. Lineare Flugregler können dann stets als lineare dynamische Systeme in Zustandsraumdarstellung aufgefasst werden. Wir stellen uns nun die grundsätzliche Frage, wie ein solcher zeitkontinuierlicher Flugregler, also eine vektorielle Differenzialgleichung erster Ordnung in eine Form gebracht werden kann, die leicht in einem digitalen Rechnersystem implementierbar ist.

Hierzu betrachten wir zunächst Abb. 1.4, ein digitales Flugregelungssystem in abstrahierter Form. Flugzustandsgrößen, die gemessen werden, bezeichnen wir mit $y(t)$, die entsprechenden Sensoren werden hier als ideal angenommen, also mit unverzögertem

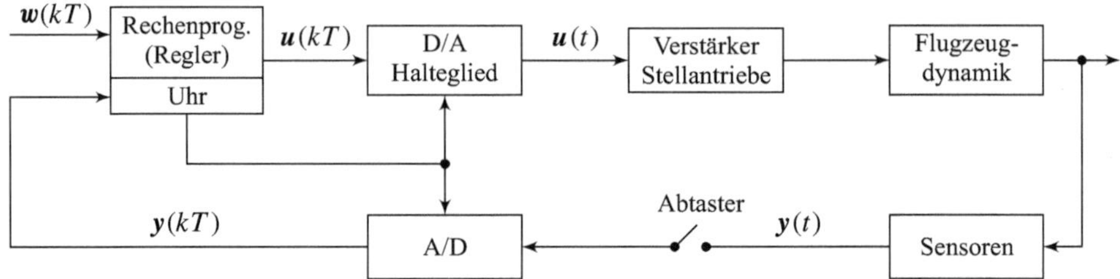

Abb. 1.4 Abstrahiertes Blockschaltbild eines digitalen Flugreglers

Übertragungsverhalten (Übertragungsverhalten eins). Die zeitkontinuierlichen Größen $y(t)$ werden zu diskreten Zeitpunkten abgetastet und mithilfe eines Analog-Digital-Wandlers digitalisiert. Üblicherweise wird zeitlich äquidistant abgetastet, die konstante Abtastzeit wird mit T bezeichnet. Das Ergebnis ist die eigentliche Messgröße, die in zeitdiskreter Form vorliegt. Wir bezeichnen sie mit $y(kT)$ oder alternativ auch mit $y(k)$ oder y_k. Ein Rechner berechnet hieraus eine Stellgröße $u(kT)$ für alle Steuereinrichtungen des Flugzeugs (Steuerflächen, Schub). Genau dieses Rechenprogramm repräsentiert den eigentlichen Regler, der im Bordrechner implementiert ist. Die zunächst in digitalisierter und zeitdiskreter Form vorliegende Stellgröße wird dann durch einen Digital-Analog-Wandler sowie einem Halteglied in ein kontinuierliches Ansteuerungssignal $u(t)$ gewandelt, mit dem die Stellelemente für die Steuerflächen und den Schub angesteuert werden. Letztere sind oft verzögerungsfrei, sie verstärken das Stellsignal und bilden $u(t)$ auf Kräfte und Momente ab, welche auf die Flugzeugbewegung wirken.

Im Folgenden werden die wesentlichen Funktionsblöcke aus Abb. 1.4 detaillierter behandelt. Eine umfassende Theorie der digitalen Regelung ist in [1] zu finden.

Abtastung eines Signals, Wandler und Halteglied
In Abb. 1.5 oben wird die Abtastung eines zeitkontinuierlichen Signals $y(t)$ und dessen Analog-Digital-Wandlung in ein digitales Signal $y(kT)$ dargestellt. Das Resultat ist eine zeitliche Folge von quantisierten Größen, da das analoge Signal in eine endliche, diskrete Zahlenmenge abgebildet wird.

Um mit einer digitalen Stellgröße $u(kT)$ kontinuierliche Stellglieder anzusteuern, muss die Amplitude der Stellgröße von einem Digital-Analog-Wandler in ein wertkontinuierliches Signals umgewandelt werden. Darüber hinaus muss es auch zeitkontinuierlich sein. Dies wird üblicherweise dadurch erreicht, dass $u(kT)$ über eine Abtastdauer T konstant gehalten wird, das Resultat ist dann das tatsächliche Stellsignal $u(t)$, siehe Abb. 1.5 unten. Die Funktionseinheit, die so etwas bewerkstelligt, bezeichnen wir als Halteglied nullter Ordnung.[5]

---

[5]Halteglieder höherer Ordnung liefern entsprechend lineare oder quadratische Verläufe zwischen den Abtastpunkten, sind aber aufgrund des größeren Realisierungsaufwandes nicht sehr verbreitet.

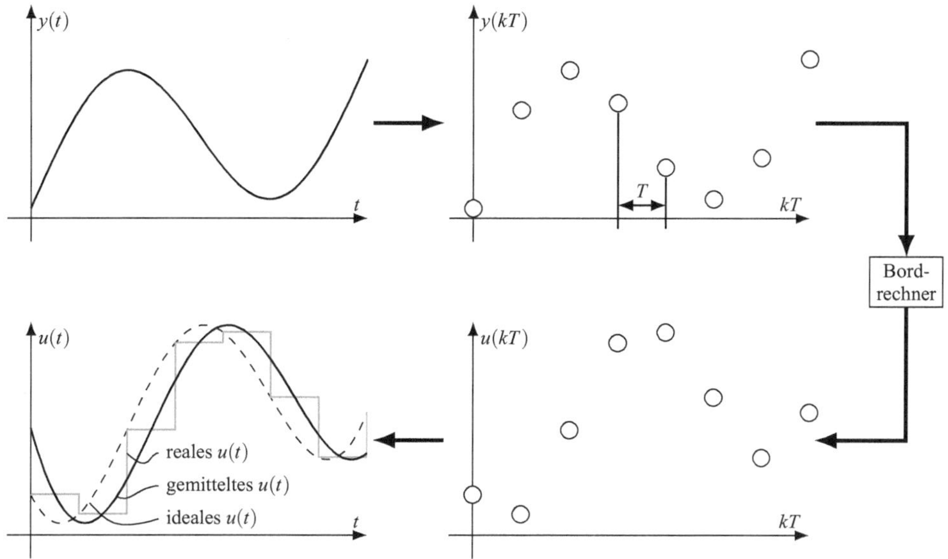

Abb. 1.5 Schematische Darstellung einer Abtastung (oben) und eines Haltegliedes (unten)

Abhängig von der Anzahl der Quantisierungsstufen ergibt sich bei der Analog-Digital-Wandlung ein Informationsverlust, da jeder Wert einer diskreten Wertestufe zugeordnet wird und dabei ein Rundungsfehler entsteht. Moderne Rechner- und Messsysteme besitzen üblicherweise eine Auflösung, die so groß ist, dass keine nennenswerten Quantisierungseffekte mehr auftreten.

Um zeitliche Diskretisierungseffekte in einem Regelkreis vernachlässigbar klein zu halten, sollte die schnellste Frequenz, die in einem Regelkreis auftritt, mindestens 20 mal abgetastet werden. In diesem Fall kann das abgetastete Signal als quasi-kontinuierlich betrachtet werden. Als schnellste Frequenz in einem Regelkreis kann die Bandbreite ω_B des geschlossenen Regelkreises herangezogen werden[6], das heißt für die Abtastzeit muss gelten

$$T \leq \frac{1}{20} \cdot \frac{2\pi}{\omega_B}.$$

Ohne Herleitung sei an dieser Stelle bemerkt, dass Halteglieder nullter Ordnung eine Totzeit von einer halben Abtastperiode verursachen, was einem Phasenverlust von $\varphi = \omega \cdot \frac{T}{2}$ entspricht.[7] Dies ist mit dem gemittelten $u(t)$ in Abb. 1.5 schematisch dargestellt. Die oben genannte Regel einer 20-fachen Abtastung führt im Fall von Eingrößenreglern zu einem akzeptablen Verlust der Phasenreserve von ungefähr 9°.

---

[6] Alternativ dazu die 0dB-Durchtrittsfrequenz des offenen Kreises.

[7] Der Zusammenhang gilt in guter Näherung für $\omega \frac{T}{2\pi} \ll 1$.

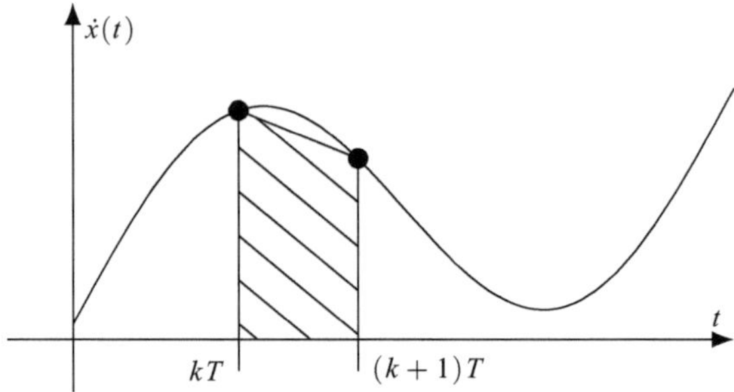

Abb. 1.6 Näherung einer Integration mithilfe der Trapez-Regel

Wir können also zusammenfassend festhalten, dass die Effekte der Abtastung, der Wandlung und des Halteglieds bei genügend kleinen Abtastzeiten und genügend großer Bitbreite der Wandler (Auflösung) vernachlässigt werden können.

Berechnung linearer digitaler Regler

Flugregler werden üblicherweise mit einer zeitkontinuierlichen Betrachtungsweise entworfen, also mithilfe von Differentialgleichungen. Das Ergebnis kann dann bei linearen Reglern in der Form

$$\dot{\boldsymbol{x}}(t) = \boldsymbol{A}\,\boldsymbol{x}(t) + \boldsymbol{B}\,\boldsymbol{y}(t), \qquad (1.1)$$
$$\boldsymbol{u}(t) = \boldsymbol{C}\,\boldsymbol{x}(t) + \boldsymbol{D}\,\boldsymbol{y}(t)$$

dargestellt werden. Um anzudeuten, dass es sich hier um einen Regler handelt, wird der Eingang[8] mit $\boldsymbol{y}(t)$ und der Ausgang mit $\boldsymbol{u}(t)$ bezeichnet. Ein solcher Regler kann nun in eine entsprechende Differenzengleichung der Form

$$\boldsymbol{w}(k+1) = \boldsymbol{A}_d\,\boldsymbol{w}(k) + \boldsymbol{B}_d\,\boldsymbol{y}(k), \qquad (1.2)$$
$$\boldsymbol{u}(k) = \boldsymbol{C}_d\,\boldsymbol{w}(k) + \boldsymbol{D}_d\,\boldsymbol{y}(k)$$

umgewandelt werden. Aufgrund der rekursiven Darstellung kann dies sehr einfach in einem Rechner implementiert und ausgeführt werden. Die Umwandlung besteht im Wesentlichen aus der Berechnung der Parametermatrizen $\boldsymbol{A}_d$, $\boldsymbol{B}_d$, $\boldsymbol{C}_d$ und $\boldsymbol{D}_d$ des zeitdiskreten Systems. Hierfür gibt es unterschiedliche Berechnungsvorschriften, je nachdem, welche Näherung für die Integration des kontinuierlichen Zustands angenommen wird. Wir nehmen die Trapezregel, die in Abb. 1.6 skizziert ist. Es gelten folgende Umrechnungen

---

[8] Dies kann sowohl eine Messgröße, als auch eine Regelabweichung sein.

$$A_d = \left(I + \frac{T}{2}\,A\right)\left(I - \frac{T}{2}\,A\right)^{-1},$$

$$B_d = \left\{\left(I + \frac{T}{2}\,A\right)\left(I - \frac{T}{2}\,A\right)^{-1} + I\right\}\frac{\sqrt{T}}{2}\,B\,,$$

$$C_d = C\left(I - \frac{T}{2}\,A\right)^{-1}\sqrt{T}\,,$$

$$D_d = \left\{D + C\left(I - \frac{T}{2}\,A\right)^{-1}\frac{T}{2}\,B\right\}.$$

Details zur Herleitung dieser Berechnungsvorschriften finden sich im Anhang A.1.2. Ein zeitkontinuierlich entworfener Regler (A, B, C, D) kann also leicht in einen zeitdiskreten Regler (A_d, B_d, C_d, D_d) umgerechnet werden. In der Praxis bewerkstelligt man dies mit der Matlab Funktion c2d und zwar mit der Option „Tustin", die genau die oben angegebenen Umrechnungen ausführt.

Aufgrund der einfachen Umrechnungsvorschriften von kontinuierlicher in diskrete Zeit werden im Folgenden sämtliche Entwurfsverfahren in kontinuierlicher Zeit behandelt.

Berechnung nichtlinearer digitaler Regler

Für den allgemeinen Fall nichtlinearer Regler wird im Folgenden ein alternativer Ansatz vorgestellt. Ausgangspunkt ist die Darstellung

$$\dot{x} = f(t, x, y)\,,$$

$$u = h(t, x, y)\,,$$

wobei x die internen Zustände des Regelungssystems beinhaltet, also beispielsweise Integratoren und Zustandsschätzungen. Der Eingang y kann neben Messgrößen auch Vorgabewerte beinhalten. Es empfiehlt sich an dieser Stelle, alle Funktionen zur Lenkung, Navigation und Regelung zu einem einzigen Differentialgleichungssystem zusammenzufassen.

Nun wird ein explizites numerisches Integrationsverfahren gewählt, mit dem das Integral

$$x_{k+1} = x_k + \int_{t_k}^{t_{k+1}} f(\tau, x(\tau), y(\tau))\,\mathrm{d}\tau$$

über den aktuellen Zeitschritt angenähert wird. Aus der Literatur sind verschiedene Methoden bekannt, welche sich hinsichtlich Genauigkeit, Rechenaufwand und Speicherbedarf unterscheiden. Klassische Vertreter sind beispielsweise das explizite Euler-Verfahren, das Verfahren nach Heun, die Runge-Kutta-Verfahren oder die Adams-Bashforth-Methoden, siehe Tab. 1.1.

Da für viele geläufige Programmiersprachen Bibliotheken mit den entsprechenden numerischen Methoden existieren, muss das Integrationsverfahren in der Regel nicht selbst

Tab. 1.1 Explizite numerische Integrationsverfahren

	Verfahren	Formel
Einschrittverfahren	Euler (explizit)	$x_{k+1} = x_k + T\,f_k$
	Heun	$x_{k+1} = x_k + \frac{T}{2}\left[f_k + \hat{f}_{k+1}(x_k + T\,f_k)\right]$
	Runge-Kutta (2. O)	$x_{k+1} = x_k + T\,\hat{f}_{k+\frac{1}{2}}\left(x_k + \frac{T}{2}\,f_k\right)$
	Runge-Kutta (3. O)	$x_{k+1} = x_k + \frac{T}{6}\left[f_k + 4\,a + b\right]$ $a = \hat{f}_{k+\frac{1}{2}}\left(x_k + \frac{T}{2}\,f_k\right),$ $b = \hat{f}_{k+1}\left(x_k - T\,f_k + 2\,T\,a\right)$
	Runge-Kutta (4. O)	$x_{k+1} = x_k + \frac{T}{6}\left[f_k + 2\,a + 2\,b + c\right]$ $a = \hat{f}_{k+\frac{1}{2}}\left(x_k + \frac{T}{2}\,f_k\right),$ $b = \hat{f}_{k+\frac{1}{2}}\left(x_k + \frac{T}{2}\,a\right)$ $c = \hat{f}_{k+1}\left(x_k + T\,b\right)$
Mehrschr.	A.-Bashforth (1. O)	$x_{k+1} = x_k + \frac{T}{2}\left[3\,f_k - f_{k-1}\right]$
	A.-Bashforth (2. O)	$x_{k+1} = x_k + \frac{T}{12}\left[23\,f_k - 6\,f_{k-1} + 5\,f_{k-2}\right]$
	Nyström-Verfahren	$x_{k+1} = x_{k-1} + 2\,T\,f_k$

Es gilt $f_k = f(t_k, x_k, y_k)$ und $\hat{f}_k(\hat{x}) = f(t_k, \hat{x}, y_k)$.

Abb. 1.7 Implementierung von nichtlinearen Reglern, angelehnt an Matlab/Simulink

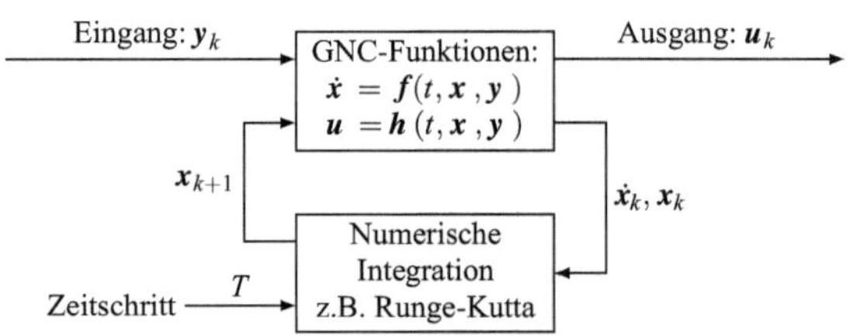

implementiert werden.[9] Ein anderer Weg ist die automatische Erzeugung der Bordsoftware aus einer graphischen Programmiersprache heraus. In der Matlab/Simulink-Umgebung kann das Problem entsprechend Abb. 1.7 implementiert und ein geeigneten Integrationsverfahren gewählt werden. Mittels Code-Generierung lässt sich letztendlich ein Software-Modul erzeugen, welches auf den Bordrechner aufgespielt werden kann.

---

[9]Als Beispiele seien CVODE (C), ODEINT (C++), ODEPACK (Fortran) und DESSolver (Java) genannt.

Literatur

1. Franklin, G.F., Powell, J.D., Workman, M.L.: Digital Control of Dynamic Systems. Addison Wesley Longman, Menlo Park (1998)
2. Kiencke, U.: Ereignisdiskrete Systeme. Oldenbourg Wissenschaftsverlag, München (2006). https://doi.org/10.1524/9783486593426
3. Klußmann, N., Malik, A.: Lexikon der Luftfahrt, Bd. 2. Springer, Berlin (2007). https://www.ebook.de/de/product/11429125/niels_klussmann_arnim_malik_lexikon_der_luftfahrt.html

Flugmechanische Modellbeschreibung

Zum Entwurf von Flugreglern benötigen wir geeignete flugmechanische *Entwurfsmodelle*. Hiermit lassen sich effiziente Vorgehensweisen zum Reglerentwurf hinsichtlich Regelkreisstruktur, Regler und dessen Parametrisierung festlegen. Entwurfsmodelle fließen bei modellgestützten Entwurfsmethoden oft auch direkt mit ein, beispielsweise bei Verfahren der Eigenwertvorgabe, bei der optimalen Regelung, bei H_∞-Verfahren oder auch bei nichtlinearen Regelungsverfahren.

In der Praxis kann die Flugdynamik sehr oft linearisiert betrachtet werden, insbesondere immer dann, wenn die Abweichung von einem nominalen stationären Flugzustand klein ist. Dies führt nicht nur zu einfachen Entwurfsmodellen, sondern es erlaubt auch die Anwendung von linearen Regelungsansätzen, die theoretisch relativ gut greifbar und nachvollziehbar sind und daher aus praktischer Sicht gegenüber anderen Verfahren oft bevorzugt werden. Aus diesem Grund werden im Folgenden lineare Modelle der Flugzeugbewegung dargestellt und diskutiert.

2.1 Lineare Modelle

2.1.1 Längs- und Seitenbewegung

Lineare Modelle der Flugzeugbewegung kennen wir aus der Flugmechanik [4]. Im Folgenden wird die Herleitung von linearen Modellen in aller Kürze wiederholt. Die Ausgangssituation ist hierbei ein nichtlineares Modell mit folgenden Zuständen:

- Translatorische Geschwindigkeiten: Fluggeschwindigkeit V_A, Schiebewinkel β, Anstellwinkel α. Wir erinnern uns aus der Flugmechanik, dass $\sin(\beta)\, V_A$ als Quergeschwindigkeit und $\sin(\alpha)\,\cos(\beta)\, V_A$ als Vertikalgeschwindigkeit interpretiert werden kann.

© Springer-Verlag GmbH Deutschland, ein Teil von Springer Nature 2020   13
W. Fichter und J. Stephan, *Flugregelung,*
https://doi.org/10.1007/978-3-662-60907-1_2

- Drehgeschwindigkeiten p_s, q, r_s. Diese Drehgeschwindigkeiten sind absolut (also gegenüber dem Inertialsystem) und in Stabilitätsachsen[1] dargestellt, darum der Index s.
- Kardanwinkel ψ, θ, ϕ. Gierwinkel, Nickwinkel und Rollwinkel beschreiben die Lage des Flugzeuges (Index f) gegenüber dem geodätischen System (Index g).

Positionen werden zunächst nicht mit berücksichtigt, da hiervon keine Kräfte und Momente abhängen, zumindest nicht über kurze Zeiträume. Dadurch haben Positionen auch keinen Einfluss auf andere Zustände, das heißt sie können einfach durch Integration aus den translatorischen Geschwindigkeiten berechnet werden.[2] Die neun oben angegebenen Zustände können wir in einem Zustandsvektor x zusammenfassen.

Weiterhin betrachten wir vier Steuerungen, mit denen die Flugbewegung beeinflusst werden kann. Diese sind der Querruderausschlag ξ, der Höhenruderausschlag η, der Seitenruderausschlag ζ und die Schubhebelstellung δ_F. Die Steuerungen fassen wir in einem Vektor u zusammen.

Ein nichtlineares Bewegungsmodell eines Flugzeuges hat dann die allgemeine Beschreibungsform

$$\dot{x} = f(x, u).$$

Um nun linearisieren zu können, benötigen wir einen stationären Flugzustand. Ein stationärer flugmechanischer Zustand liegt dann vor, wenn sich alle translatorischen Geschwindigkeiten und Drehgeschwindigkeiten nicht mehr ändern. Dann befinden sich alle äußeren Kräfte und Momente im Gleichgewicht.[3] Ein typisches Beispiel ist der stationäre Geradeausflug. Es ist dann also[4] $\dot{x}_0 = f(x_0, u_0) = 0$.

Nun können wir sämtliche Terme in der nichtlinearen Bewegungsbeschreibung linearisieren, was wir formal sehr kompakt darstellen können und zwar folgendermaßen:

$$\dot{x} = \underbrace{\dot{x}_0}_{=0} + \Delta\dot{x} \approx \underbrace{f(x_0, u_0)}_{=0} + \underbrace{\left.\frac{\partial f}{\partial x}\right|_0}_{=:A} \Delta x + \underbrace{\left.\frac{\partial f}{\partial u}\right|_0}_{=:B} \Delta u.$$

Die Stationärwerte stehen für sich alleine im Gleichgewicht, die Abweichung vom Stationärwert können wir wiederum knapp in der Form

$$\dot{x} = A\,x + B\,u$$

---

[1] Die Stabilitätsachsen sind bezüglich dem körperfesten System um den Trimmanstellwinkel α_0 verdreht und es ist daher $q_s = q$.

[2] Hierzu müssen die Geschwindigkeiten zuerst in ein sinnvolles Koordinatensystem transformiert werden, üblicherweise ein erdfestes System.

[3] Als Folge davon müssen sowohl der Roll- als auch der Nickwinkel konstant sein, damit die körperfeste Richtung der Gravitationsbeschleunigung stationär ist.

[4] Für den Spezialfall Geradeausflug gilt $\dot{\psi} = 0$. Im Allgemeinen kann der Zusammenhang sonst dadurch erfüllt werden, dass der Gierwinkel nicht Teil der Betrachtung ist.

schreiben. Hierbei wurden die Δ vor den Zuständen und Eingängen aus Gründen der einfacheren Notation bereits weggelassen. x und u bezeichnen hier also die *Abweichungen* vom stationären Flugzustand.

Die Parametermatrizen A und B beinhalten die wesentlichen Informationen, die das Bewegungsverhalten abweichend vom stationären Flugzustand charakterisieren. Sie können entweder zunächst analytisch ermittelt oder direkt über eine numerische Linearisierung als Zahlenwerte berechnet werden. Bei der ersten Methode ergeben sich sogenannte Ersatzgrößen, die wiederum von den aerodynamischen Derivativa abhängen. Die Ersatzgrößen können als Verstärkungsfaktoren aufgefasst werden [3, 4, 10], siehe auch Anhang A.3. Hier einige Beispiele:

- M_α erzeugt aus einer Abweichung des Anstellwinkels α ein spezifisches Nickmoment $M_\alpha\,\alpha$.
- N_p erzeugt aus einer Rollrate p_s ein spezifisches Giermoment $N_p\,p_s$.
- Z_α erzeugt aus einem Anstellwinkel α eine spezifische Auftriebskraft $Z_\alpha\,\alpha$.

Im Folgenden vernachlässigen wir einige Ersatzgrößen und setzen diese zu null. Diese Ersatzgrößen sind Z_q, das heißt die Nickrate erzeugt keine Vertikalkraft sowie Y_p, Y_r, Y_ξ, das heißt Roll- und Gierrate sowie die Querrudereinsteuerung haben keine Querkraft zur Folge. Diese Vernachlässigungen sind unmittelbar anschaulich verständlich.

Um die Darstellung der linearisierten Flugzeugbewegung zu vereinfachen, vereinbaren wir gegenüber der Flugmechanik einige Änderungen hinsichtlich der *Notation*[5]:

- Ersatzgrößen, die sich jeweils aus aerodynamischen Einflüssen und Schubeinflüssen zusammensetzen, werden zusammengefasst. Striche als Superskript $'$ werden weggelassen. Beispiel: Die Widerstandsänderung aufgrund der Geschwindigkeit (X_V) und der Schubveränderung (X_{FV}) werden zusammengefasst und als X_V bezeichnet.

$$
\begin{aligned}
X_V + X_{FV}\cos(\alpha_0 + i_F) &\rightarrow X_V, \\
Z_V - X_{FV}\sin(\alpha_0 + i_F) &\rightarrow Z_V, \\
M'_V + M'_{FV} &\rightarrow M_V, \\
M'_\alpha + M'_{F\alpha} &\rightarrow M_\alpha.
\end{aligned}
$$

- Die Zustandsgrößen werden jeweils ohne ein Δ notiert, die Indizes s für Stabilitätsachsen der Rollrate und Gierrate (p_s, r_s) werden weggelassen.

Wie sich die Parametermatrizen A und B aus den Ersatzgrößen aufbauen, hängt vom stationären Zustand ab. Im Folgenden betrachten wir einen stationären symmetrischen Horizontalflug. In diesem Fall kann das linearisierte Gesamtsystem in zwei Teilsysteme unterteilt

---

[5]Diese Vereinbarungen gehen also nicht mit inhaltlichen Vereinfachungen einher.

werden, nämlich in die Längsbewegung und die Seitenbewegung. Die zugehörigen Teilzustände sind $(\alpha, q, V, \theta)^{\top}$ für die Längsbewegung und $(r, \beta, p, \phi, \psi)^{\top}$ für die Seitenbewegung. Die beiden Teilzustände beeinflussen sich gegenseitig nicht, was auch anschaulich unmittelbar einleuchtet.[6] Aus praktischer Sicht decken die so linearisierten Modelle die meisten Flugphasen ab, denn üblicherweise sind die Abweichungen aller Zustandsgrößen vom nominalen Flugzustand gering, auch bei Steig- oder Sinkflügen und auch im Kurvenflug. Dies gilt allerdings nur mit einer Ausnahme: Der Gierwinkel ψ kann bei längeren Phasen eines Kurvenfluges, selbst bei kleinen Gierraten und Rollwinkeln, auch große Werte im Bereich $(-\pi, \pi]$ annehmen. Allerdings ist der Gierwinkel von allen anderen Zustandsgrößen entkoppelt, da er keinen (Kraft- oder Momenten-) Einfluss auf andere Zustände hat. Er spielt also eine ähnliche Rolle wie die Position der Flugzeugbewegung und wird ebenfalls zunächst außer Acht gelassen.

Längsbewegung

Mit den oben gemachten Annahmen und Vereinfachungen ergibt sich für die Längsbewegung

$$
\begin{pmatrix} \dot{\alpha} \\ \dot{q} \\ \dot{V} \\ \dot{\theta} \end{pmatrix} = \underbrace{\begin{bmatrix} \frac{Z_\alpha}{V_0} & 1 & \frac{Z_V}{V_0} & 0 \\ M_\alpha & M_q & M_V & 0 \\ X_\alpha & 0 & X_V & -g \\ 0 & 1 & 0 & 0 \end{bmatrix}}_{=:A} \begin{pmatrix} \alpha \\ q \\ V \\ \theta \end{pmatrix} + \underbrace{\begin{bmatrix} \frac{Z_\eta}{V_0} & -\frac{X_{\delta F}}{V_0}\sin(\alpha_0 + i_F) \\ M_\eta & M_{\delta F} \\ X_\eta & X_{\delta F}\cos(\alpha_0 + i_F) \\ 0 & 0 \end{bmatrix}}_{=:B} \begin{pmatrix} \eta \\ \delta_F \end{pmatrix},
$$

$$
\boldsymbol{x} = \begin{pmatrix} \alpha\ q\ V\ \theta \end{pmatrix}^{\top}, \qquad \boldsymbol{u} = \begin{pmatrix} \eta\ \delta_F \end{pmatrix}^{\top}. \tag{2.1}
$$

Alle Zustände beschreiben Abweichungen vom entsprechenden Stationärwert. Daher ist V die Abweichung von der nominalen Fluggeschwindigkeit.

Die Eigenwerte (EW) der Systemmatrix $\boldsymbol{A}$ der Längsbewegung setzen sich üblicherweise aus zwei konjugiert komplexen Eigenwertpaaren zusammen, wie sie in Abb. 2.1 skizziert sind: eine schnelle und gut gedämpfte Bewegung sowie ein langsames und schwach gedämpftes Eigenwertpaar. Die schnelle Bewegung ist im Wesentlichen eine Rotationsbewegung um die Querachse des Flugzeuges (Anstellwinkelschwingung, AS). An der langsamen, schlecht gedämpften[7] Bewegung sind hauptsächlich translatorische Geschwindigkeiten beteiligt, es ist also eine Schwerpunktbewegung des Flugzeuges in der Vertikalebene (Phygoide, PH).

Nun überlegen wir noch einmal, warum die Längsbewegung mit vier Zuständen beschrieben werden kann. Die Längsbewegung hat drei Freiheitsgrade, zwei translatorische

---

[6]Es sei an dieser Stelle ausdrücklich betont, dass dies nicht im Allgemeinen gilt, jedoch bei Bewegungen abweichend von einem symmetrischen Geradeausflug, der hier weiterhin horizontal sei.

[7]Die schwache Dämpfung der Phygoide wird vom Widerstandsanstieg über der Geschwindigkeit dominiert. Daher ist diese Bewegungsform bei Flugzeugen mit hoher aerodynamischer Güte besonders ausgeprägt.

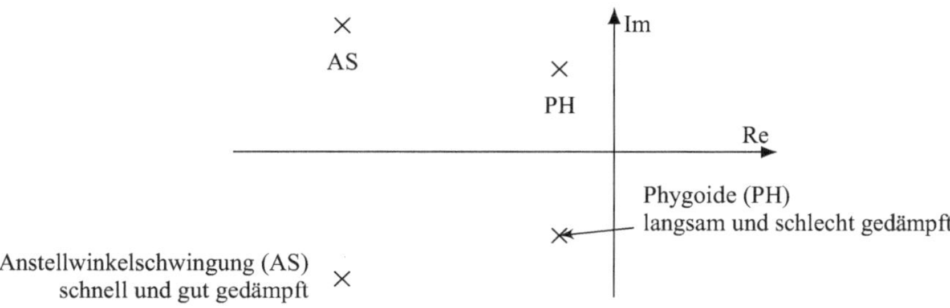

Abb. 2.1 Typische Anordnung der Eigenwerte bei der Längsbewegung

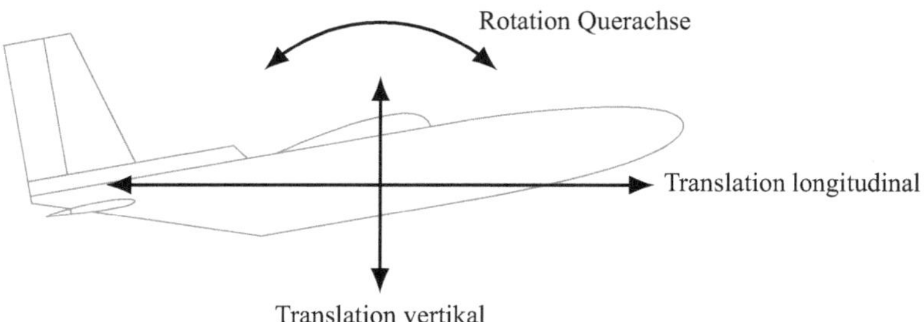

Abb. 2.2 Freiheitsgrade der Längsbewegung

Tab. 2.1 Freiheitsgrade und Zustände der Längsbewegung

Bewegung	Anzahl Zustände	Zustandsvariablen	
Translation vertikal	2	$\alpha\ V_0$	z-Position
Translation longitudinal	2	V	x-Position
Rotation um Querachse	2	q	θ

Freiheitsgrade in der Vertikalebene sowie einen rotatorischen Freiheitsgrad um die Flugzeug-Querachse, siehe Abb. 2.2. Dies entspricht sechs Zuständen, die in Tab. 2.1 zusammengefasst sind. Da x- und z-Positionen keinen Einfluss auf alle anderen Zuständen haben, können wir sie einfach durch Integration der Geschwindigkeiten ermittelt. Darum lassen wir sie zur Beschreibung der Flug*dynamik* erst einmal weg. Dies ergibt genau die vier Zustände, wie sie in Gl. (2.1) angegeben sind.

Seitenbewegung

Für die Seitenbewegung erhalten wir ähnlich wie bei der Längsbewegung

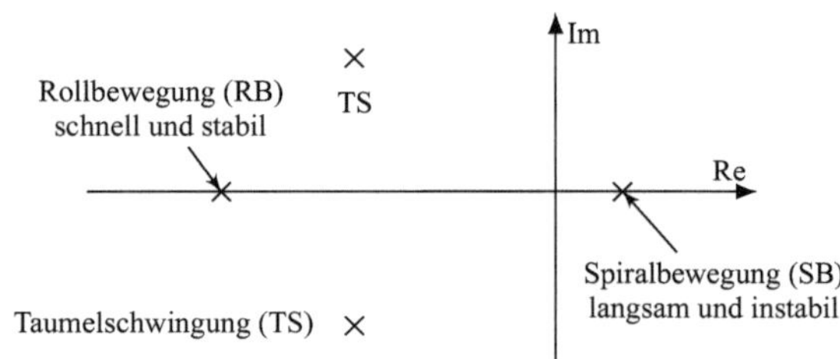

Abb. 2.3 Typische Anordnung der Eigenwerte bei der Seitenbewegung

$$
\begin{pmatrix} \dot{r} \\ \dot{\beta} \\ \dot{p} \\ \dot{\phi} \end{pmatrix} = \begin{bmatrix} N_r & N_\beta & N_p & 0 \\ -1 & \frac{Y_\beta}{V_0} & 0 & \frac{g}{V_0} \\ L_r & L_\beta & L_p & 0 \\ 0 & 0 & 1 & 0 \end{bmatrix} \begin{pmatrix} r \\ \beta \\ p \\ \phi \end{pmatrix} + \underbrace{\begin{bmatrix} N_\xi & N_\zeta \\ 0 & \frac{Y_\zeta}{V_0} \\ L_\xi & L_\zeta \\ 0 & 0 \end{bmatrix}}_{=:B} \begin{pmatrix} \xi \\ \zeta \end{pmatrix}, \quad \dot{\psi} = r, \tag{2.2}
$$

$$
\underbrace{\phantom{\begin{bmatrix} N_r & N_\beta & N_p & 0 \end{bmatrix}}}_{=:A}
$$

$$
x = \begin{pmatrix} r & \beta & p & \phi \end{pmatrix}^\top, \quad u = \begin{pmatrix} \xi & \zeta \end{pmatrix}^\top.
$$

Die Eigenwerte der Systemmatrix A der Seitenbewegung setzen sich üblicherweise aus einem stabilen, konjugiert komplexen Eigenwertpaar und zwei weiteren reellen Eigenwerten zusammen, von dem ein Eigenwert auch positiv sein kann, siehe Abb. 2.3. Die Bewegung mit konjugiert komplexen Eigenwerten ist hauptsächlich eine Bewegung um die Hochachse (Taumelschwingung, TS). Der stabile, reelle Eigenwert ist relativ schnell und beschreibt dass Abklingen der Rollrate nach einer Störung oder Piloteneingabe (Rollbewegung, RB). Der instabile, reelle Eigenwert ist hauptsächlich mit einem Anwachsen des Rollwinkels[8,9] assoziiert, wodurch sich eine spiralförmigen Kurvenbewegung ergibt (Spiralbewegung, SB).

Auch hier können wir uns noch einmal erklären, warum die Seitenbewegung mit vier Zuständen beschrieben wird. Die Seitenbewegung hat ebenfalls drei Freiheitsgrade, nämlich zwei rotatorische Freiheitsgrade um die Hochachse und die Längsachse des Flugzeugs sowie ein translatorischer Freiheitsgrad in Querrichtung, siehe Abb. 2.4. Dies entspricht sechs Zuständen, wie sie in Tab. 2.2 zusammengefasst sind. Die y-Position und den Gierwinkel ψ erhalten wir einfach durch Integration der Quergeschwindigkeit beziehungsweise der Drehrate r, sie haben auch keinen Krafteinfluss auf alle anderen Zustände. Wenn es also wiederum um die Flug*dynamik* geht, können wir die y-Position und den Gierwinkel ψ im Zustand erst einmal weglassen.

Sobald es um Fragen der Lenkung und Flugführung geht, werden wir die Positionen beziehungsweise die Abweichungen von deren Sollpositionen sowie den Gierwinkel mit entsprechenden Modellerweiterungen in Betracht ziehen.

---

[8]Der Effekt beruht maßgeblich auf der Einkopplung der Gravitation in die Seitenbewegung. Durch den Term $\frac{g}{V_0}\phi$ entsteht mit einem Rollwinkel eine Störung um die Hochachse. Durch die damit verbundene Gierrate kommt es letztlich zu einem Rollmoment. Wirkt dieses in die gleiche Richtung wie ϕ, so ist die Spiralbewegung instabil.

[9]Da die Bewegung langsam ist, sind die beteiligten Drehraten äußerst gering.

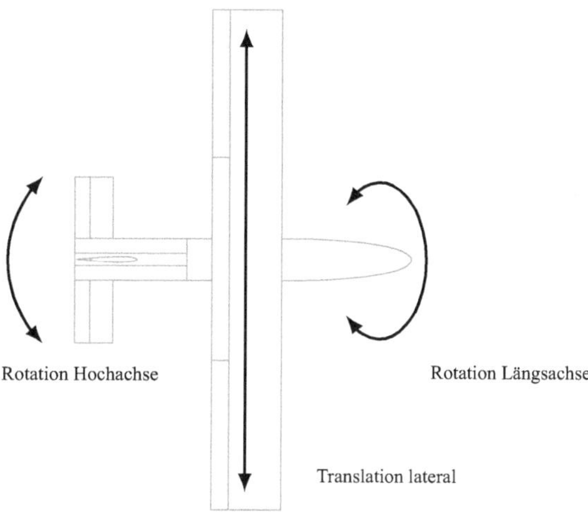

Abb. 2.4 Freiheitsgrade der Seitenbewegung

Tab. 2.2 Freiheitsgrade und Zustände der Seitenbewegung

Bewegung	Anzahl Zustände	Zustandsvariablen	
Rotation um Längsachse	2	p	ϕ
Rotation um Hochachse	2	r	ψ
Translation, Querachse	2	$\beta\, V_0$	y-Position

2.1.2 Dynamik von Sensoren und Aktuatoren

Auch Sensoren und Aktuatoren können ein verzögertes beziehungsweise im Allgemeinen dynamisches Verhalten aufweisen. In solchen Fällen müssen wir dies mit in die Beschreibung der Flugzeugdynamik aufnehmen. Ein dynamisches Verhalten von Aktuatoren kann beispielsweise durch Trägheit (mechanisch, elektrisch, hydraulisch) verursacht werden. Bei Sensoren führt die (Vor-)Verarbeitung von Sensorsignalen oder deren Filterung zu ähnlichen

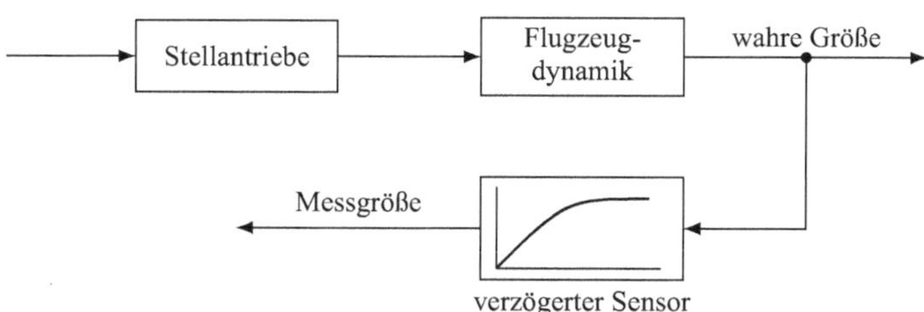

Abb. 2.5 Flugzeugdynamik und verzögerte Sensormessung

Effekten. Ein Modell erster Ordnung reicht oft aus, um eine Verzögerung eines Sensors oder Aktuators zu beschreiben, da die Dämpfung per Entwurf beziehungsweise Konstruktion üblicherweise recht gut ist. Hierzu folgt jeweils ein Beispiel.

Beispiel Anstellwinkelsensor

Abb. 2.5 zeigt die Dynamik der Flugzeugbewegung zusammen mit einem Sensor mit Verzögerung, das heißt der gemessene Wert ist gegenüber dem wahren Wert verzögert.

Ist dies beispielsweise bei einem Anstellwinkelsensor der Fall, so gilt für den Messwert α_m unter der Annahme, dass ansonsten ein perfekter Sensor vorliegt,

$$\alpha_m = \frac{1}{T_\alpha s + 1}\alpha.$$

Hier ist T_α die Zeitkonstante des Sensors und α der wahre Anstellwinkel. Dies entspricht einem Verzögerungsglied erster Ordnung, das wir auch in eine Zustandsraumdarstellung umschreiben können:

$$\dot{x}_s = \underbrace{-\frac{1}{T_\alpha}}_{=:A_s} x_s + \underbrace{\frac{1}{T_\alpha}}_{=:B_s} \alpha, \qquad \alpha_m = \underbrace{1}_{=:C_s} x_s.$$

Der Index s steht hierbei allgemein für Sensor. Für $T_\alpha \to 0$ folgt $\alpha_m \to \alpha$. Es liegt dann eine unverzögerte Messung vor.

Beispiel Höhenruder

In Abb. 2.6 ist ein Stellglied mit Verzögerung zusammen mit der Flugzeugdynamik dargestellt. Das wahre Stellsignal, hier die Ruderstellung am Flugzeug, folgt dem vom Piloten oder Autopiloten vorgegebenen Sollwert nur verzögert. Für die tatsächliche Höhenrudereinsteuerung η gilt mit einem Modell erster Ordnung

$$\eta = \frac{1}{T_\eta s + 1}\eta_c,$$

mit der Zeitkonstante T_η des Aktuators und der kommandierten Einsteuerung η_c. In Zustandsraumdarstellung ist dies

$$\dot{x}_a = \underbrace{-\frac{1}{T_\eta}}_{=:A_\eta} x_a + \underbrace{\frac{1}{T_\eta}}_{=:B_a} \eta_c, \qquad \eta = \underbrace{1}_{=:C_a} x_a.$$

wobei a für Aktuator steht. Auch hier gilt, dass für $T_\eta \to 0$ der Zusammenhang $\eta \to \eta_c$ folgt. In diesem Fall ist der Aktuator unverzögert. Typische Zahlenwerte Zahlenwerte für elektrische Servomotoren kleiner Drohnen sind $\frac{1}{T} = 20\,\mathrm{s}^{-1}$ beziehungsweise $T = 0{,}05\,\mathrm{s}$.

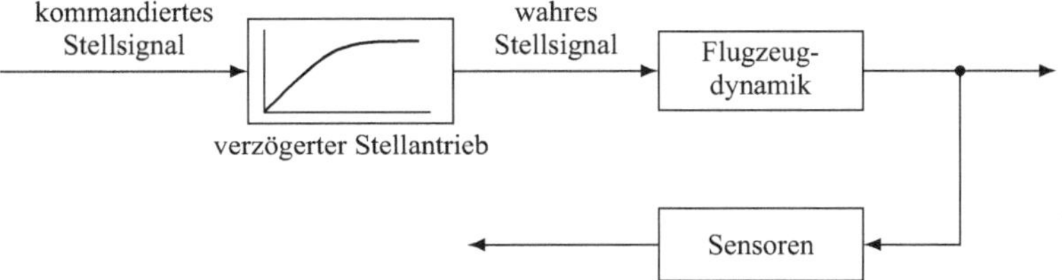

Abb. 2.6 Flugzeugdynamik und verzögerte Aktuatoransteuerung

Zustandserweiterung und Zusammenfassung

Nun können wir die Dynamik von Sensoren und Aktuatoren sowie die Flugzeugdynamik in einem System zusammenfassen. Abb. 2.7 zeigt eine entsprechende Reihenschaltung [7].

Die Flugzeugdynamik für Längsbewegung (2.1) und Seitenbewegung (2.2) ist gegeben in der Form

$$\dot{x} = A\,x + B\,u,$$

$$y = C\,x,$$

mit der wahren Einsteuerung u und der exakten Messgröße y. Allgemein kann die lineare Aktuatordynamik folgendermaßen geschrieben werden

$$\dot{x}_a = A_a\,x_a + B_a\,u_c,$$

$$u = C_a\,x_a,$$

wobei u_c die kommandierte Stellgröße darstellt. Entsprechend gilt für die Sensoren

$$\dot{x}_s = A_s\,x_s + B_s\,y,$$

$$y_m = C_s\,x_s.$$

Hier sind y_m die Messgrößen. Für eine vollständige Zustandsmessung ist daher $C_s = I$.

Mit diesen Bezeichnungen kann das Gesamtsystem mithilfe der Rechenregeln für Reihenschaltungen dargestellt werden. Es ergibt sich

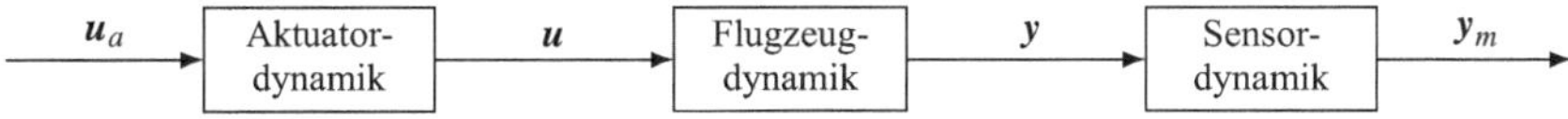

Abb. 2.7 Reihenschaltung von Sensor-, Flugzeug- und Aktuatordynamik

$$\begin{pmatrix} \dot{x} \\ \dot{x}_a \\ \dot{x}_s \end{pmatrix} = \begin{bmatrix} A & B\,C_a & 0 \\ 0 & A_a & 0 \\ B_s\,C & 0 & A_s \end{bmatrix} \begin{pmatrix} x \\ x_a \\ x_s \end{pmatrix} + \begin{pmatrix} 0 \\ B_a \\ 0 \end{pmatrix} u_c, \qquad (2.3)$$

$$y_m = \begin{bmatrix} 0 & 0 & C_s \end{bmatrix} \begin{pmatrix} x \\ x_a \\ x_s \end{pmatrix}.$$

Sind also Stellglieder und/oder Sensoren nicht verzögerungsfrei, so können wir unsere Entwurfsstrecke in der Weise (2.3) erweitern. Sehr oft benutzt man aber auch bei verzögerten Komponenten die reine Flugdynamik als Entwurfsmodell und analysiert dann nach dem Reglerentwurf mit dem erweiterten Modell, wie sich eventuelle Verzögerungen in den Aktuatoren oder Sensoren auswirken, zum Beispiel mit linearen Analyseverfahren im Frequenzbereich.

2.1.3 Windstörungen

Bei der bisherigen Formulierung der Flugzeugbewegung wurde konstanter Wind durch die Formulierung in aerodynamischen Größen, das heißt mit den Zuständen α, β, V_A implizit berücksichtigt.[10] Die Effekte nicht-konstanter Windstörungen können grundsätzlich in nichtlinearen Simulationen überprüft werden. Im Folgenden wollen wir nicht-konstante Windstörungen im Rahmen eines linearen Bewegungsmodells hinzunehmen.

Durch Windstörungen (Böen) ändert sich die Fluggeschwindigkeit, das heißt die Geschwindigkeit gegenüber der umgebenden Luft, siehe auch [9]. Sei $v_w = (u_w, v_w, w_w)^\top$ der Windvektor in körperfesten Koordinaten. Mit Windstörungen gilt $v = v_A + v_w$, wobei v die Geschwindigkeit gegenüber einer Atmosphäre mit konstantem Wind oder ohne Wind beschreibt und v_A die Fluggeschwindigkeit gegenüber der Luft ist. Für alle aerodynamischen Kräfte und Momente am Flugzeug ist aber genau diese Geschwindigkeit relevant. Wir nehmen nun an, dass der Windvektor gegenüber der Anströmung klein ist, sodass lineare Zusammenhänge gelten.

Es muss also $V_A = V - V_w$ zur Berechnung der aerodynamischen Kraft- und Momenteneinflüsse benutzt werden. Ähnliches gilt für die translatorischen Quergeschwindigkeiten, also $\alpha_A = \alpha - \alpha_w$ und $\beta_A = \beta - \beta_w$ sowie für die Drehraten $p_A = p - p_w$, $q_A = q - q_w$ und $r_A = r - r_w$.

Linearisiert für kleine Winkel gilt dann $V_w = u_w$ sowie $\alpha_w = w_w/V_0$ und $\beta_w = v_w/V_0$, wobei V_0 die Trimmgeschwindigkeit ist, siehe Abb. 2.8. Nicht-konstanter Wind entsteht sowohl durch zeitliche Veränderung der Atmosphäre als auch beim Durchfliegen örtlicher Variationen. Zeitliche Veränderungen können üblicherweise vernachlässigt werden

---

[10]Einzelheiten findet man bei der Herleitung der Bewegungsgleichungen in der entsprechenden Literatur [4].

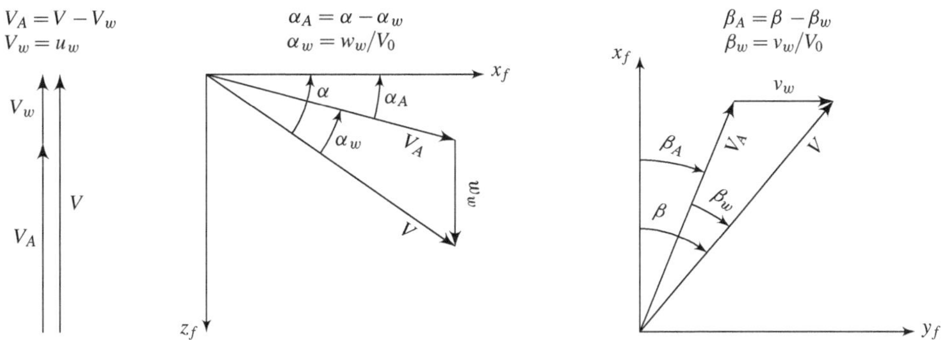

Abb. 2.8 Aerodynamische Größen bei Wind für kleine Winkel

und das Windfeld kann daher als eingefroren betrachtet werden.[11] Die Drehgeschwindigkeiten p_w, q_w und r_w entstehen dabei durch örtliche Windgradienten. Beispielsweise ist $p_w = w_{wy}$, das heißt der nicht-konstante Windeinfluss p_w um die Rollachse entspricht dem örtlichen Gradienten des vertikalen Windes w_w über der Querrichtung y. Dies ist in Abb. 2.9 dargestellt. Gleichermaßen gilt für die Nickkomponente $q_w = -w_{wx}$, siehe Abb. 2.10. Der Windeinfluss um r_w kann sowohl durch Effekte am Rumpf, entsprechend dem Gradienten v_{wx}, als auch am Flügel durch den Gradienten $-u_{wy}$ hervorgerufen werden, siehe Abb. 2.11.

Lineare Flugzeugbewegung mit Windstörungen

Nun können wir formal die Effekte von Windstörungen in einer linearen Beschreibung der Flugbewegung berücksichtigen: für alle Terme, die von den Geschwindigkeiten oder Drehgeschwindigkeiten abhängig sind, ergeben sich entsprechende Zusatzterme abhängig von den Windgeschwindigkeiten. Für die Längsbewegung erhalten wir also

$$
\begin{pmatrix} \dot{\alpha} \\ \dot{q} \\ \dot{V} \\ \dot{\theta} \end{pmatrix} =
\begin{bmatrix} \frac{Z_\alpha}{V_0} & 1 & \frac{Z_V}{V_0} & 0 \\ M_\alpha & M_q & M_V & 0 \\ X_\alpha & 0 & X_V & -g \\ 0 & 1 & 0 & 0 \end{bmatrix}
\begin{pmatrix} \alpha \\ q \\ V \\ \theta \end{pmatrix} +
\begin{bmatrix} \frac{Z_\eta}{V_0} & \frac{-X_{\delta F}}{V_0}\sin(\alpha_0 + i_F) \\ M_\eta & M_{\delta F} \\ X_\eta & X_{\delta F}\cos(\alpha_0 + i_F) \\ 0 & 0 \end{bmatrix}
\begin{pmatrix} \eta \\ \delta_F \end{pmatrix}
\tag{2.4}
$$

$$
+ \begin{bmatrix} -\frac{Z_\alpha}{V_0} & 0 & -\frac{Z_V}{V_0} \\ -M_\alpha & -M_q & -M_V \\ -X_\alpha & 0 & -X_V \\ 0 & 0 & 0 \end{bmatrix}
\begin{pmatrix} \alpha_w \\ q_w \\ V_w \end{pmatrix} .
$$

---

[11] Große nominelle Lageändeungen müssen gegebenenfalls bei der Modellierung des körperfesten Windvektors $\boldsymbol{v}_w$ berücksichtigt werden.

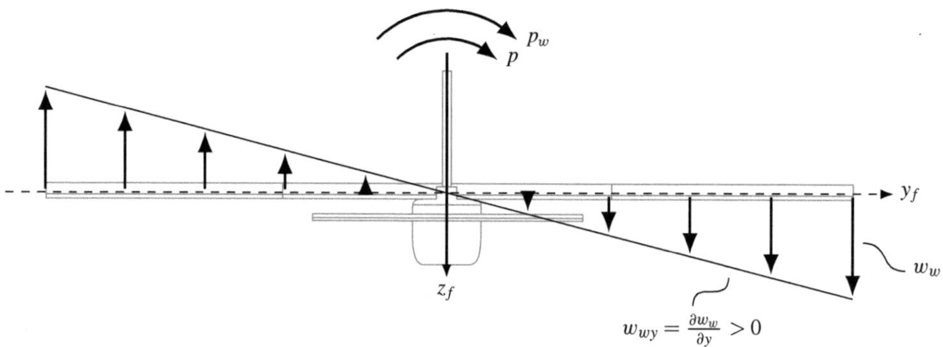

Abb. 2.9 Windgradient w_{wy} und Drehrate p_w

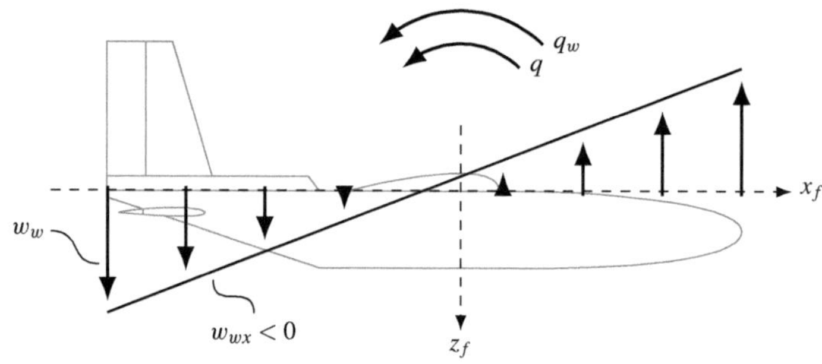

Abb. 2.10 Windgradient in w_{wx} und Drehrate q_w

Die Seitenbewegung hat folgende Gestalt:

$$
\begin{pmatrix} \dot{r} \\ \dot{\beta} \\ \dot{p} \\ \dot{\phi} \end{pmatrix} =
\begin{bmatrix}
N_r & N_\beta & N_p & 0 \\
-1 & \frac{Y_\beta}{V_0} & 0 & \frac{g}{V_0} \\
L_r & L_\beta & L_p & 0 \\
0 & 0 & 1 & 0
\end{bmatrix}
\begin{pmatrix} r \\ \beta \\ p \\ \phi \end{pmatrix} +
\begin{bmatrix}
N_\xi & N_\zeta \\
0 & \frac{Y_\zeta}{V_0} \\
L_\xi & L_\zeta \\
0 & 0
\end{bmatrix}
\begin{pmatrix} \xi \\ \zeta \end{pmatrix}
$$

$$
+
\begin{bmatrix}
-N_r & -N_\beta & -N_p \\
0 & -\frac{Y_\beta}{V_0} & 0 \\
-L_r & -L_\beta & -L_p \\
0 & 0 & 0
\end{bmatrix}
\begin{pmatrix} r_w \\ \beta_w \\ p_w \end{pmatrix} .
\tag{2.5}
$$

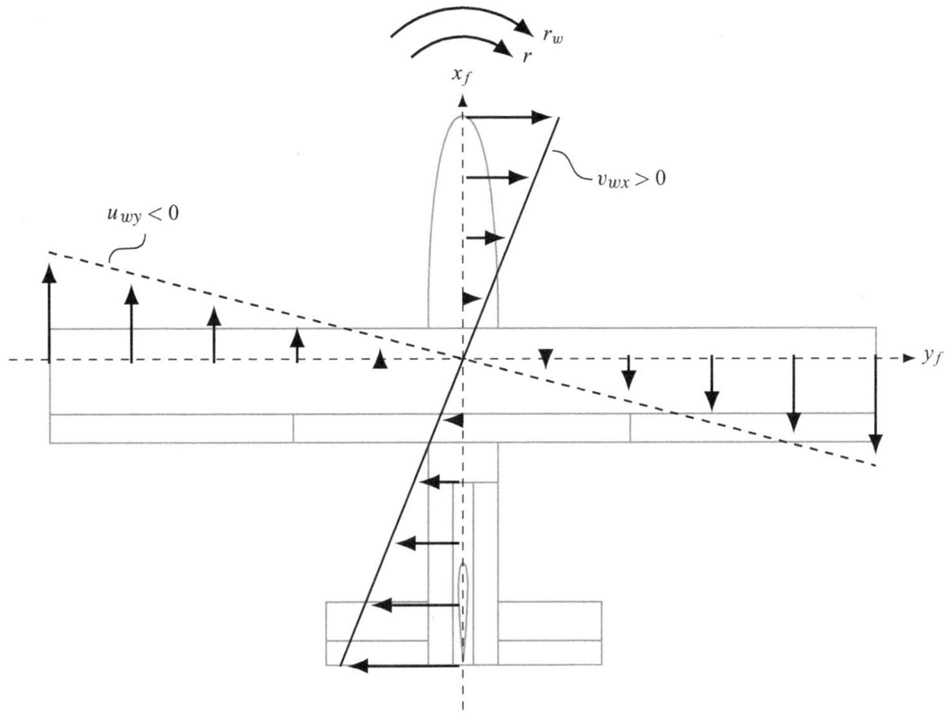

Abb. 2.11 Windgradienten v_{wx} und u_{wy} und Drehrate r_w

Die linearen Modelle (2.4) und (2.5) beschreiben also, wie sich gegebene zeitlich veränderliche Windstörungen auf das Bewegungsverhalten auswirken.[12] Auf die Modellbildung des Zeitverhaltens der Windstörungen wird an dieser Stelle nicht weiter eingegangen.[13]

Die jeweiligen Bahngrößen (gegenüber einem erdfesten System) setzen sich zusammen aus den jeweiligen Geschwindigkeiten gegenüber der umgebenden Luft und den Windkomponenten.

2.1.4 Flugbereichsgrenzen

Im Folgenden überlegen wir, wie ein lineares Flugbewegungsmodell mit den Flugbereichsgrenzen zusammenhängt. Ein linearisiertes flugmechanisches Modell gilt in der Umgebung eines zuvor festgelegten stationären Flugzustands. In unserem Fall ist dies ein ausgetrimmter

---

[12]An dieser Stelle sei nochmals darauf hingewiesen, dass zeitliche Veränderungen hauptsächlich durch das Durchfliegen eines örtlich variierenden Windfeldes entstehen.

[13]Im Flugregelungskontext wird Turbulenz häufig als stochastischer Prozess nach Dryden oder von Kármán modelliert, siehe auch [2].

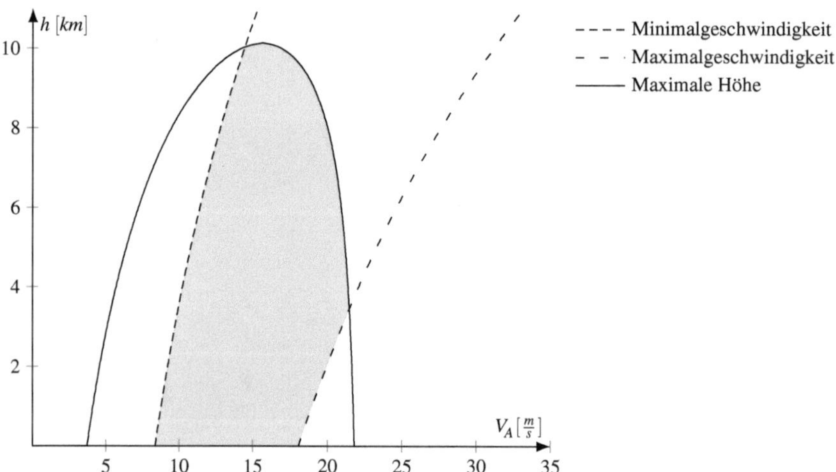

Abb. 2.12 Flugbereichsgrenzen

horizontaler Geradeausflug. Ein solcher stationärer Flugzustand ist durch zwei Parameter gegeben, nämlich durch die nominale Geschwindigkeit V_A und die nominale Höhe h.[14] Beiden Parametern sind gewisse Grenzen gesetzt, diese definieren den Flugbereich (engl. flight envelope). In Abb. 2.12 ist beispielhaft der Flugbereich eines Flächenflugzeugs dargestellt, also die Menge aller Kombinationen aus Höhe und Geschwindigkeit, welche im getrimmten Flug erreicht werden können, siehe auch [1]. Der Linearisierungspunkt, der zu einem linearen flugmechanischen Modell gehört, kann daher als *ein* Punkt innerhalb der Flugbereichsgrenzen im Höhen/Geschwindigkeitsdiagramm betrachtet werden. Weicht man zu sehr von einem Linearisierungspunkt ab, das heißt von der nominalen Höhe oder der nominalen Geschwindigkeit, so muss das linearisierte Modell ebenfalls entsprechend einem neuen stationären Zustand angepasst werden.

Im Folgenden diskutieren wir noch die Grenzen eines Flugbereiches, um die Gestalt der Abb. 2.12 besser zu verstehen.

Minimalgeschwindigkeit

Um zu fliegen benötigt man eine minimale Geschwindigkeit, die den notwendigen Auftrieb erzeugt. Im stationären Fall muss der Auftrieb $A = \frac{1}{2}\,\rho\,V_A^2\,S\,C_A$ ungefähr[15] die Gewichtskraft $G = m\,g$ kompensieren, also $A = G$. Dabei ist ρ die Luftdichte, S die Flügelfläche, C_A der Auftriebsbeiwert, m die Masse und g die Erdbeschleunigung.

Die Minimalgeschwindigkeit wird mit maximalem Auftriebsbeiwert $C_{A,\max}$ geflogen und es gilt daher

---

[14]Höhe und Geschwindigkeit bestimmen den Staudruck und damit die aerodynamischen Kraft- und Momenteneinflüsse.

[15]Der Schubanteil $F\,\sin(\alpha_0 + i_F)$ wird an dieser Stelle vernachlässigt.

$$V_{\text{min}} = \sqrt{\frac{2\,m\,g}{\rho(h)\,S\,C_{A,\text{max}}}}.$$

Bei abnehmender Luftdichte ρ, das heißt mit ansteigender Höhe, nimmt die minimale Geschwindigkeit zu. Das ist auch anschaulich einleuchtend.

Maximalgeschwindigkeit

Durch den Staudruck entstehen im Flug Struktur- und Steuerungslasten. Um Überlasten zu vermeiden, darf der Staudruck $\bar{q} = \frac{1}{2}\rho V_A^2$ daher einen gewissen Maximalwert $\bar{q}_{\text{max}}$ nicht übersteigen. Hieraus folgt unmittelbar die maximale Fluggeschwindigkeit

$$V_{\text{max}} = \sqrt{\frac{2\,\bar{q}_{\text{max}}}{\rho(h)}}.$$

V_{max} kann in größeren Höhen h, das heißt bei geringeren Luftdichten ρ also größer sein. Auch dies ist anschaulich einleuchtend.

Maximale Höhe bei Maximalschub

Vereinfacht kann der maximalen Schub in Abhängigkeit der Höhe durch $F_{\text{max}}(h) = \frac{F_0}{\rho_0}\rho(h)$ beschrieben werden. Das bedeutet nichts anderes, als dass der Maximalschub linear in der Luftdichte ist. Schub und Dichte mit Index 0 bezeichnen Werte auf Meereshöhe. Bei einem stationären Flug mit maximalem Schub gilt $F_{\text{max}} = W$, wobei der Widerstand $W = \bar{q}\,S\,C_W$ von der Geschwindigkeit abhängt.[16] Die Geschwindigkeit wiederum muss so sein, dass Auftrieb und Gewicht im Gleichgewicht stehen, also $A = G$. In Formeln gefasst ergibt sich

$$A = G = \bar{q}\,S\,C_A \Rightarrow C_A = \frac{G}{S\,\bar{q}}.$$

Basierend auf der quadratischen Widerstandspolaren gilt der Zusammenhang $C_W = C_{W0} + k\,C_A^2$, wobei C_{W0} der parasitäre Beiwert und k ein Faktor[17] für den induzierten Widerstand sind. Daraus folgt

$$W = \bar{q}\,S\left(C_{W0} + k\left(\frac{G}{S\,\bar{q}}\right)^2\right) = \bar{q}\,S\,C_{W0} + \frac{k\,G^2}{S\,\bar{q}} = F_{\text{max}}(h).$$

Dies ist eine quadratische Gleichung im Staudruck $\bar{q}$, deren Lösung folgendermaßen gegeben ist:

$$\bar{q}_{1,2} = \frac{1}{2}\,\rho\,V_{A\,1,2}^2 = \frac{W}{2\,S\,C_{W0}}\left(1 \pm \sqrt{1 - \frac{4\,k\,C_{W0}\,G^2}{W^2}}\right).$$

---

[16]Auch hier gehen wir wieder davon aus, dass der Schub nur eine Längskomponente hat, sodass $F\cos(\alpha_0 + i_F) = F$.

[17]Es gilt $k = \pi\,\Lambda\,e$, Λ ist die Flügelstreckung, $e < 1$ ist der Oswald-Faktor.

Mit maximalem Schub $W = F_{\max}$ ergeben sich daraus für eine gegebene Höhe die Grenzgeschwindigkeiten

$$V_{A\,1,2}^2 = \frac{F_{\max}(h)}{\rho(h)\,S\,C_{W0}}\left(1 \pm \sqrt{1 - \frac{4\,k\,C_{W0}\,m^2\,g^2}{F_{\max}^2(h)}}\right).$$

Aus der Forderung, dass die Diskriminante genau null ist, ergibt sich eine Bedingung für die maximale Flughöhe (Gipfelhöhe) mit

$$F_{\max}(h_{\max}) = \frac{F_0}{\rho_0}\rho(h_{\max}) = 2\,m\,g\sqrt{k\,C_{W0}}.$$

2.2   Transformationen für den Flugzustand

2.2.1   Zustandstransformation und praktische Anwendung

Die Wahl der Flugzustände in den Zustandsraumdarstellungen (2.1) und (2.2) ist nicht eindeutig. Man kann beispielsweise durch eine lineare Transformation die ursprünglichen Flugzustände durch neue Flugzustände ersetzen. Ein solche Transformation können wir folgendermaßen beschreiben [5]:

$$\tilde{x} = T^{-1}\,x, \tag{2.6}$$

wobei $\tilde{x}$ und x der neue beziehungsweise der ursprüngliche Flugzustand ist und T^{-1} eine konstante Transformationsmatrix für die Zustände darstellt. Die ursprüngliche Systemdarstellung, jeweils der Längs- und Seitenbewegung,

$$\dot{x} = A\,x + B\,u,$$
$$y = C\,x + D\,u,$$

geht dann über in eine neue Systembeschreibung der Form

$$\dot{\tilde{x}} = \tilde{A}\,\tilde{x} + \tilde{B}\,u,$$
$$y = \tilde{C}\,\tilde{x} + \tilde{D}\,u.$$

Man beachte, dass die Messgrößen und Stellgrößen (also der Systemausgang und der Systemeingang) unverändert bleiben, es ändert sich lediglich der Zustand. Die Umrechnungsvorschriften für die Systemmatrizen lauten

$$\tilde{A} = T^{-1}\,A\,T\,, \quad \tilde{B} = T^{-1}\,B\,, \quad \tilde{C} = C\,T\,, \quad \tilde{D} = D. \tag{2.7}$$

Im Rahmen der Flugregelung können wir eine solche Zustandstransformation recht praktisch einsetzen. Diese Anwendungen sind nachfolgend beschrieben.

Umsortieren von Zuständen

Bei einem Zustandsraummodell ist der Zustandsvektor jeweils festgelegt. Wollen wir die Reihenfolge der Zustände ändern, weil wir beispielsweise eine andere Reihenfolge gewöhnt sind, dann kann dies systematisch mit einer Zustandstransformation erfolgen.

Beispiel: Bei einem gegebenen Zustandsraummodell $\{A, B, C, D\}$ der Längsbewegung sei der Gesamtzustand durch die Reihenfolge $(\alpha, q, V, \theta)^\top$ der Einzelzustände definiert. Wir wollen jedoch den Zustand in geänderter Reihenfolge $(V, q, \alpha, \theta)^\top$ darstellen. Dann können wir die zugehörige Transformationsmatrix folgendermaßen beschreiben

$$\underbrace{\begin{pmatrix} V \\ q \\ \alpha \\ \theta \end{pmatrix}}_{=:\tilde{x}} = \underbrace{\begin{bmatrix} 0 & 0 & 1 & 0 \\ 0 & 1 & 0 & 0 \\ 1 & 0 & 0 & 0 \\ 0 & 0 & 0 & 1 \end{bmatrix}}_{=:T_{\text{sort}}^{-1}} \underbrace{\begin{pmatrix} \alpha \\ q \\ V \\ \theta \end{pmatrix}}_{=:x}$$

und die dazugehörige neue Systemdarstellung gemäß den oben angegebenen Umrechnungsvorschriften (2.7) ausrechnen.

Skalieren und Normieren

Oft müssen in gegebenen Zustandsraumdarstellungen die Einheiten einzelner Zustände geändert werden, beispielsweise bei der Darstellung von Drehbewegungen in Bogenmaß statt in Grad. Dies lässt sich einfach durch eine Transformationsmatrix der Form

$$\begin{pmatrix} \alpha \ [\text{rad}] \\ q \ [\text{rad/s}] \\ V \ [\text{m/s}] \\ \theta \ [\text{rad}] \end{pmatrix} = \underbrace{\begin{bmatrix} \frac{\pi}{180} & 0 & 0 & 0 \\ 0 & \frac{\pi}{180} & 0 & 0 \\ 0 & 0 & 1 & 0 \\ 0 & 0 & 0 & \frac{\pi}{180} \end{bmatrix}}_{=:T_{\text{skal}}^{-1}} \begin{pmatrix} \alpha \ [\text{deg}] \\ q \ [\text{deg/s}] \\ V \ [\text{m/s}] \\ \theta \ [\text{deg}] \end{pmatrix}$$

bewerkstelligen. Prinzipiell gilt, dass lineare Transformationen durch Multiplikation verschachtelt werden können. Soll zum Beispiel zuerst skaliert und dann umsortiert werden, so kann dies mit einer kombinierten Transformation $T^{-1} = T_{\text{sort}}^{-1} T_{\text{skal}}^{-1}$ erreicht werden.

Auch allgemeinere Normierungen der Zustände auf bestimmte Bezugsgrößen sind manchmal sinnvoll. Die entsprechende Transformation, hier für alle Zustände dargestellt, lautet dann

$$\tilde{x} = \underbrace{\begin{bmatrix} \frac{1}{x_{1,ref}} & \cdots & 0 \\ \vdots & \ddots & \vdots \\ 0 & \cdots & \frac{1}{x_{n,ref}} \end{bmatrix}}_{=:T^{-1}} x.$$

Hierbei ist $x_{i,ref}$ der Bezugswert für den Zustand x_i. Wird ein Bezugswert als Maximalwert $x_{i,max}$ eines Zustandes gewählt, so wird der Wertebereich eines Zustandes auf den Bereich $[-1 \ldots 1]$ abgebildet.[18]

Ein weiteres Beispiel zur Skalierung ist der Wechsel von aerodynamischen Winkeln zu körperfesten Geschwindigkeiten. Wir erinnern uns aus der Flugmechanik, dass Anstellwinkel und Schiebewinkel als körperfeste Quergeschwindigkeiten interpretiert werden können. Es gilt:

$$v = T_{fa}\, v_A,$$

$$\begin{pmatrix} u \\ v \\ w \end{pmatrix} = \begin{bmatrix} \cos\alpha \cdot \cos\beta & * & * \\ \sin\beta & * & * \\ \sin\alpha \cdot \cos\beta & * & * \end{bmatrix} \begin{pmatrix} V_A \\ 0 \\ 0 \end{pmatrix}.$$

Bei kleinen Anstell- und Schiebewinkeln kann man sehr gut linearisieren und es ergibt sich vereinfacht

$$\begin{pmatrix} u \\ v \\ w \end{pmatrix} \approx \begin{pmatrix} V_0 + V \\ \beta\, V_0 \\ \alpha\, V_0 \end{pmatrix}. \tag{2.8}$$

Mit Hilfe der zweiten Zeile von (2.8) können wir nun bei der Seitenbewegung den Schiebewinkel β durch die Querkomponente v ersetzen und zwar durch die Transformationsvorschrift

$$\begin{pmatrix} r \\ v \\ p \\ \phi \end{pmatrix} = \underbrace{\begin{bmatrix} 1 & 0 & 0 & 0 \\ 0 & V_0 & 0 & 0 \\ 0 & 0 & 1 & 0 \\ 0 & 0 & 0 & 1 \end{bmatrix}}_{=:T^{-1}} \begin{pmatrix} r \\ \beta \\ p \\ \phi \end{pmatrix}.$$

Mit der dritten Zeile von (2.8) kann bei der Längsbewegung der Anstellwinkel α durch die Geschwindigkeitskomponente w in flugzeugfesten Koordinaten ersetzt werden. Die Transformationsmatrix hierzu lautet

$$\begin{pmatrix} w \\ q \\ V \\ \theta \end{pmatrix} = \underbrace{\begin{bmatrix} V_0 & 0 & 0 & 0 \\ 0 & 1 & 0 & 0 \\ 0 & 0 & 1 & 0 \\ 0 & 0 & 0 & 1 \end{bmatrix}}_{=:T^{-1}} \begin{pmatrix} \alpha \\ q \\ V \\ \theta \end{pmatrix}.$$

---

[18]Dies gilt für eine symmetrische Beschränkung der Art $-x_{i,max} \le x_i \le x_{i,max}$.

Wechsel von Zustandsgrößen

In der praktischen Anwendung ist manchmal ein Wechsel von Zustandsgrößen nützlich. Ein wichtiges Beispiel hierfür ist die Nutzung des Bahnneigungswinkels anstatt dem Nickwinkel. Wir wissen aus der Flugmechanik, dass unter der Annahme von Windstille und bei linearisierter Betrachtung der Flugdynamik der Bahnneigungswinkel γ, der Nickwinkel θ und der Anstellwinkel α folgendermaßen voneinander abhängen:

$$\theta = \gamma + \alpha \quad \Rightarrow \quad \gamma = \theta - \alpha,$$

siehe Abb. 2.13a. Formal erhält man diesen Zusammenhang, indem man Bahnwinkel, Lagewinkel sowie aerodynamische Winkel in der Form

$$\boldsymbol{T}_1(\mu)\,\boldsymbol{T}_2(\gamma)\,\boldsymbol{T}_3(\chi) = \boldsymbol{T}_3(\beta)\,\boldsymbol{T}_2(-\alpha)\,\boldsymbol{T}_1(\phi)\,\boldsymbol{T}_2(\theta)\,\boldsymbol{T}_3(\psi) \tag{2.9}$$

in Beziehung setzt, aber dabei Drehwinkel außer der 2. Achse (Indizes 1 und 3) zu Null setzt.

Den neuen Zustand, der statt dem Nickwinkel θ den Bahnneigungswinkel γ enthalten soll, kann man somit durch die Transformationsvorschrift

$$\begin{pmatrix} \alpha \\ q \\ V \\ \gamma \end{pmatrix} = \underbrace{\begin{bmatrix} 1 & 0 & 0 & 0 \\ 0 & 1 & 0 & 0 \\ 0 & 0 & 1 & 0 \\ -1 & 0 & 0 & 1 \end{bmatrix}}_{=:\boldsymbol{T}^{-1}} \begin{pmatrix} \alpha \\ q \\ V \\ \theta \end{pmatrix} \tag{2.10}$$

darstellen. Eine entsprechende Umformung lässt sich auch bei der Seitenbewegung durchführen, wenn der Bahnazimut im Zustand mit aufgenommen wird. Linearisiert gilt dann ohne Wind die Gleichung

$$\chi = \psi + \beta, \tag{2.11}$$

siehe Abb. 2.13b. Der formale Zusammenhang kann wieder aus der allgemeinen Koordinatentransformation (2.9) hergeleitet werden, wobei dieses Mal Drehwinkel außerhalb der 3. Achse (Indizes 1 und 2) zu Null gesetzt werden.

2.2.2 Diagonal- und Blockdiagonalform

Die Diagonalform und die Blockdiagonalform sind spezielle Darstellungen der Flugdynamik, die sich zur Analyse von Flugeigenschaften eignen, siehe auch [6]. Den Ausgangspunkt zur Berechnung der entsprechenden Transformation bildet wie im vorherigen Abschnitt das Systemmodell in ursprünglichen Koordinaten, das heißt das flugmechanische System der Längs- oder Seitenbewegung. Beide können jeweils in der Form $\dot{\boldsymbol{x}} = \boldsymbol{A}\,\boldsymbol{x} + \boldsymbol{B}\,\boldsymbol{u}$, $\boldsymbol{y} = \boldsymbol{C}\,\boldsymbol{x}$

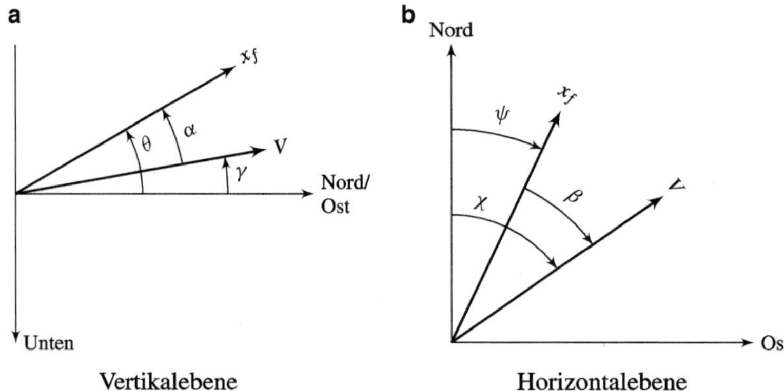

Abb. 2.13 Linearer Zusammenhang zwischen Flugrichtung (γ, χ), aerodynamischen Winkeln (α, β) und Lage (θ, ψ).

dargestellt werden. Für die Matrix A lösen wir nun das Eigenwertproblem mithilfe der charakteristischen Gleichung $\det(\lambda I - A) = 0$. Bei flugmechanischen Systemen erhalten wir üblicherweise unterschiedliche Eigenwerte λ_i, $i = 1 \ldots n$, die entweder reell oder konjugiert komplex sind, sowie die dazugehörigen linear unabhängigen[19] Eigenvektoren v_i, $i = 1 \ldots n$, die ebenfalls entsprechend reell oder konjugiert komplex sind. Der zu λ_i gehörende Eigenvektor ergibt sich als Lösung der Gleichung $(\lambda_i I - A)\, v_i = 0$. In Matlab können die Eigenwerte und -vektoren mit Hilfe der Funktion `eig` berechnet werden.

Diagonalform

Ein flugmechanisches System kann mithilfe einer Transformation $\tilde{x} = T^{-1} x$, welche mit $T = V = [v_1 \ldots v_n]$ die Eigenvektoren als Spalten enthält, auf folgende Diagonalform transformiert werden [5]:

$$
\dot{\tilde{x}} = \underbrace{\begin{bmatrix} \lambda_1 & \ldots & 0 \\ \vdots & \ddots & \vdots \\ 0 & \ldots & \lambda_n \end{bmatrix}}_{\Lambda} \tilde{x} + \tilde{B}\, u, \qquad y = \tilde{C}\tilde{x},
$$

mit

$$
\Lambda = V^{-1} A\, V, \quad \tilde{B} = V^{-1} B, \quad \tilde{C} = C\, V.
$$

Eine solche Transformation kann immer dann durchgeführt werden, wenn sogenannte Diagonalähnlichkeit vorliegt. Dies ist der Fall, wenn alle Eigenwerte unterschiedlich sind, was bei flugmechanischen Systemen üblicherweise gegeben ist. Dann ist die Transformationsmatrix regulär.

---

[19]Dies folgt aus der Tatsache, dass die Eigenwerte λ_i die Vielfachheit eins besitzen.

Leider können wir uns unter den transformierten Zuständen nicht mehr viel vorstellen. Die Eigenwerte λ_i und Eigenvektoren v_i und somit auch die transformierten Zustände $\tilde{x}_i$ sind im allgemeinen komplexwertig. Allerdings hat die Diagonalform einen entscheidenden Vorteil: für den Fall ohne Piloteneingaben kann die Lösung des flugmechanischen Modells sehr einfach angegeben werden. Diesen Umstand nutzen wir weiter unten bei der Analyse des Eigenverhaltens aus.

Der Nachteil einer reinen Diagonalform, nämlich komplexwertige Zustände, kann durch die sogenannte Blockdiagonalform wieder eliminiert werden.

Blockdiagonalform

Die Blockdiagonalgestalt erhalten wir dadurch, dass wir auf alle Zustände, die zu einem konjugiert-komplexen EW-Paar gehören, jeweils eine Transformation S^{-1} nachschalten, wobei

$$S^{-1} = \begin{bmatrix} 1 & 1 \\ j & -j \end{bmatrix}, \quad S = \frac{1}{2} \begin{bmatrix} 1 & -j \\ 1 & j \end{bmatrix}.$$

Bei mehreren konjugiert komplexen Eigenwertpaaren haben die Matrizen S und S^{-1} entsprechende Blockdiagonalgestalt. Die gesamte Transformation ist dann

$$T^{-1} = S^{-1}\, V^{-1}, \quad T = V\, S.$$

Beispiel: Bei der Seitenbewegung liegen typischerweise ein konjugiert komplexes Eigenwertpaar $\lambda_{TS} = \delta_{TS} \pm j\omega_{TS}$ und zwei reelle Eigenwerte $\lambda_{RB} = \delta_{RB}$ und $\lambda_{SB} = \delta_{SB}$ vor. Hierbei sind δ die Realteile, ω bezeichnet eine imaginäre Komponente. Dann ist

$$V = \begin{bmatrix} v_{TS} & \bar{v}_{TS} & v_{RB} & v_{SB} \end{bmatrix}, \quad S = \begin{bmatrix} \frac{1}{2} & -\frac{j}{2} & 0 & 0 \\ \frac{1}{2} & \frac{j}{2} & 0 & 0 \\ 0 & 0 & 1 & 0 \\ 0 & 0 & 0 & 1 \end{bmatrix},$$

sodass

$$V\, S = \begin{bmatrix} \mathrm{Re}(v_{TS}) & \mathrm{Im}(v_{TS}) & v_{RB} & v_{SB} \end{bmatrix}. \tag{2.12}$$

Letztendlich kommen wir zur Blockdiagonalform mit

$$\dot{\tilde{x}} = \begin{bmatrix} \delta_{TS} & \omega_{TS} & 0 & 0 \\ -\omega_{TS} & \delta_{TS} & 0 & 0 \\ 0 & 0 & \delta_{RB} & 0 \\ 0 & 0 & 0 & \delta_{SB} \end{bmatrix} \tilde{x} + \tilde{B}\, u.$$

Wir erhalten also eine Darstellung, die für jedes konjugiert-komplexe EW-Paar einen reellen 2×2-Block in der Diagonale stehen hat. Die entsprechende Transformationsmatrix (2.12) ist ebenfalls reell. Die Diagonalblöcke enthalten jeweils Real- und Imaginärteil eines konjugiert-komplexen Eigenwertpaares.

2.3 Analyse der Flugeigenschaften

Mit Hilfe der Diagonalform und Blockdiagonalform können wir nun das flugmechanische Verhalten analysieren. Hierbei unterscheiden wir zwischen dem Eigenverhalten sowie der Steuerung des Flugzeugs. Zusätzlich diskutieren wir, wie die Flugzeugbewegung mit Sensoren am besten erfasst werden kann.

2.3.1 Eigenverhalten und Schwingungsformen

Zeitliches Verhalten des Flugzustandes

Wir gehen von einem ausgetrimmten Zustand des Flugzeugs aus, das heißt die Flugzustände der linearisierten Flugdynamik sind nominal allesamt null. Nun nehmen wir an, dass eine kurzfristige Störung auf das Flugzeug einwirkt, zum Beispiel durch Turbulenz oder durch einen kurzen Steuereingriff des Piloten. Dies entspricht einer Auslenkung der Flugzustände. Die nachfolgende Bewegung des Flugzeuges ohne äußeren Eingang bezeichnen wir als Eigenbewegung. Diese Eigenbewegung wird im Folgenden analysiert.

Die Grundlage hierfür bildet die Lösung des auf Diagonalform transformierten Systems. Die Lösung für jeden Teilzustand $\tilde{x}_i(t)$ kann aufgrund deren Entkopplung einfach angegeben werden, es ist jeweils $\tilde{x}_i(t) = e^{\lambda_i t}\,\tilde{x}_i(0)$. Mithilfe von Gl. (2.6) und der Transformationsmatrix $T = V$ ergibt sich dann für den Flugzustand die Lösung

$$x(t) = v_1\,\tilde{x}_1(0)\,e^{\lambda_1 t} + v_2\,\tilde{x}_2(0)\,e^{\lambda_2 t} + \cdots + v_n\,\tilde{x}_n(0)\,e^{\lambda_n t}. \tag{2.13}$$

Die Summanden setzen sich also aus konstanten Eigenvektoren und Anfangsbedingungen $v_i \cdot \tilde{x}_i(0)$ sowie jeweils einer Zeitfunktion $e^{\lambda_i t}$ zusammen. Alle Beiträge von Index $i = 1$ bis n werden additiv überlagert. Die Terme $v_i\,e^{\lambda_i t}$ werden als Eigenbewegungen bezeichnet.

Analyse mithilfe von Eigenwerten

Offensichtlich sind die Zeitfunktionen, die das Eigenverhalten eines Flugzeuges beschreiben, durch die Terme $e^{\lambda_i t}$ gegeben, also allein durch die Eigenwerte λ_i. Die Eigenwerte können reell oder konjugiert komplex sein. Zunächst behandeln wir den schwierigeren Fall eines konjugiert komplexes Eigenwertpaares $\lambda_{1/2} = \delta \pm j\omega$, dargestellt in der komplexen Zahlenebene in Abb. 2.14. Mithilfe der Eulerschen Formel können die beiden zugehörigen Zeitfunktionen $e^{(\delta+j\omega)t}$ und $e^{(\delta-j\omega)t}$ auch mit den Termen $e^{\delta t}\sin(\omega t)$ und $e^{\delta t}\cos(\omega t)$ dargestellt werden.[20] Dies wiederum entspricht einer im allgemeinen phasenverschobenen Sinusfunktion mit der Frequenz ω und einer Amplitude $e^{\delta t}$, die ebenfalls zeitlich abhängig ist. Es handelt sich also um eine abklingende ($\delta < 0$), aufklingende ($\delta > 0$) oder gleichförmige ($\delta = 0$) Schwingung.

---

[20]Das sind einfach die Linearkombinationen $\dfrac{e^{(\delta+j\omega)t}-e^{(\delta-j\omega)t}}{2j}$ und $\dfrac{e^{(\delta+j\omega)t}+e^{(\delta-j\omega)t}}{2}$.

Abb. 2.14 Konjugiert
komplexes Polpaar in der
Zahlenebene

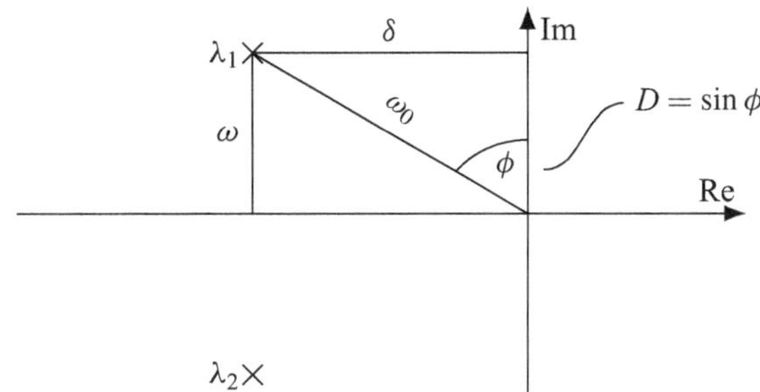

Wir können uns also rein mit der Kenntnis eines Eigenwertpaares ein Bild davon machen, wie die zugehörige Zeitfunktion dazu aussieht. Im Fall eines reellen Eigenwertes gilt dieselbe Argumentation in vereinfachter Form. Der entsprechende Zeitverlauf ist einfach eine Exponentialfunktion $e^{\lambda t}$.

Anstatt der Beschreibung eines Eigenwertpaares durch Real- und Imaginärteil können wir auch die Parameter ω_0 und D benutzen, wie es in Abb. 2.14 dargestellt ist. Die Umrechnungsformeln von $\{\delta, \omega\}$ auf $\{D, \omega_0\}$ ergeben sich aus geometrischen Betrachtungen direkt zu

$$\sqrt{\delta^2 + \omega^2} = \omega_0,$$
$$\frac{-\delta}{\sqrt{\delta^2 + \omega^2}} = \sin\phi = D.$$

Wir können die beiden Parameter $\{D, \omega_0\}$ als Polarkoordinaten interpretieren. Die Dämpfung D charakterisiert das Überschwingverhalten eines Systems zweiter Ordnung, die Kreisfrequenz ω_0 die Schnelligkeit. Sowohl $\{\delta, \omega\}$ als auch $\{D, \omega_0\}$ können zur Parametrisierung der charakteristischen Gleichung benutzt werden. Für ein System zweiter Ordnung mit Systemmatrix A und komplexen Eigenwerten ist

$$\det(\lambda I - A) = (\lambda - (\delta + j\omega))(\lambda - (\delta - j\omega))$$
$$= \lambda^2 + 2 D \omega_0 \lambda + \omega_0^2 = 0.$$

Nun können wir einige Regeln zur Analyse des Eigenverhaltens aufstellen, also für den Fall eines Fluges ohne Piloteneingaben.

- Für $\delta < 0$ ($\delta > 0$) liegt stabiles (instabiles) Verhalten vor, da offensichtlich alle Zeitfunktionen und damit alle Flugzustände abklingen (aufklingen). $\delta = 0$ beschreibt Grenzstabilität, also eine zeitlich konstante Funktion oder eine Dauerschwingung.
- Ist $|\delta|$ groß (klein), so klingt eine stabile Schwingung ($\delta < 0$) rasch (langsam) ab.
- Ein großer (kleiner) Imaginärteil ω beschreibt eine hochfrequente (niederfrequente) Schwingung.

- Ein kleines (großes) positives D charakterisiert eine schlechte (gute) Dämpfung, also hohes (geringes) Überschwingen.
- Für eine gegebene (gute) Dämpfung D ist ω_0 ein Maß für die Schnelligkeit einer Flugbewegung.

Mithilfe der Eigenwerte können wir also das Flugverhalten hinsichtlich des grundsätzlichen Zeitverhaltens charakterisieren. Die Frage, welcher Zustand an welchem Zeitverhalten beteiligt ist, kann allerdings (noch) nicht beantwortet werden. Die Eigenvektoren helfen uns hier weiter.

Analyse mithilfe der Eigenvektoren

Aus Gl. (2.13) können wir erkennen, dass die Beteiligung jeder Zeitfunktion (Exponentialfunktion) an den Flugzuständen durch die Eigenvektoren gegeben ist. Geben Eigenwerte also den Zeitverlauf einer Eigenbewegung vor, so spielen Eigenvektoren die Rolle eines Gewichts, über das die Beteiligung der Zustände an einer Eigenbewegung bestimmt wird. Um dies besser zu verstehen, betrachten wir das Beispiel der Phygoide, die durch die Eigenwerte λ_1, λ_2 gegeben seien. Die zeitliche Lösung für die Flugzustände ist

$$\boldsymbol{x}(t) = \boldsymbol{v}_1\, e^{\lambda_1 t}\, \tilde{x}_1(0) + \boldsymbol{v}_2\, e^{\lambda_2 t}\, \tilde{x}_2(0) + \dots,$$

$$\begin{pmatrix} \alpha(t) \\ q(t) \\ V(t) \\ \gamma(t) \end{pmatrix} = \begin{pmatrix} a_1 + j\,b_1 \\ a_2 + j\,b_2 \\ a_3 + j\,b_3 \\ a_4 + j\,b_4 \end{pmatrix} e^{(\delta + j\omega)t}\, \tilde{x}_1(0) + \begin{pmatrix} a_1 - j\,b_1 \\ a_2 - j\,b_2 \\ a_3 - j\,b_3 \\ a_4 - j\,b_4 \end{pmatrix} e^{(\delta - j\omega)t}\, \tilde{x}_2(0) + \dots$$

Die einzelne Einträge im Eigenvektor $\boldsymbol{v}_i$ repräsentieren also den relativen Anteil jeder Zustandsgröße an dem Zeitverlauf mit dem Eigenwert λ_i. Jeder Zahlenwert $a_i + j\,b_i$, $i = 1 \dots 4$ kann nun als Zeiger in der komplexen Zahlenebene dargestellt werden, siehe Abb. 2.15. Die vier Zeiger werden so normiert, dass der längste Zeiger den Betrag 1 hat. In Matlab kann eine entsprechende Darstellung mit dem Befehl `compass` erzeugt werden. Bei einem konjugiert-komplexen Eigenwertpaar genügt es, nur einen Eigenvektor darzustellen. Der zweite ist konjugiert komplex und daher lediglich an der reellen Achse gespiegelt. Er enthält also keine zusätzliche Information.

Auch hier können wir nun einige Regeln zur Analyse des Eigenverhaltens aufstellen.

- Jeder Zeiger entspricht einem Zustand x_i, $i = 1 \dots 4$.
- Die Länge (also der Betrag des Eintrags von $\boldsymbol{v}_i$) repräsentiert den relativen Anteil eines Zustandes an der Bewegung *mit dem entsprechenden* Eigenwertpaar. Im Fall der Anstellwinkelschwingung erhält man relativ große Beträge für die ersten beiden Zustände, also α und q, siehe Abb. 2.15a. In der Phygoide sind dagegen V und γ stark beteiligt, siehe Abb. 2.15b. Man erkennt also erst an dieser Stelle, ob es sich (hauptsächlich) um eine Nickbewegung oder eine Bahnbewegung handelt.

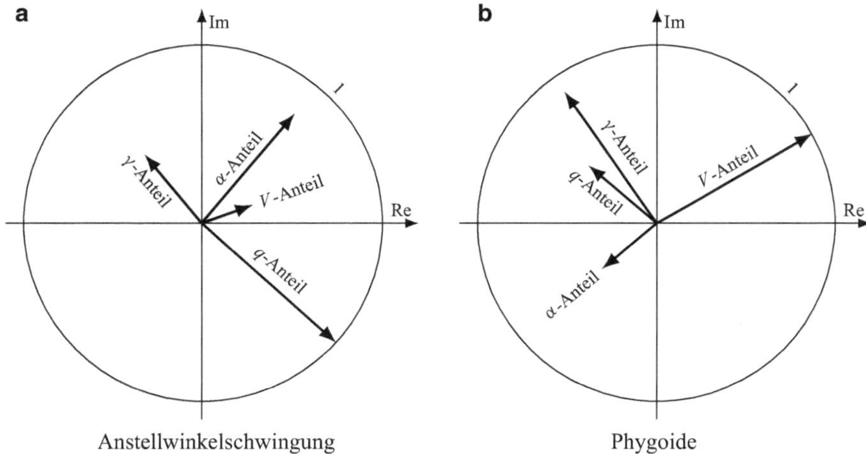

Abb. 2.15 Zeigerdarstellung der Einträge eines Eigenvektors

- Der Winkel (also die Differenz der Argumente der Einträge von v_i) zwischen den Zeigern beschreibt die relative Phasenlage zwischen den einzelnen Zuständen. Im Falle der Phygoide eilt die Geschwindigkeit dem Bahnneigungswinkel um ungefähr 90° voraus, siehe Abb. 2.15b. Zum Beispiel stellt sich der maximale Bahnneigungswinkel und damit die maximale Steigrate ungefähr 90° nach der maximalen Vorwärtsgeschwindigkeit ein.
- Etwas Vorsicht ist bei der Wahl der Einheiten geboten, denn diese skalieren die Länge der Zeiger und sollten so gewählt werden, dass eine sinnvolle Vergleichbarkeit gewährleistet ist.

Erst mit den Eigenvektoren können wir uns also ein komplettes Bild einer Bewegung machen, das heißt wir wissen erst jetzt, welche Zustände mit welchem zeitlichen Verhalten, also mit welchen Eigenwerten verknüpft sind.

2.3.2 Steuerbarkeit und Beobachtbarkeit

Nun betrachten wir die komplette Flugdynamik einschließlich Piloten oder Autopiloten-Eingaben und fragen uns, mit welchen Stellgrößen eine gegebene Bewegungsform gut beeinflusst werden kann. Mit anderen Worten, mit welcher Stellgröße des (Auto-)Piloten ergibt sich eine gute Steuerbarkeit einer Bewegungsform? Bei einem traditionellen Flugzeugtyp ist dies natürlich offensichtlich, das heißt es ist keine dedizierte Analyse notwendig. Aber wir nutzen dieses einfache Beispiel, um ein systematisches Vorgehen zur Beantwortung der Steuerbarkeit zu formulieren. Die Grundlage hierfür ist die Blockdiagonalform. Als Beispiel wählen wir die Längsbewegung, die in Blockdiagonalform folgende Gestalt hat:

$$\dot{\tilde{x}} = \underbrace{\left[\begin{array}{cc|cc} \delta_{AS} & \omega_{AS} & 0 & 0 \\ -\omega_{AS} & \delta_{AS} & 0 & 0 \\ \hline 0 & 0 & \delta_{PH} & \omega_{PH} \\ 0 & 0 & -\omega_{PH} & \delta_{PH} \end{array}\right]}_{\tilde{A}} \tilde{x} + \underbrace{\left[\begin{array}{cc} \boldsymbol{b}_{AS,1} & \boldsymbol{b}_{AS,2} \\ \boldsymbol{b}_{PH,1} & \boldsymbol{b}_{PH,2} \end{array}\right]}_{\tilde{B}} \begin{pmatrix} \eta \\ \delta_F \end{pmatrix}, \tag{2.14}$$

$$\begin{pmatrix} q \\ \theta \end{pmatrix} = \underbrace{\left[\begin{array}{c|c} \boldsymbol{c}_{AS,1}^{\top} & \boldsymbol{c}_{PH,1}^{\top} \\ \boldsymbol{c}_{AS,2}^{\top} & \boldsymbol{c}_{PH,2}^{\top} \end{array}\right]}_{\tilde{C}} \tilde{x}.$$

Die Eingänge sind Höhenruderwinkel und Schub, die Messgrößen seien Nickrate und Nickwinkel. Um bessere Vergleichbarkeit zwischen den beiden Stellgrößeneingaben zu gewährleisten, normieren wir diese mit dem jeweiligen Maximalwert, das heißt wir führen neue Stellgrößen $\boldsymbol{u}'$ ein, die zwischen -1 und 1 beziehungsweise 0 und 1 definiert sind. Hierzu wird der Term $\tilde{\boldsymbol{B}}\boldsymbol{u}$ entsprechend umgeformt, es ist

$$\tilde{\boldsymbol{B}}\boldsymbol{u} = \tilde{\boldsymbol{B}}\,\boldsymbol{N}_B^{-1}\,\boldsymbol{N}_B\,\boldsymbol{u} = \tilde{\boldsymbol{B}}'\,\boldsymbol{u}',$$

mit der Skalierungsmatrix der Stellglieder

$$\boldsymbol{N}_B = \begin{bmatrix} \frac{1}{u_{1,max}} & & \\ & \ddots & \\ & & \frac{1}{u_{m,max}} \end{bmatrix}.$$

Die normierten Stellgrößen lauten somit $\boldsymbol{u}' = \boldsymbol{N}_B\,\boldsymbol{u}$ und die entsprechende Eingangsmatrix ergibt sich zu $\tilde{\boldsymbol{B}}' = \tilde{\boldsymbol{B}}\,\boldsymbol{N}_B^{-1}$.

In ähnlicher Weise normieren wir die Messgrößen auf deren maximalen Messbereich. Der normierte Systemausgang $\boldsymbol{y}' = \boldsymbol{N}_C\,\boldsymbol{y}$ ergibt sich zu

$$\boldsymbol{y}' = \boldsymbol{N}_C\,\boldsymbol{y} = \boldsymbol{N}_C\,\tilde{C}\,\tilde{x} = \tilde{C}'\,\tilde{x},$$

woraus $\tilde{C}' = \boldsymbol{N}_C\tilde{C}$ folgt. Die Skalierungsmatrix der Sensoren lautet

$$\boldsymbol{N}_C = \begin{bmatrix} \frac{1}{y_{1,max}} & & \\ & \ddots & \\ & & \frac{1}{y_{r,max}} \end{bmatrix}.$$

Aus Gründen der einfacheren Lesbarkeit behalten wir jedoch die ursprüngliche Notation für Ein- und Ausgänge bei und denken uns diese Größen normiert: $\boldsymbol{u} \leftarrow \boldsymbol{u}'$, $\tilde{\boldsymbol{B}} \leftarrow \tilde{\boldsymbol{B}}'$ und $\boldsymbol{y} \leftarrow \boldsymbol{y}'$, $\tilde{C} \leftarrow \tilde{C}'$.

Analyse der Steuerbarkeit
Die Steuerbarkeit kann nun mit folgendem Vorgehen leicht analysiert werden.

1. Gegeben sei die lineare Flugzeugbewegung in Blockdiagonalform. Wir greifen nun eine Bewegungsform heraus, deren Steuerbarkeit untersucht werden soll. Dies entspricht einer Zeile im Falle eines reellen Eigenwertes beziehungsweise zwei Zeilen im Falle einer schwingungsfähigen Bewegung des Systems. In Gl. (2.14) wird beispielsweise die Anstellwinkelschwingung durch die obere 2×2 Blockzeile der Systemmatrix $\tilde{A}$ beschrieben.
2. Vergleiche in dieser Blockzeile die Spalten der Eingangsmatrix $\tilde{B}$. Große (kleine) Beträge in der Spalte i bedeuten gute (schlechte) Steuerbarkeit dieser Bewegungsform von Stelleingang i aus.[21] Bei der Anstellwinkelschwingung sind typischerweise die Einträge von $b_{\mathrm{AS},1}$ (Höhenruder) deutlich größer als die Einträge von $b_{\mathrm{AS},2}$ (Schub).

Das Ergebnis ist unmittelbar anschaulich. Die Anstellwinkelschwingung ist eine Drehbewegung. Um sie zu steuern, benötigt man ein Drehmoment, was genau dem Zweck eines Höhenruderausschlags entspricht. Der Schubvektor ist dagegen per Entwurf so orientiert, dass er nahezu durch den Massenmittelpunkt zeigt, daher die kleinen Einträge in $b_{\mathrm{AS},2}$. Die Größenordnung der Einträge kann daher als Maß für die Steuerbarkeit interpretiert werden.

Analyse der Beobachtbarkeit
In gleicher Weise können wir die Beobachtbarkeit analysieren.

1. Gegeben sei eine Bewegungsform, deren Beobachtbarkeit untersucht werden soll. Betrachte die hierzu gehörende Blockspalte in Gl. (2.14). Bei der Anstellwinkelschwingung ist das wie im Fall der Steuerbarkeitsanalyse der nordwestliche Block der Systemmatrix $\tilde{A}$.
2. Vergleiche die Zeilen der Ausgangsmatrix $\tilde{C}$ dieser Blockspalte. Große (kleine) Beträge in der Zeile i repräsentieren eine gute (schlechte) Beobachtbarkeit dieser Bewegungsform von Sensor i aus.

Zusammenhang mit klassischen Kriterien
Die oben beschriebene Vorgehensweise hat eine enge Verbindung zum Kalman-Kriterium für Steuerbarkeit beziehungsweise Beobachtbarkeit [5, 8]. Um uns dies klar zu machen, betrachten wir eine schwingungsfähige Eigenbewegung mit einem skalaren Eingang, gegeben durch

$$\tilde{A} = \begin{bmatrix} \delta & \omega \\ -\omega & \delta \end{bmatrix}, \qquad \tilde{b} = \begin{pmatrix} b_1 \\ b_2 \end{pmatrix}.$$

---

[21]Sind alle zu einer Eigenbewegung gehörenden Einträge in $\tilde{B}$ null, so ist diese Bewegungsform nicht steuerbar. Für ein sinnvoll konstruiertes Flugzeug sollte dieser Fall allerdings nicht auftreten.

Das Steuerbarkeitskriterium nach Kalman lautet

$$\text{Rang}\left[\tilde{\boldsymbol{b}},\ \tilde{\boldsymbol{A}}\tilde{\boldsymbol{b}}\right] = 2 \quad \Leftrightarrow \quad \text{Steuerbarkeit}.$$

Wir betrachten nun den zweiten Eintrag in der Steuerbarkeitsmatrix:

$$\tilde{\boldsymbol{A}}\tilde{\boldsymbol{b}} = \begin{bmatrix} \delta & 0 \\ 0 & \delta \end{bmatrix}\tilde{\boldsymbol{b}} + \begin{bmatrix} 0 & \omega \\ -\omega & 0 \end{bmatrix}\tilde{\boldsymbol{b}} = \delta\underbrace{\begin{pmatrix} b_1 \\ b_2 \end{pmatrix}}_{=:\tilde{\boldsymbol{b}}} + \omega\underbrace{\begin{pmatrix} b_2 \\ -b_1 \end{pmatrix}}_{=:\tilde{\boldsymbol{b}}_\perp}.$$

Sobald also ein Eintrag von $\tilde{\boldsymbol{b}} \neq 0$ ist, liegt Steuerbarkeit vor, denn es gibt immer eine zu $\tilde{\boldsymbol{b}}$ orthogonale Komponente $\tilde{\boldsymbol{b}}_\perp$. Somit ist[22]

$$\text{Rang}\left[\tilde{\boldsymbol{b}},\ \tilde{\boldsymbol{A}}\boldsymbol{b}\right] = \text{Rang}\left[\tilde{\boldsymbol{b}},\ \delta\tilde{\boldsymbol{b}} + \omega\tilde{\boldsymbol{b}}_\perp\right] = 2.$$

Betragsmäßig große Zahlen in $\tilde{\boldsymbol{B}}$ können als Maß für die Steuerbarkeit interpretiert werden, es ist allerdings nur ein Maß unter vielen. Entsprechendes gilt mit $\tilde{\boldsymbol{C}}$ für die Beobachtbarkeit.

Literatur

1. Anderson, J.D.: Introduction to Flight. McGraw-Hill, New York (2012)
2. Beal, T.R.: Digital simulation of atmospheric turbulence for Dryden and von Karman models. J. Guidance Control Dyn. **16**(1), 132–138 (1993). https://doi.org/10.2514/3.11437
3. Brockhaus, R., Alles, W., Luckner, R.: Flugregelung. Springer, Berlin (2011). https://doi.org/10.1007/978-3-642-01443-7
4. Fichter, W., Grimm, W.: Flugmechanik. Shaker Verlag, Aachen (2009). https://www.ebook.de/de/product/16046608/walter_fichter_werner_grimm_flugmechanik.html
5. Geering, H.P.: Regelungstechnik. Springer, Berlin (2004). https://doi.org/10.1007/978-3-642-18845-9
6. Ludyk, G.: Theoretische Regelungstechnik 1: Grundlagen, Synthese linearer Regelungssysteme. Springer, Berlin (2013). https://www.ebook.de/de/product/17807769/guenter_ludyk_theoretische_regelungstechnik_1.html
7. Lunze, J.: Regelungstechnik 1. Springer, Berlin (2013). https://doi.org/10.1007/978-3-642-29533-1
8. Lunze, J.: Regelungstechnik 2. Springer, Berlin (2016). https://doi.org/10.1007/978-3-662-52676-7
9. Nelson, R.C.: Flight Stability and Automatic Control, Bd. 2. McGraw-Hill, New York (1998). https://www.ebook.de/de/product/3638064/robert_c_nelson_flight_stability_and_automatic_control.html
10. Stevens, B.L., Lewis, F.L., Johnson, E.N.: Aircraft Control and Simulation: Dynamics, Controls Design, and Autonomous Systems. Wiley (2015). https://doi.org/10.1002/9781119174882

---

[22]Für ein konjugiert komplexes Eigenwertpaar gilt $\omega > 0$.

Zur Flugregelung sind eine Reihe von Sensoren verbaut, mit denen üblicherweise der komplette Flugzustand erfasst werden kann. In den folgenden Abschnitten behandeln wir die grundlegenden Funktionsweisen dieser Sensoren und lernen somit, welche Zustände jeweils erfasst werden können. Die gängigen Sensoren können wir einteilen in Inertialsensoren, Magnetfeldsensor, strömungstechnische Sensoren sowie Funkempfänger (Radiofrequenz-Sensoren). Die Messungen der verschiedenen Sensoren werden in der Praxis oft zu einer Gesamtschätzung des Bewegungszustandes verarbeitet, und zwar auf der Basis der Inertialnavigation. Dieses Prinzip wird am Ende des Kapitels für ein lokal gültiges Bewegungsmodell gezeigt.

3.1 Inertialsensoren und Magnetometer

Inertialsensoren erfassen grundsätzlich Kräfte oder Momente. Im Zusammenhang mit Impuls- und Drallsatz können wir dann auf Drehgeschwindigkeiten und lineare Beschleunigungen zurückschließen. Inertialsensoren und Magnetometer gehören zu den wenigen Sensoren, die tatsächlich autonom sind, also keine zusätzliche Infrastruktur benötigen. Unter dem Begriff Magnetometer verstehen wir hier 3-achsig messende Erdmagnetfeldsensoren.

3.1.1 Kreiselinstrumente und Drehratensensoren

Funktionsweise
Bei Kreiselinstrumenten können wir grundsätzlich zwei Typen unterscheiden. Klassische Kreisel, wie beispielsweise herkömmliche künstliche Horizonte oder Kreiselkompasse sind *kardanisch gelagert*. Vereinfacht betrachtet verändert sich die Richtung der Kreiselachse im

© Springer-Verlag GmbH Deutschland, ein Teil von Springer Nature 2020
W. Fichter und J. Stephan, *Flugregelung*,
https://doi.org/10.1007/978-3-662-60907-1_3

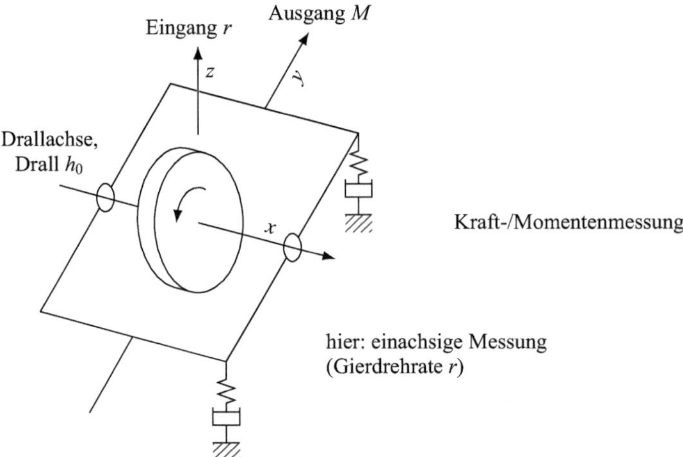

Abb. 3.1 Aufbau eines mechanischen Drehgeschwindigkeitskreisels

Inertialsystem nicht und genau dies können wir als Lagereferenz für die Bewegung eines Flugzeuges senkrecht zur Kreiselachse nutzen.

Im Gegensatz dazu haben moderne Navigationssysteme sogenannte *„strap-down"* Systeme verbaut, die fest am Flugzeug montiert sind und ihre Messwerte in körperfesten Koordinaten ausgeben. Eine mechanische Variante hiervon ist in Abb. 3.1 dargestellt, sie dient uns im Folgenden zur Beschreibung der Funktionsweise von Drehratenkreiseln. In der heutigen Praxis sind diese meistens entweder mikromechanisch oder optisch aufgebaut [7, 8].

Der Kreisel in Abb. 3.1 hat einen Drall $h = (h_0, 0, 0)^\top$. Die Drehrate des Rahmens und somit des Flugzeugs sei mit $\omega = (p, q, r)^\top$ bezeichnet. Der Drall wird im Betrag durch einen Elektromotor konstant gehalten, die Orientierung des Dralls gegenüber dem Flugzeug bleibt durch Rückstellkräfte ebenfalls nahezu konstant. Dadurch gilt $\dot{h}_0 = 0$ und die Bewegung des Kreisels kann stationär betrachtet werden. Es ist dann

$$\omega \times h = Q,$$

wobei Q die Momente sind, die auf den Kreisel wirken, im Wesentlichen also die Rückstellkräfte. Multiplizieren wir von links mit $h\times$, erhalten wir[1]

$$-h \times (h \times \omega) = h \times Q,$$

$$(I\,h^\top h - h\,h^\top)\,\omega = h \times Q,$$

$$\left(I - \frac{h\,h^\top}{h^\top h}\right)\omega = \frac{h \times Q}{h^\top h} =: \omega_\perp.$$

---

[1]Wir können hier die allgemeine Formel $a \times (b \times c) = (b\,a^\top - I\,a^\top b)\,c$, anwenden.

Schreiben wir Quergeschwindigkeiten $\boldsymbol{\omega}_\perp$ und den Drallvektor aus, so folgt

$$\boldsymbol{\omega}_\perp = \begin{pmatrix} 0 \\ q_m \\ r_m \end{pmatrix} = \begin{bmatrix} 0 & 0 & 0 \\ 0 & 0 & -h_0 \\ 0 & h_0 & 0 \end{bmatrix} \begin{pmatrix} L \\ M \\ N \end{pmatrix} \frac{1}{|\boldsymbol{h}|^2}.$$

Die beiden unteren Zeilen ergeben Bestimmungsgleichungen für die gemessenen Quergeschwindigkeitskomponenten q_m und r_m mit

$$q_m = -\frac{N}{h_0}, \qquad r_m = \frac{M}{h_0}.$$

Die Momente M, N werden gemessen, beispielsweise durch Auslenkungen bei Federrückstellung oder durch Stellkräfte bei elektrostatischer Fesselung. Der Betrag des Dralls h_0 ist bekannt. Zu beachten ist dabei, dass q_m und r_m absolute Drehgeschwindigkeiten sind, also Drehgeschwindigkeiten des Gehäuses (und damit des Flugzeuges) gegenüber dem Inertialsystem.

Ein Drehgeschwindigkeitskreisel kann lediglich zwei Raumrichtungen erfassen. Für eine dreidimensionale Messung sind daher mindestens zwei Kreisel notwendig.

Linearisierte Messgleichungen

Nun stellt sich noch die Frage, wie die linearisierten Messgleichungen der Drehgeschwindigkeiten lauten. Da die Drehraten praktisch direkt erfasst werden und die stationären Größen null sind[2], kann die Drehratenmessung sehr einfach mit den Zuständen der linearen Modelle (2.1) und (2.2) ausgedrückt werden. Für die Längsbewegung ist

$$q_m = \underbrace{(0\ 1\ 0\ 0)}_{\boldsymbol{c}^\top} \begin{pmatrix} \alpha \\ q \\ V \\ \theta \end{pmatrix} + \underbrace{(0\ 0)}_{\boldsymbol{d}^\top} \begin{pmatrix} \eta \\ \delta_F \end{pmatrix}$$

und entsprechend für die Seitenbewegung[3]

$$\begin{pmatrix} p_m \\ r_m \end{pmatrix} = \underbrace{\begin{bmatrix} 0 & 0 & 1 & 0 \\ 1 & 0 & 0 & 0 \end{bmatrix}}_{\boldsymbol{C}} \begin{pmatrix} r \\ \beta \\ p \\ \phi \end{pmatrix} + \underbrace{\begin{bmatrix} 0 & 0 \\ 0 & 0 \end{bmatrix}}_{\boldsymbol{D}} \begin{pmatrix} \xi \\ \zeta \end{pmatrix}.$$

---

[2] Der stationäre Flugzustand sei hier wiederum der symmetrische Geradeausflug.

[3] An dieser Stelle sei nochmals darauf hingewiesen, dass die linearen Bewegungsmodelle in Stabilitätsachsen formuliert sind. Diese sind bezüglich des f-Systems um den stationären Anstellwinkel gedreht. Die entsprechende Transformation ist $\boldsymbol{T}_{fs} = \boldsymbol{T}_2(\alpha_0)$.

3.1.2 Beschleunigungsmesser

Funktionsweise und Messgleichung

Die Funktionsweise eines Beschleunigungsmessers behandeln wir anhand eines konventionell[4] aufgebauten Sensors, der aus einer sogenannten Probemasse besteht, die in einem Gehäuse gefesselt wird, siehe Abb. 3.2. Wir behandeln den allgemeinen Fall, dass der Beschleunigungsmesser außerhalb des Massenmittelpunktes des Flugzeugs eingebaut ist.

Zunächst überlegen wir uns die Messgleichung anschaulich. Eine genaue Herleitung findet sich im Anhang A.2. Die Fesselung der Probemasse, beispielsweise durch Federn oder elektrostatische Regelkreise, wirkt auf die Probemasse mit der selben Beschleunigung wie die äußeren Kräfte auf das Flugzeug. Darum können die spezifischen Fesselungskräfte als Messgröße für die äußeren spezifischen Kräfte[5] aufgefasst werden. Ist der Beschleunigungsmesser nicht im Massenmittelpunkt eingebaut, so kommen weitere Beschleunigungsanteile durch die Flugzeugdrehung hinzu, nämlich aufgrund der Winkelbeschleunigung und durch die Zentripetalbeschleunigung. Gravitationseinflüsse werden nicht erfasst, da diese sich auf Probemasse und Gehäuse mit Flugzeug in gleicher Weise auswirken und sich somit *nicht* in den Fesselungskräften bemerkbar machen.

Die Messgleichung lautet daher

$$a_m = \frac{R}{m} + \left(\dot{\omega} \times + [\omega \times]^2\right) r_c. \tag{3.1}$$

Hierbei ist a_m die bekannte Fesselungskraft und stellt somit die Messgröße dar. Weiterhin ist r_c der Abstand der Probemasse zum Massenmittelpunkt des Flugzeugs, R sind alle äußeren nicht-gravitativen Kräfte, die auf das Flugzeug wirken, m ist die Flugzeugmasse und ω die absolute Drehrate des Flugzeugs, ausgedrückt im flugzeugfesten System. Wird der Beschleunigungsmesser im Massenmittelpunkt angebracht, dann ist $r_c = 0$ und es ergibt sich etwas einfacher

$$a_m = \frac{1}{m}(R_A + R_F), \tag{3.2}$$

wobei R_A die aerodynamischen Kräfte bezeichnet und R_F die Triebwerkskräfte beinhaltet. Schwerkräfte tauchen also nicht auf. Die genaue Herleitung der Gl. (3.1) ist im Anhang A.2 angegeben.

Zusammenhang mit Bewegungsgrößen

Aus der Flugmechanik kennen wir die Bewegungsgleichungen der translatorischen Geschwindigkeit, es ist

---

[4]Ähnlich wie bei den Kreiselinstrumenten haben sich in den letzten Jahren auch hier mikromechanische Sensoren für vielen Anwendungen etabliert [8].

[5]Es sei daran erinnert, dass eine spezifische Kraft die Einheit einer Beschleunigung hat, es ist also eine Kraft pro Einheitsmasse.

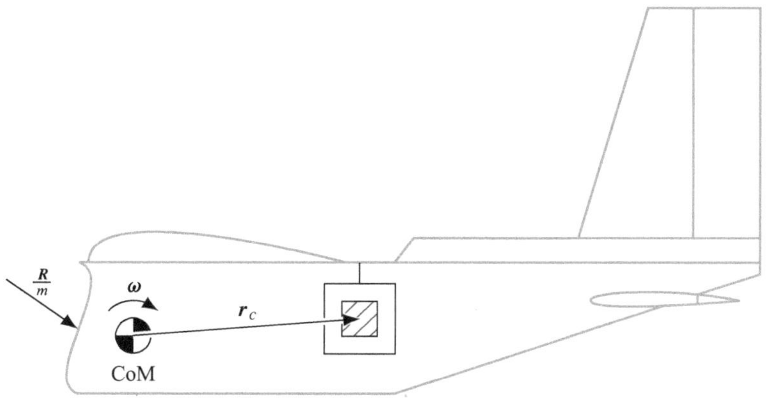

Abb. 3.2 Beschleunigungsmesser im Flugzeug

$$\dot{v} + \omega \times v = \frac{1}{m}(R_A + R_F) + T_{fg} \begin{pmatrix} 0 \\ 0 \\ g \end{pmatrix}. \tag{3.3}$$

Nach (3.2) entspricht die gemessene Größe a_m dem ersten Term auf der rechten Seite, sie hängt also über die Modellgleichung (3.3) mit den Geschwindigkeiten, Beschleunigungen und der Schwerebeschleunigung zusammen. Daraus folgt, dass sich a_m auch darüber ausdrücken lässt. Aus praktischer Sicht besonders interessant ist dies im stationären Flugzustand. Dann ist nämlich $\dot{v} = 0$ und $\omega = 0$ und es folgt

$$-a_m = T_{fg} \begin{pmatrix} 0 \\ 0 \\ g \end{pmatrix} = \begin{pmatrix} -\sin(\theta) \\ \sin(\phi)\cos(\theta) \\ \cos(\phi)\cos(\theta) \end{pmatrix} g. \tag{3.4}$$

Gl. (3.4) kann nach den zwei Lagewinkeln ϕ und θ aufgelöst werden. Wir können Gl. (3.4) auch folgendermaßen interpretieren. Der Vektor der Schwerkraft ist uns bekannt im geodätischen System, nämlich $(0, 0, g)^\top$. Im stationären Fall messen wir genau diesen Vektor mit umgekehrten Vorzeichen $-a_m$, aber ausgedrückt im flugzeugfesten System.[6] Der Zusammenhang zwischen beiden Systemen ist die Flugzeuglage. Da die Messung unabhängig vom Gierwinkel ist, können wir zumindest den Roll- und Nickwinkel daraus berechnen[7].

---

[6]Gemessen werden nach wie vor die äußeren spezifischen Kräfte. Im stationäre Fall kompensieren Auftrieb, Widerstand und Schub ja gerade die Gewichtskraft.

[7]Hier liegt ein allgemeines Prinzip zugrunde: liegt eine Richtung in einem Referenzsystem vor und kann diese Richtung in einem dazu verdrehten körperfesten System gemessen werden, so lässt sich daraus eine zweidimensionale Lageinformation gewinnen.

Abb. 3.3 Nickwinkel und
stationäre
Beschleunigungsmessungen
bei Rollwinkel Null

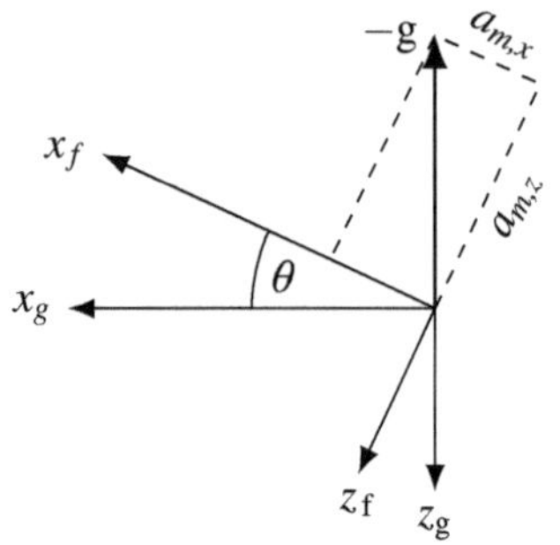

Für den vereinfachten Fall mit $\phi = 0$ erhalten wir

$$a_{m,x} = \sin(\theta)\, g,$$
$$a_{m,y} = 0,$$
$$a_{m,z} = -\cos(\theta)\, g.$$

Diese Situation ist in Abb. 3.3 dargestellt. Wir sehen anschaulich, dass nicht die Erdbeschleunigung gemessen wird, sondern die spezifische Kraft, die dieser entgegen wirkt.

Wir können also zusammenfassen, dass Beschleunigungsmesser alle äußeren spezifischen Kräfte erfassen außer der Gravitationskraft. In dem Spezialfall, dass die Flugzeugbewegung stationär ist, können wir aus Beschleunigungsmessungen auch (zwei) Lageinformationen ermitteln.

Linearisierte Messgleichung im Massenmittelpunkt

Für den Flugregelungsentwurf sind wir hauptsächlich an linearen Modellen interessiert. Wir
betrachten also alle spezifische aerodynamische Kräfte und Schubkräfte abweichend vom
Stationärwert. Das sind die Messanteile, die zusätzlich zum Stationärwert erfasst werden
und genau diese bezeichnen wir im Folgenden mit $\boldsymbol{a}_m$.

Zunächst gehen wir davon aus, dass sich der Beschleunigungsmesser im Massenschwer-
punkt des Flugzeugs befindet, sodass $\boldsymbol{r}_c = 0$. Der Beschleunigungsmesser erfasst also
ausschließlich die spezifischen nicht-gravitativen Kräfte. Die Messgleichungen erhalten
wir daher relativ einfach, indem wir in den linearen Bewegungsgleichungen alle Terme
mit $X-$, $Y-$, und $Z-$Ersatzgrößen berücksichtigen.[8] Für die Längsbewegung nehmen wir
die erste und dritte Zeile aus Gl. (2.1) und erhalten[9]

---

[8]Die Ersatzgrößen für Kräfte im linearen Modell sind bereits massennormiert. Beispielsweise
ist $X_V = \frac{1}{m}\, \frac{\partial X}{\partial V_A}\big|_0$.

[9]Auch diese Messgleichung gilt in den Stabilitätsachsen. Die Beschleunigungen in den gewöhnlichen
körperfesten Koordinaten erhält man durch die Transformation $\boldsymbol{T}_{fs} = \boldsymbol{T}_2(\alpha_0)$.

$$\begin{pmatrix} a_{m,x} \\ a_{m,z} \end{pmatrix} = \underbrace{\begin{bmatrix} X_\alpha & 0 & X_V & 0 \\ Z_\alpha & 0 & Z_V & 0 \end{bmatrix}}_{=:C} \begin{pmatrix} \alpha \\ q \\ V \\ \theta \end{pmatrix} + \underbrace{\begin{bmatrix} X_\eta & X_{\delta F} \cos(\alpha_0 + i_F) \\ Z_\eta & -X_{\delta F} \sin(\alpha_0 + i_F) \end{bmatrix}}_{=:D} \begin{pmatrix} \eta \\ \delta_F \end{pmatrix}.$$

Diese Messung können wir wiederum mit den restlichen Termen der jeweiligen Zeile aus Gl. (2.1), also den Bewegungsgrößen und der Gravitation in Bezug setzen. Es folgt

$$a_{m,x} = \dot{V} + g\,\theta,$$
$$a_{m,z} = \dot{\alpha}\,V_0 - q\,V_0 = -\dot{\gamma}\,V_0.$$

Beim letzten Gleichheitszeichen nutzen wir die Beziehung $\theta = \alpha + \gamma$. Für die Seitenbewegung ergibt sich aus der zweiten Zeile von Gl. (2.2) der Zusammenhang

$$a_{m,y} = \underbrace{\begin{pmatrix} 0 & Y_\beta & 0 & 0 \end{pmatrix}}_{=:c^\top} \begin{pmatrix} r \\ \beta \\ p \\ \phi \end{pmatrix} + \underbrace{\begin{pmatrix} 0 & Y_\zeta \end{pmatrix}}_{=:d^\top} \begin{pmatrix} \xi \\ \zeta \end{pmatrix}.$$

Die Messung a_{my} kann auch hier mit den restlichen Termen aus der zweiten Zeile aus Gl. (2.2) in Bezug gesetzt werden. Dann folgt

$$a_{m,y} = \dot{\beta}\,V_0 + r\,V_0 - g\,\phi = \dot{\chi}\,V_0 - g\,\phi.$$

Das letzte Gleichheitszeichen ergibt sich aus der Beziehung zwischen Bahnazimut, Gierwinkel und Schiebewinkel, nämlich $\chi = \psi + \beta$.

Linearisierte Messgleichung außerhalb des Massenmittelpunktes

Nun betrachten wir wieder den allgemeinen Fall, dass der Beschleunigungsmesser vom Massenmittelpunkt abweichend montiert sei. Für die Praxis interessant ist insbesondere eine Verschiebung $r_{c,x}$ in Längsrichtung.[10] Es gilt also $\boldsymbol{r}_c = (r_{c,x}, 0, 0)^\top$.

Da das linearisierte Modell nur in der Umgebung von stationärem Flug gültig ist, können kleine Drehgeschwindigkeiten angenommen werden und es ist somit $[\boldsymbol{\omega}\times]^2 \approx 0$. Weiterhin sei der stationäre Anstellwinkel α_0 klein.[11] Dann folgt aus der Messgleichung (3.1)

$$\boldsymbol{a}_m = \frac{\boldsymbol{R}}{m} + \underbrace{\begin{bmatrix} 0 & 0 & 0 \\ 0 & 0 & r_{c,x} \\ 0 & -r_{c,x} & 0 \end{bmatrix} \begin{pmatrix} \dot{p} \\ \dot{q} \\ \dot{r} \end{pmatrix}}_{\text{Zusatzterme durch Einbauort}}. \tag{3.5}$$

---

[10] Neben dem eigentlichen Einbau spielt für $r_{c,x}$ auch die Variation des Schwerpunkts durch Zuladung eine Rolle.

[11] Das heißt, die Drehraten p, q und r ausgedrückt in Stabilitätsachsen (Index s) und im f-System sind nahezu gleich.

Wir erkennen an Gl. (3.5), dass die Beschleunigungsmessungen in der y- und z-Richtung Zusatzterme durch die Drehbeschleunigung enthalten. Im Folgenden betrachten wir beispielhaft die z-Komponente. Es ist

$$a_{m,z} = \frac{R_z}{m} - r_{c,x}\,\dot{q} = -\dot{\gamma}\,V_0 - r_{c,x}\,\dot{q}. \tag{3.6}$$

Aus der zweiten Zeile der Zustandsraumdarstellung (2.1) wissen wir, dass

$$\dot{q} = \begin{pmatrix} M_\alpha & M_q & M_V & 0 \end{pmatrix} \begin{pmatrix} \alpha \\ q \\ V \\ \theta \end{pmatrix} + \begin{pmatrix} M_\eta & M_{\delta F} \end{pmatrix} \begin{pmatrix} \eta \\ \delta_F \end{pmatrix}$$

gilt. Einsetzen in Gl. (3.6) ergibt die linearisierte Messgleichung für die Vertikalbeschleunigung:

$$a_{m,z} = \underbrace{\left\{ \begin{pmatrix} Z_\alpha & 0 & Z_V & 0 \end{pmatrix} - r_{c,x} \begin{pmatrix} M_\alpha & M_q & M_V & 0 \end{pmatrix} \right\}}_{=:\,\boldsymbol{c}^\top} \begin{pmatrix} \alpha \\ q \\ V \\ \theta \end{pmatrix}$$

$$+ \underbrace{\left\{ \begin{pmatrix} Z_\eta & -X_{\delta F}\sin(i_F) \end{pmatrix} - r_{c,x} \begin{pmatrix} M_\eta & M_{\delta F} \end{pmatrix} \right\}}_{=:\,\boldsymbol{d}^\top} \begin{pmatrix} \eta \\ \delta_F \end{pmatrix}.$$

Die Messgleichung für $a_{m,y}$ der Seitenbewegung enthält in ähnlicher Weise den zusätzlichen Term $r_{c,x} \cdot \dot{r}$.

Lastvielfaches

Oft werden Beschleunigungen bezogen auf die Erdbeschleunigung $g = 9{,}81\,m/s^2$ dargestellt und dadurch dimensionslos. Diese normierte Größe nennen wir Lastvielfaches. In der z-Richtung bezeichnen wir es mit n_z. Es ist

$$n_z = -\frac{a_{m,z}}{g}.$$

Ist $n_z = 1$, dann liegt ein stationärer Flug vor, bei $n_z > 1$ eine Beschleunigung nach oben. Manchmal wird auch die Darstellung $n_z = 1 + \Delta n_z$ benutzt beziehungsweise $\Delta n_z = n_z - 1$. Für den stationären Flug ist also $\Delta n_z = 0$ und bei einer Beschleunigung nach oben $\Delta n_z > 0$. Aus Gründen der einfacheren Notation wird manchmal das Δ weggelassen, ähnlich wie bei den Zustandsgrößen.

3.1.3 Magnetfeldmessung

Richtungsinformationen, die im geodätischen System bekannt sind, können vorteilhaft zur Lagebestimmung gegenüber dem geodätischen System genutzt werden. Hierzu gehört insbesondere auch das Erdmagnetfeld. Im geodätischen System beschreiben wir das Erdmagnetfeld mit dem Vektor $_g\boldsymbol{m}$. Üblicherweise ist dieser Vektor auf die Länge eins normiert, da der Betrag keine leicht nutzbare Information beinhaltet. Bei größeren Flugstrecken ist dieser Vektor abhängig von der Position auf den Erdoberfläche, dies stellt aber keine Einschränkung dar.

Mit einem Magnetometer können wir die Erdmagnetfeldrichtung im flugzeugfesten System messen. Diese Richtung bezeichnen wir mit $_f\boldsymbol{m}$. Es gilt dann

$$_f\boldsymbol{m} = \boldsymbol{T}_{fg}\,_g\boldsymbol{m}, \tag{3.7}$$

das heißt, Referenz- und Messvektor sind durch die unbekannte Lage $\boldsymbol{T}_{fg}$ miteinander verknüpft, ähnlich wie dies im stationären Flug auch bei Beschleunigungsmessungen (3.4) der Fall war. Liegt eine Verdrehung $\boldsymbol{T}_{fg}$ um die Richtung von $_g\boldsymbol{m}$ vor, so ist $_f\boldsymbol{m} = \,_g\boldsymbol{m}$. Offensichtlich können wir also Verdrehungen parallel zu $_g\boldsymbol{m}$ nicht beobachten, die Messung beinhaltet also lediglich zwei Lageinformationen. Daraus folgt, dass wir die vollständige Lage $\boldsymbol{T}_{fg}$ nicht mit *einer* Richtungsvektormessung ermitteln können, sondern lediglich zwei Lagekomponenten senkrecht dazu.

Gierwinkelbestimmung
Beim Beschleunigungsmesser haben wir gesehen, dass zumindest im stationären Flug Roll- und Nickwinkel erfasst werden können. Darum ist es wünschenswert, mit einem Magnetfeldsensor zumindest den Gierwinkel zu bestimmen. Hierzu schreiben wir Gl. (3.7) aus als

$$_f\boldsymbol{m} = \boldsymbol{T}_1(\phi)\,\boldsymbol{T}_2(\theta)\,\boldsymbol{T}_3(\psi)\,_g\boldsymbol{m}$$

und weil wir den Gierwinkel bestimmen wollen und ϕ und θ als bekannt voraussetzen

$$\boldsymbol{T}_2(\theta)^\top\,\boldsymbol{T}_1(\phi)^\top\,_f\boldsymbol{m} = \boldsymbol{T}_3(\psi)\,_g\boldsymbol{m}. \tag{3.8}$$

Die Gl. (3.8) muss nun nach ψ aufgelöst werden. Das ist am besten möglich, wenn wir den Gierwinkel in zwei Teile aufspalten und zwar in eine Deklination ψ_0, um die die magnetische Nordrichtung von der geodätischen Nordrichtung abweicht, sowie einem Winkel ψ_m, der Abweichung von der magnetischen Nordrichtung. Es ist dann $\psi = \psi_0 + \psi_m$. Dies ist in Abb. 3.4 dargestellt. Mit dieser Aufspaltung folgt aus Gl. (3.8)

$$\boldsymbol{T}_2(\theta)^\top\,\boldsymbol{T}_1(\phi)^\top\,_f\boldsymbol{m} = \boldsymbol{T}_3(\psi_0 + \psi_m)\,_g\boldsymbol{m} = \boldsymbol{T}_3(\psi_m)\,\underbrace{\boldsymbol{T}_3(\psi_0)\,_g\boldsymbol{m}}_{=:_m\boldsymbol{m}}. \tag{3.9}$$

Abb. 3.4 Abweichung zwischen magnetisch Nord und geodätisch Nord, Deklination

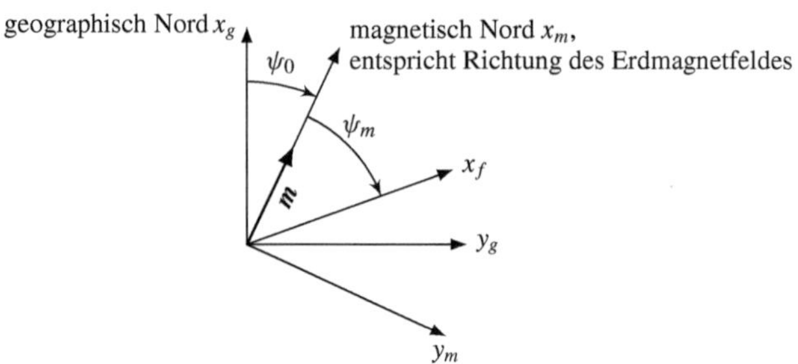

Der Vorteil dieser Aufspaltung ist, dass $_m\boldsymbol{m} = (_m m_x, 0, _m m_z)^{\top}$ eine einfache Form hat. Aus (3.9) folgt

$$\boldsymbol{T}_2(\theta)^{\top}\,\boldsymbol{T}_1(\phi)^{\top}\,_f\boldsymbol{m} = \begin{bmatrix} \cos(\psi_m) & \sin(\psi_m) & 0 \\ -\sin(\psi_m) & \cos(\psi_m) & 0 \\ 0 & 0 & 1 \end{bmatrix} \begin{pmatrix} _m m_x \\ 0 \\ _m m_z \end{pmatrix}.$$

Für bekannte ϕ, θ kann jetzt leicht nach ψ_m aufgelöst werden. Zur Illustration sei der Spezialfall für $\phi = \theta = 0$ dargestellt. Es ist dann

$$_f m_x = \cos(\psi_m)\,_m m_x,$$
$$_f m_y = -\sin(\psi_m)\,_m m_x$$

und folglich

$$\cos(\psi_m) = \frac{_f m_x}{_m m_x}, \quad \sin(\psi_m) = -\frac{_f m_y}{_m m_x}.$$

Hiermit lässt sich ψ_m und ψ berechnen, nämlich mit

$$\psi_m = \operatorname{atan2}\Big(\sin(\psi_m), \cos(\psi_m)\Big),$$
$$\psi = \psi_m + \psi_0.$$

Alternativ hierzu können wir auch ein etwas formaleres Berechnungsschema anwenden. Rechnen wir mit den x/y-Projektionen der Magnetfeldvektoren in Gl. (3.8) weiter, bleibt die z-Komponente von einer Gier-Transformation $\boldsymbol{T}_3(\psi)$ unbeeinflusst. Wir definieren also zweidimensionale Vektoren

$$_f\boldsymbol{m}^* = \begin{bmatrix} \boldsymbol{I}_{2\times 2} & \boldsymbol{0}_{2\times 1} \end{bmatrix} \boldsymbol{T}_2(\theta)^{\top}\,\boldsymbol{T}_1(\phi)^{\top}\,_f\boldsymbol{m},$$
$$_g\boldsymbol{m}^* = \begin{bmatrix} \boldsymbol{I}_{2\times 2} & \boldsymbol{0}_{2\times 1} \end{bmatrix} _g\boldsymbol{m}.$$

Der Gierwinkel ψ bezüglich der geodätischen Nordrichtung ist genau der Winkel zwischen diesen beiden Vektoren. Wir berechnen ihn über

$$\psi = \text{atan2}(_f\boldsymbol{m}^* \times {_g}\boldsymbol{m}^*, \quad {_f}\boldsymbol{m}^{*\top} {_g}\boldsymbol{m}^*).$$

Die Argumente[12] der atan2-Funktion entsprechen jeweils gleich skalierten sin- und cos-Anteilen des Winkels ψ.

3.2 Strömungstechnische Sensoren

3.2.1 Fluggeschwindigkeit und Anströmung

Kräfte und Momente an einem Flugzeug sind ganz wesentlich von der Anströmung abhängig, darum ist die Kenntnis der Fluggeschwindigkeit in Betrag V_A und Richtung, ausgedrückt durch α und β, für die Flugregelung äußerst relevant.

Die Fluggeschwindigkeit kann über den Staudruck $\overline{q}$ ermittelt werden. Es ist

$$\overline{q} = \frac{1}{2} \rho \, V_A^2 = p_{\text{tot}} - p,$$

wobei p_{tot} and p den Gesamtdruck beziehungsweise statischen Druck bezeichnen, ρ die Luftdichte ist und V_A für die Fluggeschwindigkeit steht. Die beiden Drücke können in der Praxis leicht gemessen werden, zum Beispiel mit einem Pitotrohr [1]. Aus der Differenz wird dann die Fluggeschwindigkeit ermittelt. Es ist

$$V_A = \sqrt{2\, \frac{p_{\text{tot}} - p}{\rho}}.$$

Anhand der verwendeten Luftdichte ρ unterscheidet man folgende Geschwindigkeitsdefinitionen. Wird für die Luftdichte der Standardwert auf Meereshöhe verwendet, handelt es sich um die Indicated Airspeed (IAS). Von Calibrated Airspeed (CAS) spricht man, wenn zusätzlich Einbau- und Instrumentenfehler korrigiert werden. Bei der True Airspeed (TAS) wird die Abhängigkeit der aktuellen Luftdichte von Höhe und Temperatur mit berücksichtigt. Basierend auf der idealen Gasgleichung gilt $\rho = \frac{m}{V} = \frac{p}{R_s \cdot T}$, mit der Temperatur T in Kelvin und der spezifischen Gaskonstante $R_s = R/M$ von Luft. Diese setzt sich aus der universellen Gaskonstante $R = 8{,}314\,\frac{\text{J}}{\text{K mol}}$ und der molaren Masse M zusammen. Für trockene Luft beträgt $M = 0{,}02896\,\frac{\text{kg}}{\text{mol}}$. Schließlich berücksichtigt die Equivalent Airspeed (EAS) die Kompressibilität der Luft, was aber nur bei höheren Geschwindigkeiten relevant ist.

---

[12]Bei zweidimensionalen Vektoren ist $_f\boldsymbol{m}^* \times {_g}\boldsymbol{m}^* = {_f}m_1^* {_g}m_2^* - {_f}m_2^* {_g}m_1^*$ sowie $_f\boldsymbol{m}^{*\top} {_g}\boldsymbol{m}^* = {_f}m_1^* {_g}m_1^* + {_f}m_2^* {_g}m_2^*$.

Abb. 3.5 Windfahnen zur
Messung von Anströmwinkeln

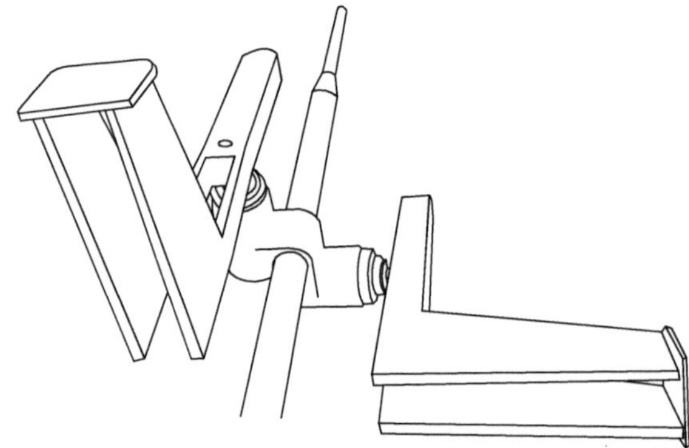

Die Richtung der Anströmung ist üblicherweise schwieriger zu messen. Eine praktikable Möglichkeit, insbesondere bei kleineren Flugzeugen, sind Windfahnen.[13] Ein Beispiel ist in Abb. 3.5 dargestellt. Die Orientierung der Windfahne wird mit einem geeigneten Messaufnehmer erfasst und repräsentiert bei entsprechendem Einbau im Flugzeug um die x_f-Achse den aerodynamischen Winkel α beziehungsweise β.

3.2.2 Höhe und Vertikalgeschwindigkeit

Höhe und Höhenänderung sind keine aerodynamischen Größen, werden aber über Drucksensoren gemessen. Auch heute wird im praktischen Flugbetrieb die barometrische Höhe verwendet. Zur Bestimmung der Höhe aus Messungen des statischen Drucks wird die *barometrische Höhenformel* benutzt:

$$p(h) = p(h_0)\left(1 - \frac{k \cdot (h - h_0)}{T(h_0)}\right)^{\frac{gM}{kR}}$$

$$\Leftrightarrow$$

$$h - h_0 = \frac{T(h_0)}{k}\left(1 - \left(\frac{p(h)}{p(h_0)}\right)^{\frac{kR}{gM}}\right).$$

Hier ist M die mittlere molare Masse der Atmosphärengase, R die universelle Gaskonstante, g die Erdbeschleunigung und k ein Temperaturgradient über der Höhe.[14] Diese Größen können als konstant angenommen werden. Verwendet man Zahlenwerte der internationalen Standardatmosphäre nach Tab. 3.1, so ergibt sich

---

[13] Eine Alternative sind Mehrlochsonden, bei welchen die aerodynamischen Winkel aus Differentialdrücken zwischen Bohrungen mit unterschiedlicher Ausrichtung rekonstruiert werden. Mehrlochsonden sind relativ teuer.

[14] In der Troposphäre gilt in guter Näherung der lineare Temperaturverlauf $T(h) = T(h_0) - k\,(h - h_0)$.

Tab. 3.1 Parameter der internationalen Standardatmosphäre

Temperaturgradient k	Molare Masse M	Erdbeschleunigung g
$\frac{6{,}5\,\text{K}}{1000\,\text{m}}$	$0{,}02896\,\frac{\text{kg}}{\text{mol}}$	$9{,}807\,\frac{\text{m}}{\text{s}^2}$

$$h - h_0 = \frac{T(h_0)}{0{,}0065\,\frac{\text{K}}{\text{m}}}\left(1 - \left(\frac{p(h)}{p(h_0)}\right)^{\frac{1}{5{,}255}}\right).$$

Wird weiterhin als Referenzhöhe die Meereshöhe gewählt, so ist $h_0 = 0$ und $T(h_0) = 288{,}15\,\text{K}$ ($= 15\,°\text{C}$). Dies entspricht der sogenannten *internationalen Höhenformel*. Für den Druck $p(h_0)$ wird entweder der Standarddruck auf Meereshöhe eingesetzt oder aber der auf Meereshöhe zurückgerechnete Druck unter der Annahme einer Standardatmosphäre.[15]

Das Funktionsprinzip eines Variometers, also eines Sensors zur Messung der Steig- oder Sinkrate, besteht darin, den statischen Druck einmal unmittelbar und einmal etwas verzögert zu messen und die Differenz davon zu bilden. Die klassische Realisierung eines Variometers ist rein mechanisch [1].

Wir überlegen uns im Folgenden ein Ersatzmodell hierfür, das in Abb. 3.6 dargestellt ist. Dabei nutzen wir als relevante Größe statt des Drucks p direkt die daraus berechnete Höhe $h = f(p)$. Eine Verzögerung des statischen Luftdrucks, beispielsweise durch eine Kapillare, kann als System erster Ordnung mit einer Zeitkonstante T beschrieben werden. Als Übertragungsfunktion im Frequenzbereich ausgedrückt ist das $h_\Delta = \frac{1}{Ts+1}\,h$, wobei h_Δ die verzögerte Messung ist. Differenzbildung mit dem unverzögerten statischen Druck ergibt

$$h - h_\Delta = h - \frac{1}{T\,s + 1}h = \frac{T\,s}{T\,s + 1}\,h.$$

Division durch die bekannte Zeitkonstante T ergibt die Messgleichung

$$\dot{h}_m = \frac{h - h_\Delta}{T} = \frac{s}{T\,s + 1}\,h.$$

Für langsame Frequenzen $|s| << \frac{1}{T}$ gilt dann

$$\dot{h}_m \approx s \cdot h.$$

Erfolgt die Höhenänderung also mit Frequenzen kleiner $\frac{1}{T}$, so liegt das gewünschte differenzierende Verhalten vor und die Messung $\dot{h}_m$ entspricht der wahren Vertikalgeschwindigkeit $\dot{h}$.

---

[15]Dies wird in der Luftfahrt üblicherweise als QNH bezeichnet.

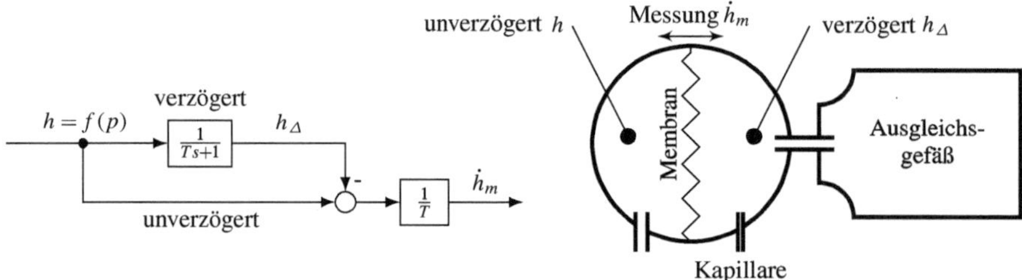

Abb. 3.6 Blockschaltbild eines Variometers

3.3 Funknavigation

3.3.1 Positionsbestimmung in der Horizontalebene

Die Bestimmung der Flugzeugposition in zwei Dimensionen, das heißt in der horizontalen Ebene, wird mithilfe von Funksignalen bewerkstelligt. Die 2-dimensionale Positionsbestimmung ist aus praktischer Sicht sehr relevant, da im Flugbetrieb die Höhe immer durch barometrische Messungen ermittelt wird, siehe oben. Aber auch für die Positionsbestimmung in drei Dimensionen werden Funksignale benutzt (GPS). Es gibt grundsätzlich zwei Messprinzipien, diese sind in Abb. 3.7 für den 2-dimensionalen Fall veranschaulicht.

- Winkelmessung, beispielsweise durch Phasenmessung zwischen einem Referenzsignal und einem rotierendem Signal eines Drehfunkfeuers (Leuchtturmprinzip). In der Praxis erfolgt dies mit einer VOR Station. VOR steht für VHF (Very High Frequency) Omnidirectional Radio Range [5, S. 273].
- Entfernungsmessung durch (bi-direktionale) Laufzeitmessung, normalerweise vom Flugzeug zu einer Funkstation und zurück zum Flugzeug. Die Realisierung erfolgt mit einer DME Station. DME steht für Distance Measurement Equipment [5, S. 55 f.].

Die horizontale Position ist durch zwei Koordinaten bestimmt, darum benötigt man zu deren Bestimmung mindestens zwei Messungen. Im Normalfall werden mit *einer* Funkstation die beiden oben genannten Messprinzipien kombiniert, das heißt es wird eine Entfernung und ein Winkel gemessen. Dies entspricht der Angabe des Standortes in Polarkoordinaten bezogen auf die Funkstation. Beide Größen sind mit einer sogenannten VORDME Station im Flugzeug messbar. Eine VORDME Station ist in Abb. 3.8 links skizziert. Bei diesem Messprinzip müssen wir beachten, dass durch ein DME der Schrägabstand ermittelt wird, siehe Abb. 3.8 rechts, das heißt in der Nähe der Funkstation und bei relativ großen Höhen entspricht eine Laufzeitmessung nicht mehr dem horizontalen Abstand. Da die barometrische Höhe bekannt ist, stellt dies aber keine Einschränkung dar.

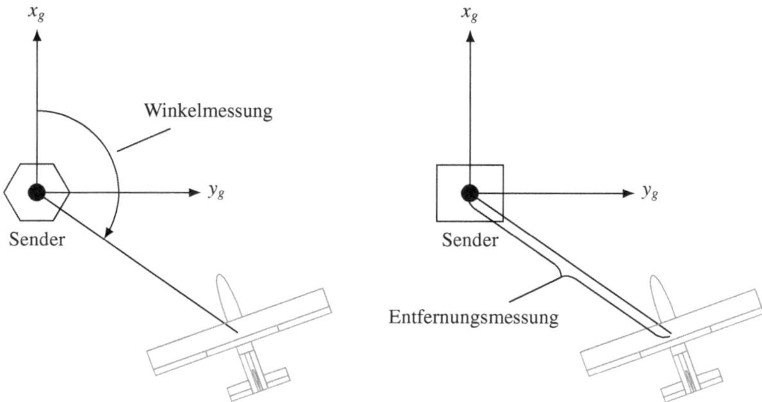

Abb. 3.7 Messprinzipien bei der 2-dimensionalen Positionsbestimmung: VOR (links), DME (rechts)

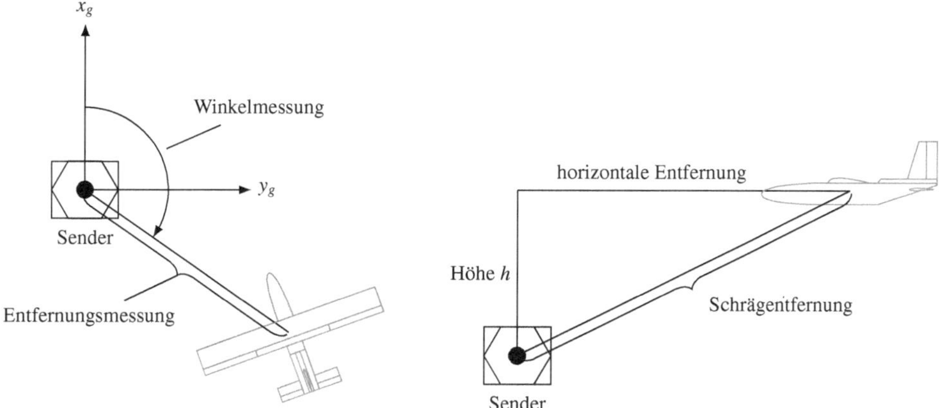

Abb. 3.8 Positionsbestimmung mit Funkstation (VORDME): Horizontalebene (links), Schrägentfernung (rechts)

3.3.2 Positionsbestimmung in drei Dimensionen

Satellitennavigation

Eine 3-dimensionale Position wird üblicherweise mit einem Satellitennavigationssystem ermittelt, beispielsweise mit dem Global Positioning System (GPS). Grundsätzlich werden hier Abstandsmessungen, also Laufzeitmessungen verwendet. Im Gegensatz zu einem DME handelt es sich bei GPS aber um uni-direktionale Laufzeitmessungen, nämlich jeweils von einem Satelliten zum Empfänger. Darum sind bei einer Laufzeitmessung zwei Uhrzeiten involviert, nämlich die Uhrzeit des GPS Systems[16] sowie die Uhrzeit des Empfängers.

---

[16]Die Atomuhren an Bord aller Satelliten können als exakt synchronisiert angenommen werden.

Da diese nicht synchronisiert sind, ist der Zeitversatz zwischen diesen beiden Uhren eine zusätzliche Unbekannte. Bei einer 3-dimensionalen Positionsbestimmung hat man daher insgesamt 4 Unbekannte vorliegen und benötigt dementsprechend mindestens vier Abstandsmessungen. Im Folgenden wird die eigentliche Positionsberechnung kurz umrissen. Eine ausführliche Beschreibung findet sich in [4].

Die geometrische Konfiguration mit einem GPS Satelliten und einem Flugzeug mit GPS Empfänger ist in Abb. 3.9 dargestellt. Die Messgleichung der Laufzeit *eines* GPS Signals kann folgendermaßen beschrieben werden

$$\rho_i = |\boldsymbol{r}_i - \boldsymbol{r}| + b,$$

wobei ρ_i die sogenannte Pseudorange ist, der sich zusammensetzt aus der geometrischen Entfernung $|\boldsymbol{r}_i - \boldsymbol{r}|$ sowie einem mit der Lichtgeschwindigkeit[17] skalierten Zeitversatz b. Dies entspricht der Uhrendifferenz zwischen GPS-Zeit und Empfängerzeit.

Die Satellitenpositionen $\boldsymbol{r}_i$ sind bekannt. Unbekannt ist neben der Position $\boldsymbol{r}$ des Empfängers der Uhrenversatz b. Bei N Messungen hat man also das Gleichungssystem

$$\begin{pmatrix} \rho_1 \\ \vdots \\ \rho_N \end{pmatrix} = \begin{pmatrix} \sqrt{(\boldsymbol{r}_1 - \boldsymbol{r})^\top (\boldsymbol{r}_1 - \boldsymbol{r})} + b \\ \vdots \\ \sqrt{(\boldsymbol{r}_N - \boldsymbol{r})^\top (\boldsymbol{r}_N - \boldsymbol{r})} + b \end{pmatrix}$$

vorliegen, das numerisch nach den vier Variablen $\boldsymbol{r} = (r_x, r_y, r_z)^\top$ und b aufgelöst werden muss. Damit dies gelingt, müssen mindestens eben so viele Messungen gegenüber stehen, dass heißt es müssen $N \geq 4$ Satelliten sichtbar sein. Da die Uhrendifferenz b quasi als Nebenprodukt abfällt, liefert die Lösung eines GPS Problems mit dem Ort $\boldsymbol{r}$ auch noch eine präzise Zeitinformation.

Über Doppler-Messungen der einzelnen Satellitensignale kann auf mathematisch ähnliche Weise die Geschwindigkeit (über Grund) sowie die Uhrendrift ermittelt werden.

GPS Empfänger liefern die Flugzeugposition statt als Ortsvektor auch manchmal dargestellt durch den geodätischen Breitengrad δ, den (terrestrischen) Längengrad λ und die geodätische Höhe h. Mit der großen Halbachse a und der Exzentrizität e des Erdellipsoiden kann die Positionsmessung in das kartesische erdfeste System E transformiert werden. Für das World Geodetic System 1984 (WGS84) gelten dabei die Werte aus Tab. 3.2. Die absolute Position berechnet sich nun aus

$$_E\boldsymbol{r} = \boldsymbol{f}(\delta, \lambda, h) = \begin{pmatrix} (R(\delta) + h)\cos(\delta)\cos(\lambda) \\ (R(\delta) + h)\cos(\delta)\sin(\lambda) \\ \big((1 - e^2)R(\delta) + h\big)\sin(\delta) \end{pmatrix}$$

---

[17]Die Umrechnung einer Zeitdifferenz t_Δ in einen äquivalenten Abstand $b = c_0\, t_\Delta$ erfolgt mit der Lichtgeschwindigkeit $c_0 = 299792458$ m/s.

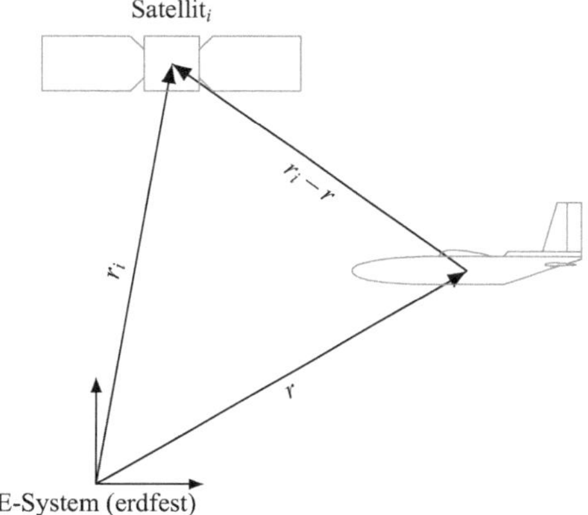

Abb. 3.9 Konfiguration eines GPS Satelliten und eines Empfängers

Tab. 3.2 Parameter des Erdellipsoids nach WGS84

Große Halbachse a	Exzentrizität e
6378137 m	$8{,}1819190842622 \cdot 10^{-2}$

mit dem Querkrümmungsradius

$$R(\delta) = \frac{a}{\sqrt{1 - \left(e \sin(\delta)\right)^2}},$$

siehe Abb. 3.10. Da auch ein Flugzeug im Vergleich zur Größe der Erde oft nur kurze Strecken in niedrigen Höhen zurücklegt, ist die Angabe der Position relativ zum Startpunkt $_E r(0)$ anschaulicher. Als Koordinatensystem wird dann das zum Startpunkt gehörende erdfeste System für flache Erde verwendet. Die relative Position berechnet sich entsprechend zu

$$r = \left(r_x \; r_y \; r_z\right)^\top = T_{gE}(\delta(0), \lambda(0))(_E r - {}_E r(0)).$$

Diese Positionsdarstellung verwenden wir in dem weiter unten erklärten Navigationsfilter. Die Transformationsmatrix vom erdfesten System ins geodätische System bei runder Erde ist durch $T_{gE} = T_2(-\frac{\pi}{2} - \delta)\,T_3(\lambda)$ gegeben. Hierbei ist δ ist der Breitengrad, λ der Längengrad, siehe auch Abb. 3.10.

Instrumentenlandesystem

Ein Instrumentenlandesystem [5, S. 107] (ILS) wird dazu benutzt, im Endanflug zur Landung die Position in drei Dimensionen zu bestimmen[18] und zwar relativ zu einer gerad-

---

[18]Bei Anflügen mit Entscheidungshöhen von 200 Fuß werden Instrumentenlandesysteme heute immer häufiger durch satellitengestützte Anflugverfahren ersetzt, sogenannte LPV Anflüge.

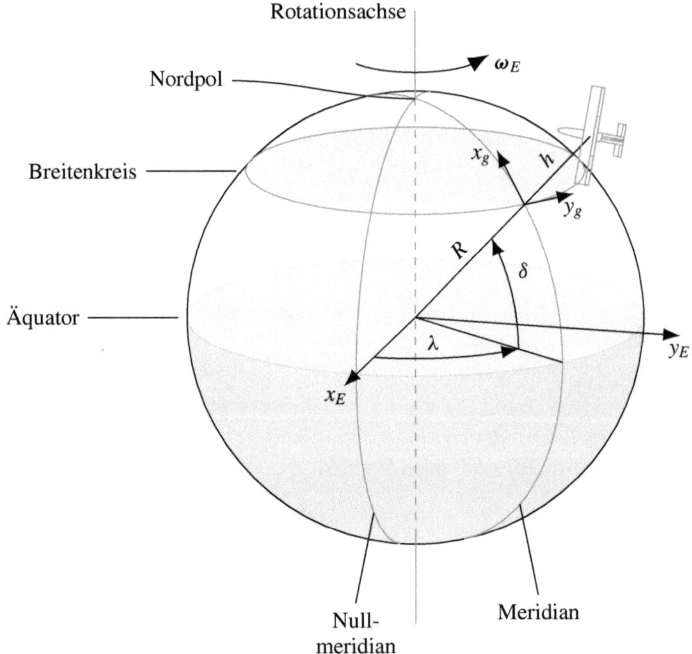

Abb. 3.10 Geographische Koordinaten

linigen Anflugbahn, dem sogenannten Gleitpfad. Ein ILS besteht aus zwei Sendern, mit denen die horizontale beziehungsweise die vertikale Abweichung jeweils in Form eines Winkels an Bord ermittelt werden kann, siehe Abb. 3.11. Zusätzlich wird üblicherweise mit

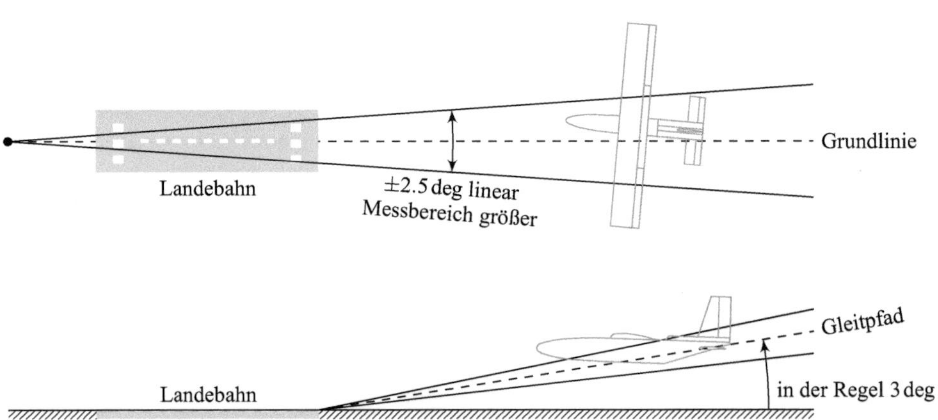

Abb. 3.11 Übersicht eines Instrumentenlandesystems

einem DME der Abstand gemessen. Insgesamt können die Messinformationen als Kugelkoordinaten interpretiert werden. Der Vorteil der Winkelablage besteht darin, dass sich die laterale Ablagegenauigkeit (in Metern) mit kürzer werdendem Abstand zur Landeschwelle automatisch erhöht.

3.4 Inertialnavigation

3.4.1 Funktionsprinzip

Der komplette Bewegungszustand kann unter gewissen Voraussetzungen mithilfe von Inertialsensoren bestimmt werden, man bezeichnet dies als Inertialnavigation. Das Grundprinzip besteht darin, Drehraten und lineare Beschleunigungen zu messen und numerisch zu integrieren [7, 8]. Den Ausgangspunkt zur Integration bilden die Bewegungsgleichungen mit entsprechenden Anfangsbedingungen.

Die translatorische Bewegungsgleichung ist aus der Flugmechanik bekannt. Ausgedrückt im geodätischen System lautet sie[19]

$$_g\dot{v} = -(_g\omega_g + _g\omega_E) \times _g v + T_{gf} \frac{R}{m} + g, \tag{3.10}$$

wobei $\frac{R}{m}$ mithilfe von Beschleunigungsmessern erfasst werden kann. Die vektorielle Schwerebeschleunigung g und die Erddrehrate ω_E sind bekannt. Die Drehrate des geodätischen Systems ω_g ist durch die Positionsänderung gegeben und somit ebenfalls verfügbar. Liegt die Lage des Flugzeugs ebenfalls vor, so erhält man mithilfe von Beschleunigungsmessungen und numerischer Integration den Verlauf der Geschwindigkeit im geodätischen System. Um die Lage des Flugzeugs zu ermitteln, nutzt man die Kinematik der Rotation, in diesem Fall die Lagebewegung gegenüber dem geodätischen System. Mit der Quaternion $\underline{q} = (q_0, q^\top)^\top$, $q = (q_1, q_2, q_3)^\top$ als Lageparametrisierung gilt

$$\dot{\underline{q}} = \frac{1}{2} \Omega (\omega - \omega_g) \underline{q}, \qquad \Omega = \begin{bmatrix} 0 & -(\omega - \omega_g)^\top \\ \omega - \omega_g & (\omega - \omega_g)\times \end{bmatrix}, \tag{3.11}$$

wobei die Drehrate ω des Flugzeugs mit einem Drehratenkreisel gemessen werden kann. Die Quaternion lässt sich leicht in Kardanwinkel[20] oder eine Richtungskosinusmatrix[21] T_{fg} umrechnen.

---

[19]Die Zentripetalbeschleunigung durch die Erddrehung wurde hier der Einfachheit halber vernachlässigt, das heißt $[\omega_E \times]^2 \approx 0$. Eine Hinzunahme dieses Effektes ändert an dem Vorgehensprinzip nichts.

[20]Der Zusammenhang mit den Kardanwinkeln ist $\tan(\phi) = 2(q_0 q_1 + q_2 q_3)/\Delta_{1,2}$, $\sin(\theta) = 2(q_0 q_2 - q_1 q_3)$ und $\tan(\psi) = 2(q_0 q_3 + q_1 q_2)/\Delta_{2,3}$, wobei $\Delta_{i,j} = 1 - 2(q_i^2 + q_j^2)$.

[21]Hier gilt die Beziehung $T_{fg} = I_3 + 2q_0 q \times + 2[q\times]^2$.

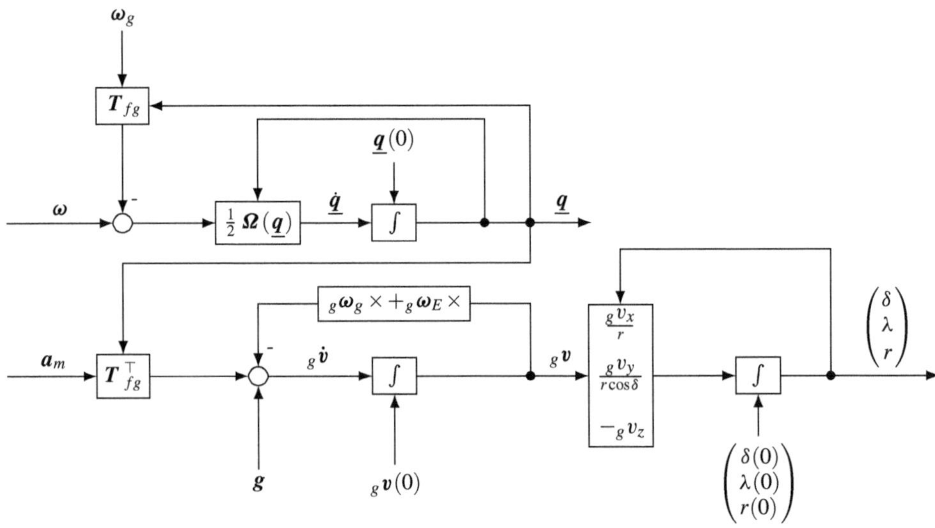

Abb. 3.12 Blockschaltbild der Inertialnavigation

Schließlich sind wir am Positionsverlauf interessiert. Diesen erhalten wir über die Differenzialgleichung der translatorischen Kinematik. Wählen wir als Positionsbeschreibung den Breitengrad δ, den Längengrad λ und der Radius r (dieser kann über die Beziehung $h = r - R(\delta)$ direkt in eine geodätische Höhe umgerechnet werden), so wissen wir wiederum aus der Flugmechanik, dass gilt

$$\dot{\delta} = \frac{_gv_x}{r}, \qquad \dot{\lambda} = \frac{_gv_y}{r\cos(\delta)}, \qquad \dot{r} = -_gv_z. \tag{3.12}$$

Das Berechnungsschema der Gl. (3.10), (3.11) und (3.12) ist in Abb. 3.12 dargestellt. Die Messgrößen a_m und ω sind die Eingänge. Die Integration von ω liefert die Lage $\underline{q}$ beziehungsweise T_{fg}. Damit wird die Beschleunigung a_m ins geodätische System transformiert und dann integriert, was in $_gv$ resultiert. Nochmalige Integration liefert die Position. Die Ausgänge sind also die Lage $\underline{q}$, die Geschwindigkeit $_gv$ sowie die Position $(\delta, \lambda, r)^\top$.

3.4.2 Voraussetzungen und Beschränkungen

Wir haben gesehen, dass die Inertialnavigation im Prinzip aus der Lösung eines Anfangswertproblems besteht. Es müssen also geeignete Anfangsbedingungen bekannt sein. Dies ist aus praktischer Sicht dann gut möglich, wenn sich das Flugzeug in Ruhe befindet. Insbesondere kann dann die Lage mittels Beschleunigungsmessern und Magnetfeldmessungen initialisiert werden, wie es oben ausgeführt ist. Positions- und Geschwindigkeitsschätzung können direkt mit GPS-Daten initialisiert werden.

Eine weitere Voraussetzung ist, dass die Sensormessungen von systematischen Fehlern befreit sind, ansonsten würden sich diese Fehler durch die Integration mit der Zeit schnell aufsummieren. Dies lässt sich durch genaue Kalibrierung der Sensoren erreichen. Im Idealfall sind die Messgrößen dann lediglich mit einem mittelwertfreien Rauschen überlagert, das sich allerdings aus technologischen Gründen nicht beliebig reduzieren lässt. Die verbleibende Frage ist also, wie sich ein solches mittelwertfreies Rauschsignal bei Integration verhält? Hierzu ist in Abb. 3.13 ein numerisches Beispiel einer einfachen Integration eines mittelwertfreien, normalverteilten Rauschsignals mit Varianz σ^2 dargestellt. Wir können erkennen, dass die Varianz des integrierten Signals mit der Zeit ansteigt. In der Tat ist es so, dass das integrierte Signal die Varianz $\sigma^2 \cdot t$ hat, diese also linear in der Zeit wächst. Mathematische Details lassen wir an dieser Stelle weg, siehe Anhang A.1.4. Aus praktischer Sicht bedeutet das, dass ein Navigationsschema nach Abb. 3.12 auch bei sehr präzisen Sensoren, also Sensoren ohne systematische Störungen und geringen zufälligen Fehlern, nach endlicher Zeit zu ungenau sein wird.

Die Lösung dieses grundsätzlichen Problems besteht darin, das Integrationsschema in Abb. 3.12 mit zusätzlichen Messdaten zu stützen. Genauer gesagt ist damit die wiederholte Aktualisierung des Zustands gemeint. Die Position und Geschwindigkeit kann beispielsweise durch GPS Messungen gestützt werden, die Lage im stationären Flug wie oben beschrieben. Im Allgemeinen werden hier Methoden des Beobachterentwurfes oder der Optimalfilterung angewendet. Diese Methoden können auch mit der Situation umgehen, dass für einen Teil der Zustände keine direkten Messungen vorhanden sind, wie dies bei der Lage im instationären Flug typischerweise der Fall ist. Voraussetzung dafür ist, dass die Flugzeugbewegung vollständig durch die verfügbaren Messungen beobachtbar ist. *Eine mögliche und praktisch realisierbare Variante (unter vielen) für einen solchen Zustandsbeobachter behandeln wir nachfolgend.*

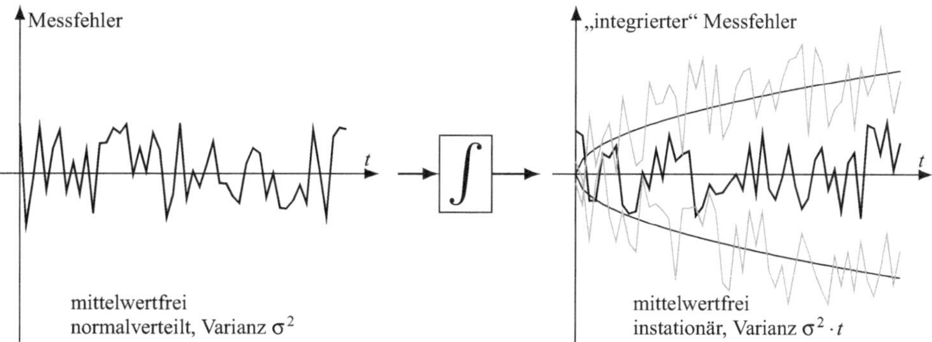

Abb. 3.13 Integration von mittelwertfreiem Messrauschen

3.4.3 Navigationsfilter

Das Grundprinzip eines Navigationsfilters ist in Abb. 3.14 dargestellt. An zentraler Stelle befindet sich ein Bewegungsmodell, das dem der reinen Inertialnavigation entspricht, also mit gemessenen Beschleunigungen und Drehraten gespeist wird. Zusätzlich werden nun weitere Sensoren verwendet, üblicherweise GPS-Empfänger, barometrische Höhenmesser und Magnetometer. Diese liefern Messungen $\tilde{z}$, die mit geschätzten Messungen $\hat{z}$ aus dem Bewegungsmodell verglichen werden. Die resultierende Abweichung wird mit einer Matrix K verstärkt und damit der Zustand des Bewegungsmodell regelmäßig zu diskreten Zeitpunkten korrigiert.

Navigationsfilter werden oft als sogenannte Kalmanfilter ausgeprägt [2, 3], wie es auch hier der beschrieben wird. Die Besonderheit liegt dabei in der Bestimmung der Verstärkungsmatrix K, die bei einem Kalmanfilter recht aufwändig ist. Im Folgenden gehen wir auf die spezielle Ausprägung eines Kalmanfilters im Rahmen der Navigationsaufgabe ein. Dabei lehnen wir uns an das Verfahren von Markley [6] an. Hinsichtlich der detaillierten Herleitung allgemeiner Filtergleichungen sei auf [3] verwiesen.

Systemdarstellung
Wir gehen von einer flachen Erde aus, das heißt die Drehrate der Erde sowie die Drehrate des geodätischen Systems werden vernachlässigt, also $\omega_g = \omega_E = 0$. Die Position beziehen wir auf eine Referenzposition, die beispielsweise durch die Anfangsposition einer Flugbewegung vorgegeben ist. Das zugehörige Referenzsystem ist das erdfeste System bei flacher Erde, Index E, siehe Anhang A.1.1.

Als Systemzustand wählen wir $x^\top = (r^\top,\ v^\top,\ q^\top)$. Der Zustandsvektor setzt sich also aus der erdfesten Position r, der Geschwindigkeit v und der Quaternion $\underline{q}$ zusammen, wobei sich alle Teilzustände auf das Referenzsystem beziehen. Die Gl. (3.10) und (3.11) ergeben unter den genannten Vereinfachungen

$$\dot{r} = v, \qquad \dot{v} = T_{gf}\,\frac{R}{m} + g, \qquad \dot{\underline{q}} = \frac{1}{2}\begin{bmatrix} 0 & -\omega^\top \\ \omega & \omega\times \end{bmatrix}\underline{q}.$$

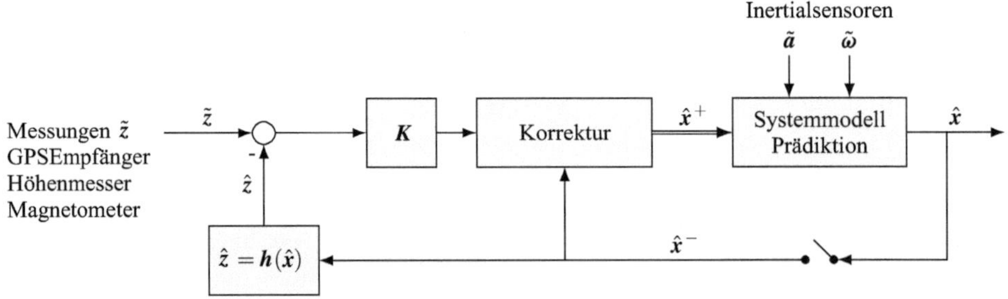

Abb. 3.14 Prinzip der Kalman-Filterung

Neben der Lagebeschreibung mit einer Quaternion führen wir nun eine alternative Beschreibung durch Lagefehler $\delta\underline{q}$ ein[22]. Er verknüpft die geschätzte (oder nominale) Lage $\hat{\underline{q}}$ mit der entsprechenden wahren Größe $\underline{q}$. Es gilt also

$$\underline{q} = \delta\underline{q} \otimes \hat{\underline{q}}, \qquad q \otimes p = \begin{bmatrix} q_0 & -q^\top \\ q & I q_0 + q\times \end{bmatrix} p.$$

Der Operator $\otimes$ bezeichnet das Quaternionenprodukt.[23] Ist der Lagefehler klein, wie hier angenommen, so kann man näherungsweise schreiben

$$\delta\underline{q} = \begin{pmatrix} 1 \\ \tfrac{1}{2}\varphi \end{pmatrix}, \qquad T_{fg} = (I - \varphi\times)\, T(\hat{\underline{q}}), \qquad T_{gf} = T(\hat{\underline{q}})^\top\, (I + \varphi\times).$$

Der Vektor φ repräsentiert eine dreidimensionale Drehung. Bei einer erwartungstreuen Schätzung ist sein Erwartungswert Null. Der entsprechende Zustandsvektor lautet $y^\top = (r^\top,\ v^\top,\ \varphi^\top)$, er wird sich bei der Zustandskorrektur als vorteilhaft erweisen.

Prädiktion

In Zeitintervallen ohne Messungen $\tilde{z}$ wird der geschätzte Zustandsvektor $\hat{x}$ wie bei der reinen Inertialnavigation mithilfe von gemessenen Beschleunigungen $\tilde{a}$ und Drehraten $\tilde{\omega}$ prädiziert:

$$\dot{\hat{r}} = \hat{v}, \qquad \dot{\hat{v}} = \hat{T}_{fg}\,\tilde{a} + g, \qquad \dot{\hat{\underline{q}}} = \frac{1}{2}\begin{bmatrix} 0 & -\tilde{\omega}^\top \\ \tilde{\omega} & \tilde{\omega}\times \end{bmatrix}\hat{\underline{q}}.$$

Die gemessen Beschleunigungen und Drehraten sind verrauscht, es ist

$$\tilde{a} = \frac{R}{m} + \delta a, \qquad \tilde{\omega} = \omega + \delta\omega,$$

$$w = \begin{pmatrix} \delta a \\ \delta\omega \end{pmatrix} \sim \mathcal{N}(0,\ Q), \qquad Q = \mathrm{diag}(Q_a,\ Q_\omega).$$

Die Störungen δa und $\delta\omega$ sind normalverteilt und mittelwertfrei. Q bezeichnet ihre Leistungsdichte.

Neben dem Systemzustand wird bei einem Kalmanfilter auch die geschätzte Schätzfehlerkovarianz $\hat{P}$ prädiziert, denn davon hängt maßgeblich die Verstärkungsmatrix K der Zustandskorrektur ab. Hierzu nutzen wir den Zustandsvektor y, der den Lagefehler φ statt der Lage $\underline{q}$ enthält. Für die entsprechende Schätzung gilt $\hat{y} \sim \mathcal{N}(y,\ P)$. Die Prädiktionsvorschrift der Kovarianzmatrix lautet

$$\dot{\hat{P}} = F\hat{P} + \hat{P}F^\top + GQG^\top.$$

---

[22]Das ist eine Besonderheit bei dem hier beschriebenen Ansatz, der aus [6] stammt.

[23]Das Quaternionenprodukt entspricht einer Multiplikation von Richtungskosinusmatrizen, wobei im Allgemeinen $T_{fg} = T(\delta\underline{q})\, T(\hat{\underline{q}})$ gilt.

Zur Berechnung der Matrizen $\boldsymbol{F}$ und $\boldsymbol{G}$ benötigen wir das Bewegungsmodell in der Darstellung mit Lagefehler sowie Messrauschen. Es ist

$$\dot{\hat{\boldsymbol{y}}} = \boldsymbol{f}(\hat{\boldsymbol{y}}, \boldsymbol{w}), \qquad \boldsymbol{f} = \begin{pmatrix} \hat{\boldsymbol{v}} \\ \hat{\boldsymbol{T}}_{gf}\,(\boldsymbol{I} + \boldsymbol{\varphi}\times)\,(\tilde{\boldsymbol{a}} - \delta\boldsymbol{a}) + \boldsymbol{g} \\ \hat{\boldsymbol{\varphi}} \times \tilde{\boldsymbol{\omega}} - \delta\boldsymbol{\omega} \end{pmatrix}.$$

Die letzte Zeile von $\boldsymbol{f}$ ist in Markley [6] hergeleitet.[24] Unter Vernachlässigung quadratisch kleiner Größen und unter Beachtung, dass die geschätze Lage $\hat{\boldsymbol{T}}_{fg}$ hier kein Zustand ist folgt

$$\boldsymbol{F} = \frac{\partial \boldsymbol{f}}{\partial \boldsymbol{y}} = \begin{bmatrix} \boldsymbol{0} & \boldsymbol{I} & \boldsymbol{0} \\ \boldsymbol{0} & \boldsymbol{0} & -\hat{\boldsymbol{T}}_{gf}\,\tilde{\boldsymbol{a}}\times \\ \boldsymbol{0} & \boldsymbol{0} & -\tilde{\boldsymbol{\omega}}\times \end{bmatrix}, \qquad \boldsymbol{G} = \frac{\partial \boldsymbol{f}}{\partial \boldsymbol{w}} = \begin{bmatrix} \boldsymbol{0} & \boldsymbol{0} \\ -\hat{\boldsymbol{T}}_{gf} & \boldsymbol{0} \\ \boldsymbol{0} & -\boldsymbol{I} \end{bmatrix}.$$

Korrektur des Zustandes und der Fehlerkovarianz

Zusätzliche Messungen mittels GPS Empfänger, Höhenmesser oder Magnetometer beschreiben wir durch $\boldsymbol{z} = \boldsymbol{h}(\boldsymbol{y})$. Liegen nun zu diskreten Zeitpunkten k Messungen $\tilde{\boldsymbol{z}}_k$ vor, so kann zusammen mit den entsprechend *geschätzen* Messgrößen $\hat{\boldsymbol{z}}_k = \boldsymbol{h}(\boldsymbol{y}_k^-)$ der Zustand korrigiert werden. Größen vor beziehungsweise nach der Korrektur werden durch $(\cdot)^{\pm}$ gekennzeichnet. Die eigentlichen Messungen sind fehlerbehaftet, daher ist

$$\tilde{\boldsymbol{z}} = \boldsymbol{z} + \delta\boldsymbol{z}, \qquad \delta\boldsymbol{z} \sim \mathcal{N}(\boldsymbol{0}, \boldsymbol{R}).$$

Der Messfehler $\delta\boldsymbol{z}$ ist also normalverteilt und mittelwertfrei. $\boldsymbol{R}$ beschreibt die Messfehlerkovarianz.

Die Korrektur des Zustands und dessen Kovarianz erfolgt in fünf Schritten:

$$\hat{\boldsymbol{y}}_k^- = \left(\hat{\boldsymbol{r}}_k^{\top} \; \hat{\boldsymbol{v}}_k^{\top} \; \boldsymbol{0}^{\top}\right)^{\top},$$

$$\boldsymbol{K}_k = \hat{\boldsymbol{P}}_k^- \, \boldsymbol{H}_k^{\top} \left(\boldsymbol{H}_k \, \hat{\boldsymbol{P}}_k^- \, \boldsymbol{H}_k^{\top} + \boldsymbol{R}\right)^{-1},$$

$$\hat{\boldsymbol{y}}_k^+ = \hat{\boldsymbol{y}}_k^- - \boldsymbol{K}_k(\tilde{\boldsymbol{z}}_k - \hat{\boldsymbol{z}}_k), \qquad \hat{\boldsymbol{z}}_k = \boldsymbol{h}(\hat{\boldsymbol{y}}_k^-),$$

$$\hat{\boldsymbol{x}}_k^+ = \begin{pmatrix} \hat{\boldsymbol{r}}_k^+ \\ \hat{\boldsymbol{v}}_k^+ \\ \hat{\underline{\boldsymbol{q}}}_k^+ \end{pmatrix}, \qquad \hat{\underline{\boldsymbol{q}}}_k^+ = \begin{pmatrix} 1 \\ \frac{1}{2}\boldsymbol{\varphi}_k^+ \end{pmatrix} \otimes \hat{\underline{\boldsymbol{q}}}_k^-,$$

$$\hat{\boldsymbol{P}}_k^+ = \hat{\boldsymbol{P}}_k^- - \boldsymbol{K}_k \, \boldsymbol{H}_k \, \hat{\boldsymbol{P}}_k^-.$$

Im ersten Schritt wird der Lagefehler zu Null gesetzt, da wir eine erwartungstreue Schätzung vorliegen haben. Danach folgt die Berechnung der Verstärkungsmatrix $\boldsymbol{K}$. Im vorletzten Schritt wird wiederum zurück in den Zustand $\hat{\boldsymbol{x}}$ gewechselt und die Lagekorrektur wird der

---

[24] Alternativ kann man auch die linearisierte Lagekinematik gegenüber einem rotierenden Referenzsystem herleiten, das heißt $\boldsymbol{\omega} = (\boldsymbol{I} - \boldsymbol{\varphi}\times)\,\boldsymbol{\omega}_{ref} + \dot{\boldsymbol{\varphi}}$ und dann $\boldsymbol{\omega}_{ref} = \tilde{\boldsymbol{\omega}}$ setzen.

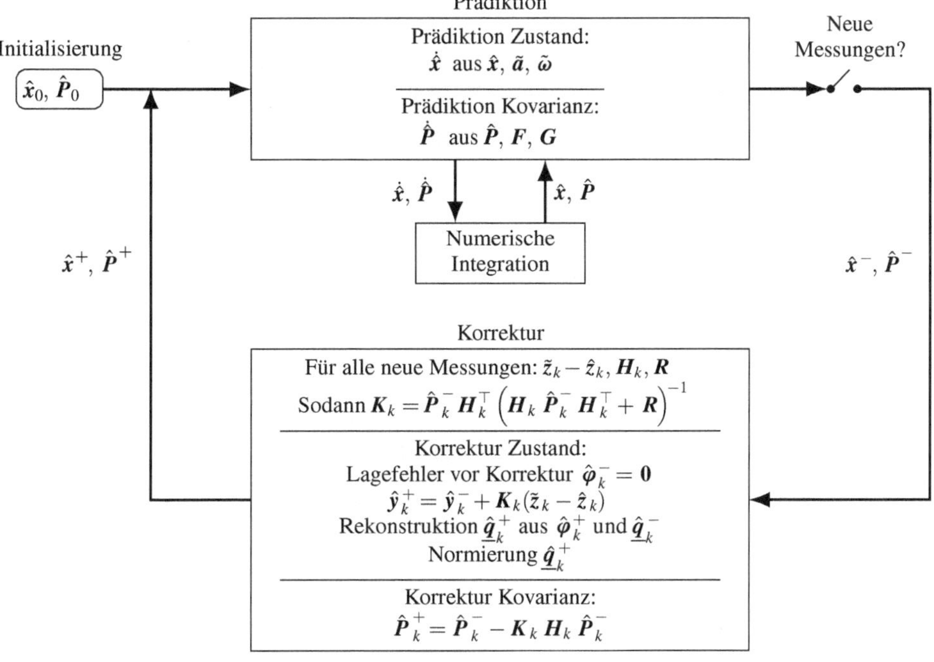

Abb. 3.15 Ablaufschema des Navigationsfilters

aktuell geschätzten Lage zugeschlagen. Schließlich erfolgt die Korrektur der Schätzkovarianz. In Abb. 3.15 sind alle Berechnungsschritte zusammengefasst.

Was nun noch verbleibt, ist die Bestimmung der Matrizen H und die Definition der Messfehlerkovarianz R für die einzelnen Sensoren im Rahmen der Navigation.

Messgleichungen der Navigation

Die Matrix H ist die Jacobimatrix der Messungen $z = h(y)$, ausgewertet am geschätzten Zustand vor dem Korrekturschritt:

$$H_k = \left.\frac{\partial h}{\partial y}\right|_{\hat{y}_k^-} = \left[\left.\frac{\partial h}{\partial r}\right|_{\hat{y}_k^-} \quad \left.\frac{\partial h}{\partial v}\right|_{\hat{y}_k^-} \quad \left.\frac{\partial h}{\partial \varphi}\right|_{\hat{y}_k^-} \right].$$

Im Folgenden lassen wir den Index k aus Gründen der Übersichtlichkeit weg.

GPS Position
Da die Höhe üblicherweise barometrisch bestimmt wird, nutzen wir Positionsmessungen durch GPS nur in der Horizontalebene. Die Messfehler δr können durch eine Normalverteilung beschrieben werden:

$$\tilde{z} = \begin{pmatrix} r_x \\ r_y \end{pmatrix} + \delta r, \quad \delta r = \begin{pmatrix} \delta r_x \\ \delta r_y \end{pmatrix} \sim \mathcal{N}(\mathbf{0},\ \mathbf{R}), \quad \mathbf{R} = \sigma_{\mathrm{gps}}^2\, \mathbf{I}.$$

Die Position r ist Teil des Zustandsvektors, sodass sich die triviale Gleichung $\hat{z} = (\hat{r}_x\ \hat{r}_y)^\top$ für den erwarteten Messwert ergibt. Auch die Messmatrix wird dadurch sehr einfach:

$$\mathbf{H} = \begin{bmatrix} 1\ 0\ 0\ 0\ 0\ 0\ 0\ 0\ 0 \\ 0\ 1\ 0\ 0\ 0\ 0\ 0\ 0\ 0 \end{bmatrix}.$$

GPS Geschwindigkeit

Die Geschwindigkeitsmessung eines GPS Empfängers ist gleichermaßen gestört, was wiederum durch eine Normalverteilung berücksichtigt wird. Die Varianz ist hier in allen Achsen ungefähr gleich groß. Es ist

$$\tilde{z} = v + \delta v, \quad \delta v \sim \mathcal{N}(\mathbf{0},\ \mathbf{R}), \quad \mathbf{R} = \sigma_{\mathrm{gps},v}^2\, \mathbf{I}.$$

Der erwartete Messwert ist $\hat{z} = \hat{v}$, die Messmatrix $\mathbf{H} = \begin{bmatrix} \mathbf{0}\ \mathbf{I}\ \mathbf{0} \end{bmatrix}$ wird wiederum sehr einfach.

Barometrische Höhe

Der Luftdruck kann direkt als Höhenmessung h benutzt werden. Auch hier werden Messfehler δh durch eine Normalverteilung beschrieben:

$$\tilde{z} = h + \delta h, \quad \delta h \sim \mathcal{N}(\mathbf{0},\ \mathbf{R}), \quad \mathbf{R} = \sigma_{\mathrm{baro}}^2.$$

Die erwartete Messung ist $\hat{z} = -\hat{r}_z$, die Messmatrix lautet $\mathbf{H} = \begin{bmatrix} 0\ 0\ -1\ 0\ 0\ 0\ 0\ 0\ 0 \end{bmatrix}$.

Magnetometer

Gemäß Gl. (3.7) ist eine Magnetfeldmessung durch $_f m = \mathbf{T}_{fg}\, _g m$ gegeben. Dies können wir für kleine Schätzfehler der Lage in einer bezüglich φ linearisierten Form ausdrücken, nämlich

$$z = {}_f m = \mathbf{T}_{fg}\, _g m \approx (\mathbf{I} - \varphi\times)\, \hat{\mathbf{T}}_{fg}\, _g m.$$

Bei exakter Kenntnis des Magnetfelds $_g m$, folgt das Residuum dann als

$$\tilde{z} - \hat{z} = {}_f \tilde{m} - \hat{\mathbf{T}}_{fg}\, _g m,$$

da $\varphi^- = \mathbf{0}$ gilt. Für die gewählte Messung ergibt sich $\mathbf{H} \approx \begin{bmatrix} \mathbf{0}\ \mathbf{0}\ (\hat{\mathbf{T}}_{fg}\, _g m)\times \end{bmatrix}$. Die Kovarianz des Messrauschens lautet $\mathbf{R} = \sigma_{\mathrm{mag}}^2 \mathbf{I}$.

Praktisch betrachtet stellt eine Magnetfeldmessung lediglich eine Richtungsmessung dar. Eine Abweichung in der Länge liefert keine Information über den Zustand des Fahrzeugs. Dies spiegelt sich in dem vorgestellten Ansatz nicht wider, da hier ein 3-dimensionales Residuum verwendet wird. In der Literatur lassen sich entsprechende Erweiterungen finden, die diese Charakteristik berücksichtigen.

Bei elektrisch betriebenen Fahrzeugen ist die Messung des Magnetfeldvektors üblicherweise stark gestört. Dabei handelt es sich um systematische Fehler, die sich nicht durch mittelwertfreies weißes Rauschen beschreiben lassen, wie es bei Kalmanfiltern angenommen wird. Darum sollte versucht werden, weitestgehend ohne die Verwendung eines Magnetometers auszukommen, was für die Stützung von Roll- und Nickwinkel im Allgemeinen[25] durch Messungen eines GPS Empfängers auch möglich ist. Der Gierwinkel ist allerdings nur unter bestimmten Bedingungen[26] beobachtbar.

Literatur

1. Brockhaus, R., Alles, W., Luckner, R.: Flugregelung. Springer, Berlin (2011). https://doi.org/10.1007/978-3-642-01443-7
2. Brown, R.G., Hwang, P.Y.C.: Introduction to Random Signals and Applied Kalman Filtering. Wiley (1997). https://www.ebook.de/de/product/14773423/robert_grover_brown_introduction_to_random_signals_and_applied_kalman_filtering_with_matlab_exercises.html
3. Gelb, A.: Applied Optimal Estimation. MIT Press (1974). https://www.ebook.de/de/product/3656281/analytic_sciences_corporation_applied_optimal_estimation.html
4. Hofmann-Wellenhof, B., Lichtenegger, H., Collins, J.: Global Positioning System: Theory and Practice. Springer, Berlin (1997)
5. Klußmann, N., Malik, A.: Lexikon der Luftfahrt, Bd. 2. Springer, Heidelberg (2007). https://www.ebook.de/de/product/11429125/niels_klussmann_arnim_malik_lexikon_der_luftfahrt.html
6. Markley, F.L.: Attitude error representations for kalman filtering. J. Guidance, Control, Dyn. **26**(2), 311–317 (2003). https://doi.org/10.2514/2.5048
7. Rogers, R.M.: Applied Mathematics in Integrated Navigation Systems. AIAA Education Series (2007). https://doi.org/10.2514/4.861598
8. Wendel, J.: Integrierte Navigationssysteme. München (2011). https://doi.org/10.1524/9783486705720

---

[25]Eine Ausnahme bildet der permanente freie Fall, was für die Flugregelung allerdings keine Einschränkung darstellt.

[26]Abhängig von der Trajektorie kann man alleine mit einem GPS Empfänger sowie Drehraten- und Beschleunigungsmessern den Gierwinkel beobachten. An dieser Stelle gehen wir hierauf nicht weiter ein.

Basisregelung 4

Die primäre Aufgabe von Stabilisierungsreglern ist die systematische Modifikation von Frequenzen und Dämpfungen. Ein weiteres Ziel ist die Anpassung der stationären Verstärkung zwischen dem Pilotenkommando und einer gewünschten Ausgangsgröße, beispielsweise einer Drehgeschwindigkeit. Damit können wir die Flugeigenschaften einstellen, ohne dass konstruktiv eingegriffen werden muss. Ein Flugregelungssystem mit Stabilisierungsaufgaben wird als Stability Augmentation System (SAS) bezeichnet. Bei einem SAS befindet sich der Regler im Rückwärtszweig (RWZ) des Regelkreises, wie es in Abb. 4.1a schematisch dargestellt ist.

Der Zweck eines Vorgabereglers ist die Sollwertfolge. Hierbei gibt der Pilot mit seinen Steuereinrichtungen (Stick, Pedale, etc.) Vorgabewerte ein, die elektronisch, das heißt im Regler weiterverarbeitet werden. Typische Beispiele sind Sollwerte für die Roll- und Nickrate p, q, für den Anstellwinkel α oder die Vertikalbeschleunigung n_z. Um zu erreichen, dass die Regelgrößen den gegebenen Vorgaben möglichst gut folgen, wird ein Regelfehler als Differenz von Soll- und Istwert gebildet, siehe Abb. 4.1b. Die Verarbeitung des Regelfehlers findet im Vorwärtszweig (VWZ) des Regelkreises statt. Somit greift der Pilot nicht mehr direkt auf Steuerflächen zu. Die mechanische Verbindung zwischen Piloteneingaben und Steuerflächen ist also unterbrochen und zur Realisierung ist daher ein Fly-By-Wire System notwendig. Wie in Abb. 4.1b gezeigt, können weitere Teile eines Vorgabereglers im Rückwärtszweig liegen. Ein Flugregelungssystem mit Vorgabereglern wird auch als Control Augmentation System (CAS) bezeichnet.

© Springer-Verlag GmbH Deutschland, ein Teil von Springer Nature 2020
W. Fichter und J. Stephan, *Flugregelung,*
https://doi.org/10.1007/978-3-662-60907-1_4

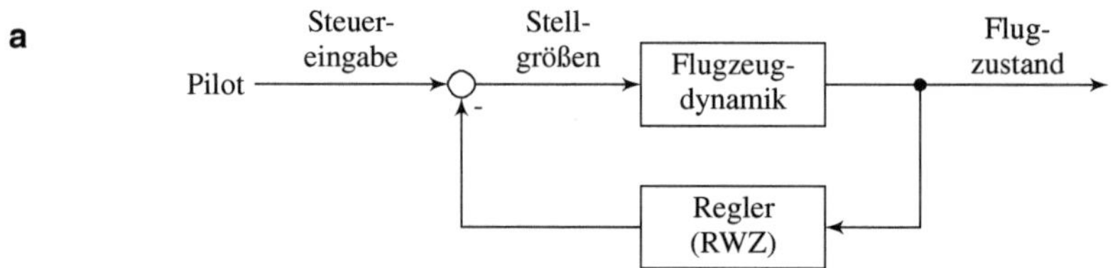

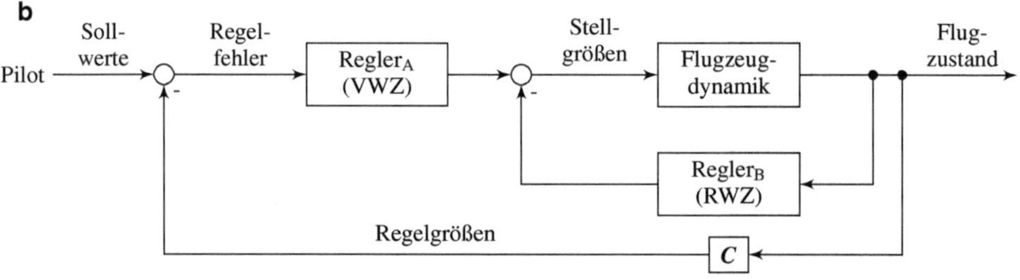

Abb. 4.1 Reglerstruktur Basisregelung (schematisch)

4.1 Stabilisierungsregler der Längsbewegung

4.1.1 Entwurfsmodell und Regler

Das grundlegende Ziel der Stabilisierungsregelung ist die Anpassung der Dynamik der schnellen Eigenbewegungen. Entsprechend Abb. 4.1a überlegen wir uns zunächst eine geeignete Reglerstruktur, das heißt welche Flugzustände auf welche Stellgrößen zurückgeführt werden sollen. In der Längsbewegung ist die Anstellwinkelschwingung relativ schnell und damit maßgebend für die Flugeigenschaften. Stabilisierungsregler der Längsbewegung modifizieren darum genau diese Bewegungsform.

Aus der Analyse der Flugbewegung im zweiten Kapitel wissen wir, dass an der Anstellwinkelschwingung hauptsächlich die beiden Flugzustände α und q beteiligt sind und dass Steuerbarkeit vom Höhenruder aus vorliegt. Ein Entwurfsmodell erhalten wir daher aus dem System vierter Ordnung der Längsbewegung (2.1), indem wir die Zustände V und θ sowie den Eingang δ_F einfach ignorieren. Dies ist aus flugmechanischer Sicht dann gerechtfertigt, wenn wir annehmen, dass die Geschwindigkeit und die Schubhebelstellung nicht wesentlich vom Trimmpunkt abweichen sodass $V = \delta_F = 0$. Der Nickwinkel θ koppelt prinzipiell nicht in die Anstellwinkelbewegung ein.[1] Das Entwurfsmodell ist also

---

[1]Der Einfluss des Nickwinkels in den linearen Bewegungsgleichungen beschränkt sich auf den Term $-g\,\theta$ in der Zeile für $\dot{V}$. Dies beschreibt eine translatorische Beschleunigung durch eine Komponente der Gravitation in Längsrichtung.

Abb. 4.2 Stabilisierung der
Anstellwinkelschwingung

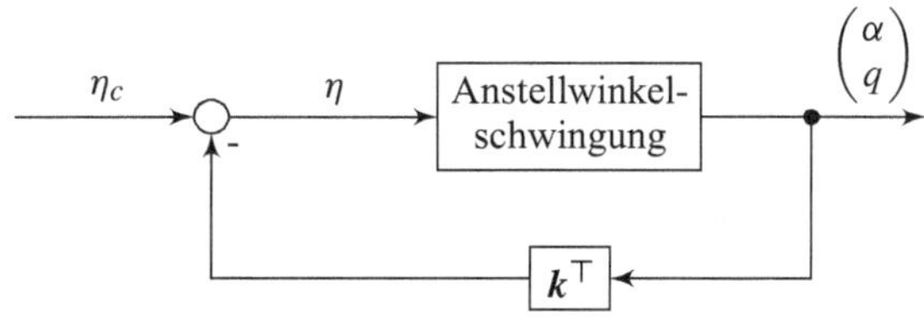

$$\begin{pmatrix} \dot{\alpha} \\ \dot{q} \end{pmatrix} = \underbrace{\begin{bmatrix} \frac{Z_\alpha}{V_0} & 1 \\ M_\alpha & M_q \end{bmatrix}}_{=:A_{AS}} \underbrace{\begin{pmatrix} \alpha \\ q \end{pmatrix}}_{x_{AS}} + \underbrace{\begin{pmatrix} \frac{Z_\eta}{V_0} \\ M_\eta \end{pmatrix}}_{=:b_{AS}} \eta \, . \tag{4.1}$$

Das Entwurfsmodell enthält die für den Entwurf wesentlichen Eigenschaften. Ziel ist dabei nicht die möglichst exakte Modellierung, sondern einen einfachen modellbasierten Reglerentwurf zu ermöglichen. Die Parameter des Entwurfsmodells erhalten wir durch Modellbildung, wie sie beispielsweise im Anhang A.3 beschrieben ist.

Aus der linearen Regelungstheorie [6] mit Zustandsraumverfahren wissen wir, dass bei einer Rückführung des gesamten Zustands und einer skalaren Stellgröße alle Eigenwerte modifiziert werden können.[2] Voraussetzung hierfür ist die Steuerbarkeit, was wir im Fall der Anstellwinkelschwingung und des Höhenruders in Abschn. 2.3.2 bereits gezeigt haben. Wir setzen also als Regler an

$$\eta = - \underbrace{(k_\alpha \ k_q)}_{=:k^\top} \begin{pmatrix} \alpha \\ q \end{pmatrix} + \eta_c \, . \tag{4.2}$$

Dabei ist η_c die Steuerung durch den Piloten. Der Parameter k_α verstärkt die Lagerückführung[3], der Parameter k_q die Rückführung der Drehgeschwindigkeit. Wir können daher erwarten, dass k_q eine dämpfende Wirkung hat und k_α die Steifigkeit und somit die Frequenz beeinflusst. Aus dem Regelgesetz (4.2) sehen wir, dass der Pilot denselben Durchgriff auf das Höhenruder hat wie ohne Regelung. Der eigentliche Regleranteil, das heißt die Rückführung $k^\top x_{AS}$, wird lediglich von der Pilotensteuerung η_c abgezogen.

Abb. 4.2 zeigt den Regelkreis. Die Dynamik des geregelten Flugzeugs ergibt sich einfach durch Einsetzen des Reglers (4.2) in das Entwurfsmodell (4.1). Es folgt also

---

[2]In diesem Fall liegen genau so viele Reglerparameter wie zu modifizierende Eigenwerte vor.
[3]Da die Anstellwinkelschwingung schnell ist, kann $\gamma = 0$ angenommen werden und α spielt somit die Rolle eines Lagewinkels.

$$\dot{x}_{\mathrm{AS}} = A_{\mathrm{AS}}\,x_{\mathrm{AS}} - b_{\mathrm{AS}}\,k^{\top}x_{\mathrm{AS}} + b_{\mathrm{AS}}\,\eta_c$$

$$= \underbrace{\left(A_{\mathrm{AS}} - b_{\mathrm{AS}}\,k^{\top}\right)}_{=:\bar{A}_{\mathrm{AS}}}\,x_{\mathrm{AS}} + b_{\mathrm{AS}}\,\eta_c\,.$$

Wir können erkennen, dass die Reglerverstärkung $k^{\top}$ die Systemmatrix $\bar{A}_{\mathrm{AS}}$ des geschlossenen Regelkreises beeinflusst und damit das Flugverhalten im geregelten Fall verändert.

Zum Entwurf der Reglerverstärkung $k^{\top}$ bieten sich beispielsweise Verfahren der Eigenwertvorgabe an. In diesem Fall werden die gewünschten Eigenwerte des geregelten Flugzeuges vorgegeben und mithilfe der Kenntnis der Flugdynamik, also des Entwurfsmodells, die Reglerverstärkungen berechnet. Bezeichnen wir die gewünschte Eigenfrequenz der geregelten Anstellwinkelschwingung mit ω_0 und den zugehörigen Dämpfungsfaktor mit D, dann ist $\bar{\lambda}_{1,2} = -\omega_0\,D \pm j\,\omega_0\,\sqrt{1 - D^2}$. Die Wahl dieser Parameter wird am Ende dieses Kapitels aufgegriffen. Das Polvorgabeproblem lautet nun, die Verstärkungsfaktoren $k^{\top}$ so zu berechnen dass

$$\det\!\left(\lambda\,I - \underbrace{\left(A_{\mathrm{AS}} - b_{\mathrm{AS}}\,k^{\top}\right)}_{=:\,\bar{A}_{\mathrm{AS}}}\right) = \lambda^2 + 2\,D\,\omega_0\,\lambda + \omega_0^2 = 0\,.$$

In Matlab lässt sich diese Aufgabe mit dem Befehl `place` lösen. Details zur Eigenwertvorgabe finden sich im Anhang A.1.3 sowie in Standardlehrbüchern der linearen Regelungstheorie.

Stationäre Verstärkung

Neben den dynamischen Eigenschaften beurteilt ein Pilot die stationäre Verstärkung des Flugzeuges. In der Längsbewegung ist dies die Verstärkung von der Piloteneingabe η_c zur Nickrate q, das heißt bei einer konstanten Eingabe η_c erwartet ein Pilot eine gewisse stationäre Nickrate. Diese Verstärkung können wir bei einem ungeregelten Flugzeug leicht berechnen. Da die Anstellwinkelschwingung stabil ist, gilt stationär $\lim\limits_{t\to\infty}(\dot{x}_{\mathrm{AS}}) = 0$ woraus folgt[4]

$$\lim_{t\to\infty}\left(\frac{q}{\eta_c}\right) = k_{\mathrm{stat}} = -\begin{pmatrix}0 & 1\end{pmatrix} A_{\mathrm{AS}}^{-1}\,b_{\mathrm{AS}}\,.$$

Entsprechend hierzu können wir im geregelten Fall die Systemmatrix des geregelten Flugzeuges $A_{\mathrm{AS}} - b_{\mathrm{AS}}\,k^{\top}$ einsetzen und erhalten für stationäre Bedingungen

$$\lim_{t\to\infty}\left(\frac{q}{\eta_c}\right) = \bar{k}_{\mathrm{stat}} = -\begin{pmatrix}0 & 1\end{pmatrix}\left(A_{\mathrm{AS}} - b_{\mathrm{AS}}\,k^{\top}\right)^{-1}\,b_{\mathrm{AS}}\,.$$

---

[4]Da die Anstellwinkelschwingung asymptotisch stabil ist, sind die Eigenwerte von A_{AS} ungleich null und die Systemmatrix somit invertierbar.

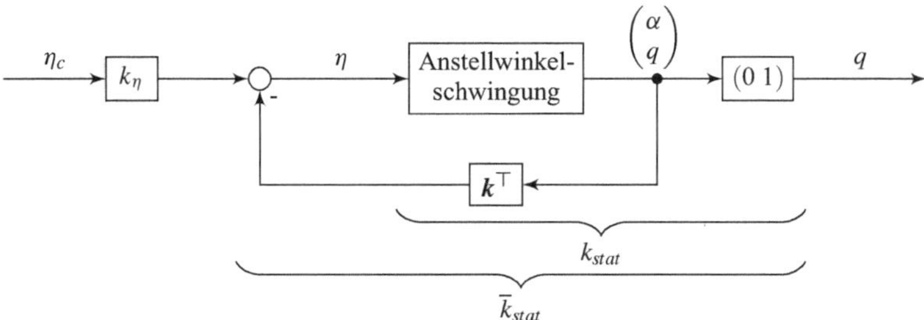

Abb. 4.3 Anpassung der stationären Verstärkung mit Vorfaktor

Wir sehen also, dass sich die stationäre Verstärkung durch die Rückführung $\boldsymbol{k}^{\top}$ grundsätzlich verändert, was jedoch aus Sicht des Piloten unerwünscht ist. Diesen Effekt können wir durch Einführung eines Vorfaktors k_η für die Piloteneingaben korrigieren. Damit ändern wir das Regelgesetz zu

$$\eta = -\boldsymbol{k}^{\top}\boldsymbol{x} + k_\eta\,\eta_c\,. \tag{4.3}$$

Der geschlossene Regelkreis mit Vorfaktor ist in Abb. 4.3 dargestellt.

Nun fordern wir, dass die gesamte stationäre Verstärkung im geregelten Fall der Verstärkung im ungeregelten Fall entspricht, es soll also gelten

$$k_\eta \cdot \bar{k}_{\text{stat}} = k_{\text{stat}} \quad \Rightarrow \quad k_\eta = \frac{k_{\text{stat}}}{\bar{k}_{\text{stat}}}\,.$$

Mit dem Vorfaktor k_η und der Rückführverstärkung $\boldsymbol{k}^{\top}$ ist das Regelgesetz vollständig bestimmt.

4.1.2 Stabilisierungsregler und Trimmung

Bisher wurde für den Reglerentwurf der Effekt der Trimmung vernachlässigt. Im Folgenden wollen wir nun berücksichtigen, dass die Zustands- und Stellgrößen der linearisierten Anstellwinkelschwingung lediglich Abweichungen vom Trimmpunkt darstellen. Dazu nutzen wir die Schreibweise $\alpha = \Delta\alpha + \alpha_0$, wobei α der absolute Anstellwinkel ist, $\Delta\alpha$ dem linearen Zustand entspricht[5] und α_0 der Trimmanstellwinkel ist. Gleichermaßen gilt für den Höhenruderausschlag $\eta = \Delta\eta + \eta_0$. Wir schreiben also[6]

---

[5]Wie in Kap. 2 erklärt, wird das Δ in der Regel weggelassen, hier aber wieder eingefügt.
[6]Die linearisierte Nickrate entspricht dem Absolutwert sodass $\Delta q = q$, da für den Trimmpunkt $q_0 = 0$ gilt.

$$\begin{pmatrix} \Delta\dot{\alpha} \\ \dot{q} \end{pmatrix} = \begin{bmatrix} \frac{Z_\alpha}{V_0} & 1 \\ M_\alpha & M_q \end{bmatrix} \begin{pmatrix} \Delta\alpha \\ q \end{pmatrix} + \begin{pmatrix} \frac{Z_\eta}{V_0} \\ M_\eta \end{pmatrix} \Delta\eta \ .$$

Um den stationären Flugzustand[7] $\alpha_\infty = \alpha_0$, $q_\infty = 0$ einzustellen, muss der Pilot im ungeregelten Fall einen konstanten Höhenruderausschlag von $\eta = \eta_0$ vorhalten.[8]

Gängige aerodynamische Sensoren messen den absoluten Anstellwinkel $\alpha = \Delta\alpha + \alpha_0$. Bei einer Implementierung des Regelgesetzes wird typischerweise dieser Winkel sowie eine absolute Rudereinsteuerung verwendet. Ein praktisch realisierter Regler hat also die Form

$$\eta = \Delta\eta + \eta_0 = -\begin{pmatrix} k_\alpha & k_q \end{pmatrix} \begin{pmatrix} \Delta\alpha + \alpha_0 \\ q \end{pmatrix} + k_\eta\,\eta_c \ .$$

Hiermit ergibt sich für den stationären Flugzustand

$$\alpha_\infty = \alpha_0, \quad q_\infty = 0 \quad \Rightarrow \quad \eta_c = \frac{\eta_0 + k_\alpha\,\alpha_0}{k_\eta} \ .$$

Die vom Piloten einzustellende Trimmung verschiebt sich also durch die Anwendung des Stabilisierungsreglers.

Prinzipiell lässt sich dieser Effekt dadurch verhindern, dass bei der Realisierung des Regelgesetzes die Trimmwerte entsprechend berücksichtigt werden. Hierfür ersetzten wir im Regler (4.3) die Größen η und α durch $\eta - \eta_0$ und $\alpha - \alpha_0$. Damit ergibt sich[9]

$$\eta = \eta_0 - \begin{pmatrix} k_\alpha & k_q \end{pmatrix} \begin{pmatrix} \alpha - \alpha_0 \\ q \end{pmatrix} + k_\eta\,\eta_c \ .$$

Es müssen dazu α_0 und η_0 bekannt sein. Da die aerodynamische Modellierung in der Regel mit gewissen Unsicherheiten behaftet ist, ist die Ermittlung dieser Werte in der Praxis allerdings schwierig.

4.1.3 Verifikation mit der vollständigen linearen Längsbewegung

Der oben beschriebene Regler wurde auf der Basis eines sehr einfachen Entwurfsmodells hergeleitet. Bevor man Tests mit einem aufwändigen nichtlinearen flugmechanischen Modell durchführt, bietet es sich an, den Reglerentwurf zunächst mit einem linearen Modell vierter Ordnung der Längsbewegung zu verifizieren. Zwar ist die Gültigkeit linearer Modelle prinzipiell auf den Bereich um den Arbeitspunkt eingegrenzt, jedoch erlauben sie die Anwendung sämtlicher linearer Untersuchungsmethoden (beispielsweise Eigenwerte oder

---

[7]Der stationäre Flugzustand folgt aus $\Delta\dot{\alpha} = \dot{q} = 0$.

[8]Alternativ kann der Pilot dazu auch Trimmvorrichtungen nutzen.

[9]In diesem Fall gilt $\alpha = \alpha_0$, $q = 0 \ \Rightarrow \ \eta_c = 0$. Es ist also keine Trimmung durch den Piloten notwendig.

Übertragungsfunktionen) und ermöglichen somit einen einfachen Zugang für die Analyse des dynamischen Verhaltens. Im Folgenden wird der geschlossene Regelkreis, bestehend aus dem oben entworfenen Stabilisierungsregler und einem linearen flugmechanischen Modell vierter Ordnung formuliert.

Das flugmechanische Modell ist gegeben durch den Zustand $x = (\alpha, q, V, \theta)^\top$ und die entsprechenden Parameter A und b aus (2.1). Der Vektor b ist die zu η gehörende Spalte aus B. Es gilt

$$\dot{x} = A\,x + b\,\eta,$$

$$y = \begin{pmatrix} \alpha \\ q \end{pmatrix} = \underbrace{\begin{bmatrix} 1 & 0 & 0 & 0 \\ 0 & 1 & 0 & 0 \end{bmatrix}}_{=:C} x + \underbrace{\begin{pmatrix} 0 \\ 0 \end{pmatrix}}_{=:d} \eta.$$

Der Ausgang y und die zugehörige Ausgangsmatrix C repräsentieren die Größen der Zustandsrückführung des Entwurfsmodells, nämlich α und q.

Mit dem Regelgesetz

$$\eta = -k^\top C\,x + k_\eta\,\eta_c$$

folgt für den geschlossenen Regelkreis

$$\dot{x} = \left(A - b\,k^\top C\right) x + k_\eta\,b\,\eta_c.$$

Im System vierter Ordnung hat der Regler also die Struktur einer Ausgangsvektorrückführung. Diese Beschreibung kann nun verwendet werden, um Analysen mit linearen Methoden durchzuführen. Typischerweise wird untersucht, ob sich die beim Entwurf vorgegebenen Eigenwerte auch in der Anstellwinkelschwingung des geregelten Systems vierter Ordnung wiederfinden.[10] Außerdem kann man überprüfen, ob und gegebenenfalls wie sich die Eigenwerte der Phygoide durch den Stabilisierungsregler verändern.[11]

Eine andere interessante Fragestellung ist die, mit welcher Dynamik die tatsächliche Höhenruderansteuerung η auf Pilotenvorgaben η_c reagiert. Hierzu müssen wir eine passende Ausgangsgleichung definieren, bei der η als Ausgang beschrieben wird. Es ist in diesem Fall

$$\eta = \underbrace{-k^\top C}_{=:c_\eta^\top}\,x + \underbrace{k_\eta}_{=:d_\eta}\,\eta_c$$

Das entsprechende Blockschaltbild ist in Abb. 4.4 zu sehen.

---

[10]In der Regel finden sich die Entwurfseigenwerte im System vierter Ordnung nicht an der exakt vorgesehenen Stelle. Allerdings sollten sie für einen vernünftigen Entwurf nicht weit davon entfernt sein.

[11]Im Idealfall sollte es zu keiner relevanten Verschiebung kommen. Insbesondere muss eine signifikante Verschlechterung der Dämpfung der Phygoide ausgeschlossen werden.

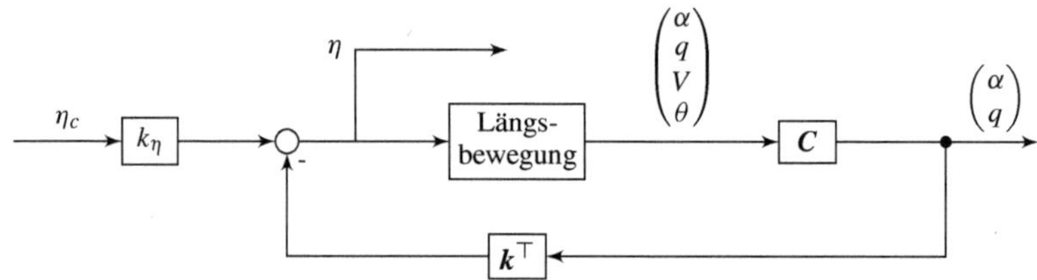

Abb. 4.4 Stabilisierung der Anstellwinkelschwingung im Verifikationsmodell

4.1.4 Kurvenkompensation

Stabilisierungsregler der Längsbewegung haben zum Ziel, die Anstellwinkelschwingung
zu stabilisieren, damit diese (möglichst schnell) abklingt. Basierend auf dem verwendeten
Entwurfsmodell ist es dafür notwendig, dass die stationäre Nickrate zu null geregelt wird,
also $q_\infty = 0$. Allerdings muss in diesem Zusammenhang beachtet werden, dass der zu
Grunde liegende Trimmpunkt, für welchen das Modell Gültigkeit besitzt, dem horizontalen
Geradeausflug entspricht.

Im Folgenden betrachten wir den stationären, koordinierten Kurvenflug, es sei also $\phi \neq 0$
und $\beta = 0$. Die entsprechende Wenderate beträgt dann $\dot{\chi} = \frac{g}{V_0} \tan(\phi)$. Der Einfachheit
halber nehmen wir an, dass die Flughöhe konstant und der Anstellwinkel klein ist und somit
gilt näherungsweise $\gamma = \alpha = \theta = 0$. Die Geschwindigkeit ändert sich lediglich in der
Richtung, der Betrag der Beschleunigung ist hierbei $\dot{\chi}\, V_0$. Aus Abb. 4.5 erkennen wir, dass
eine konstante Nickrate

$$q_\infty = \sin(\phi)\, \dot{\chi} = \frac{g}{V_0} \frac{\sin^2(\phi)}{\cos(\phi)} \tag{4.4}$$

notwendig ist, um eine koordinierte Kurve zu fliegen.

Abb. 4.5 Kräfte und
Drehgeschwindigkeiten im
koordinierten Kurvenflug

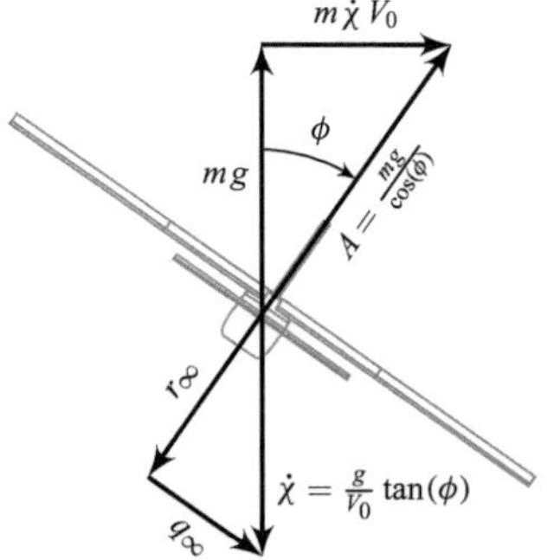

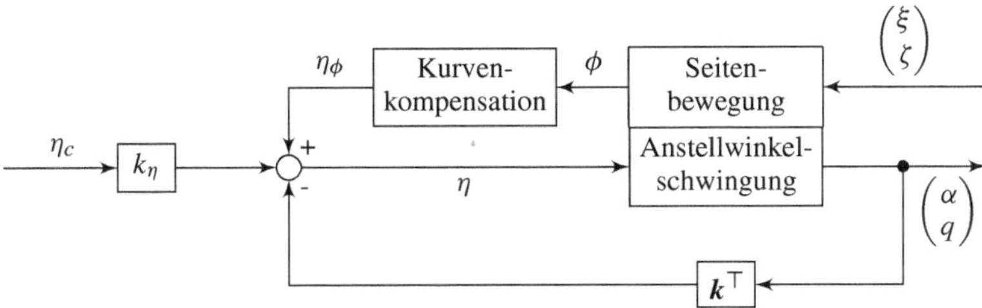

Abb. 4.6 Stabilisierung der Anstellwinkelschwingung mit Kurvenkompensation

Eine alternative, aber völlig gleichwertige Erklärung des Phänomens beginnt mit der Feststellung, dass der Auftrieb A im koordinierten Kurvenflug steigt, es gilt nämlich $A = m\,g/\cos(\phi)$. Unter den gemachten Annahmen folgt aus der z-Komponente von Gl. (3.3) außerdem[12]

$$q\,V_0 = \frac{A}{m} - g\cos(\phi)\,,$$

sodass

$$q_\infty = \frac{g}{V_0}\left(\frac{1}{\cos(\phi)} - \cos(\phi)\right) = \frac{g}{V_0}\,\frac{1 - \cos^2(\phi)}{\cos(\phi)} = \frac{g}{V_0}\,\frac{\sin^2(\phi)}{\cos(\phi)}\,.$$

Die sich aus dieser Betrachtung ergebende Nickrate ist also mit Gl. (4.4) identisch. Die entsprechenden Zusammenhänge sind in Abb. 4.5 nochmal zusammengefasst.

Der Stabilisierungsregler sollte nun so angepasst werden, dass im stationären Kurvenflug genau diese Nickrate eingestellt wird. Ein weit verbreiteter Ansatz ist die Erweiterung um eine sogenannte Kurvenkompensation, siehe Abb. 4.6. Dabei wird dem Regler ein zusätzlicher Höhenruderausschlag η_ϕ hinzugefügt, sodass[13]

$$\eta = -\begin{bmatrix} k_\alpha & k_q \end{bmatrix}\begin{pmatrix} \alpha \\ q \end{pmatrix} + \eta_\phi\,. \tag{4.5}$$

Nun stellt sich die Frage, wie η_ϕ genau aussehen muss. Um dies zu beantworten, betrachten wir die Anstellwinkelschwingung im stationären Gleichgewicht[14]

$$\begin{pmatrix} 0 \\ 0 \end{pmatrix} = \begin{bmatrix} \frac{Z_\alpha}{V_0} & 1 \\ M_\alpha & M_q \end{bmatrix}\begin{pmatrix} \alpha_\infty \\ q_\infty \end{pmatrix} + \begin{bmatrix} 0 \\ M_\eta \end{bmatrix}\eta\,.$$

---

[12]Es ist $\dot{w} + p\,v - q\,u = \frac{Z}{m} + g\cos(\phi)\cos(\theta)$. Im stationären horizontalen Flug gilt unter den gemachten Annahmen $\dot{w} = v = 0,\, u = V_0,\, Z = -A$ und $\theta = 0$.

[13]Die Piloteneinsteuerung η_c setzen wir hier zu null, da die Koordinierung nicht durch den Piloten erfolgen soll.

[14]Wir nehmen vereinfachend an: $Z_\eta = 0$.

Wir fordern also, dass unter stationären Bedingungen $\dot{\alpha} = \dot{q} = 0$ die Nickrate gerade dem für den Kurvenflug erforderlichen Wert q_∞ entspricht. Einsetzen von Gl. (4.5) und Auflösen nach der Kurvenkompensation liefert[15]

$$\eta_\phi = \underbrace{\frac{M_\alpha V_0 - M_q Z_\alpha - M_\eta(V_0 k_\alpha - Z_\alpha k_q)}{M_\eta Z_\alpha}}_{k_\phi} q_\infty = k_\phi \frac{g}{V_0} \frac{\sin^2(\phi)}{\cos(\phi)} . \tag{4.6}$$

In der Praxis kann der Parameter k_ϕ auch direkt im Flugversuch eingestellt werden.

Zur besseren Übersichtlichkeit verzichten wir auf die explizite Einbindung der Kurvenkompensation in die nachfolgenden Betrachtungen. Es sei an dieser Stelle erwähnt, dass das Konzept auch für alle im Folgenden behandelten Regler der Längsbewegung eingesetzt werden kann.

4.1.5 Stabilisierungsregler ohne Anstellwinkelmessung

Aus praktischer Sicht enthält der oben beschriebene Stabilisierungsregler einen wesentlichen Nachteil, nämlich die Notwendigkeit einer Anstellwinkelmessung. Anstellwinkelmessungen sind zwar grundsätzlich möglich, jedoch ist die dafür notwendige Messtechnik aufwändig und empfindlich. Im Folgenden werden zwei Möglichkeiten dargestellt, wie Messungen des Anstellwinkels beziehungsweise entsprechende Sensoren vermieden werden können und trotzdem die oben vorgeschlagene Reglerstruktur, nämlich eine Zustandsrückführung, angewendet werden kann.

Rückführung der Vertikalbeschleunigung
Wir gehen zunächst von einem stationären Horizontalflug aus. Erhöht man den Anstellwinkel gegenüber dem stationären Wert, so erhält man eine Auftriebserhöhung, die in guter Näherung linear zur Anstellwinkelerhöhung ist. Entsprechendes gilt für eine Verkleinerung des Anstellwinkels. Eine Auftriebskraft kann wiederum mit einer Beschleunigungsmessung in Vertikalrichtung erfasst werden. Die Grundidee besteht nun darin, in der Rückführung des Stabilisierungsreglers den Anstellwinkel durch Vertikalbeschleunigungen zu ersetzen. Um dies korrekt zu formulieren, müssen wir zunächst die Messgleichung der Vertikalbeschleunigung betrachten.

Beschleunigungsmesser erfassen grundsätzlich alle nicht-gravitativen äußeren spezifischen Kräfte.[16] Die gemessene Vertikalbeschleunigung enthält also alle Terme, die mit Ersatzgrößen verknüpft sind und somit auch nicht kinematischer Natur sind. Für die

---

[15]Es gilt außerdem $\alpha_\infty = -V_0 q_\infty / Z_\alpha$. Im koordinierten Kurvenflug erhöht sich also der Anstellwinkel, was den größeren Auftrieb A erklärt.

[16]Wir gehen hier davon aus, dass der Beschleunigungsmesser im Massenmittelpunkt des Flugzeuges montiert ist. Eine genaue Herleitung ist in Kap. 3 zu finden.

Vertikalrichtung betrachten wir also diejenige Zeile der Bewegungsgleichung, die Z-Ersatzgrößen enthält. Alle Terme (Krafteinflüsse) zusammen ergeben die gemessene Vertikalbeschleunigung a_{mz}. Es ist daher

$$\ddot{h} = -a_{mz} = -Z_V\, V - Z_\alpha\, \alpha - Z_\eta\, \eta + X_{\delta F}\, \sin(\alpha_0 + i_F)\, \delta_F \, .$$

Wir gehen von einer nominalen Geschwindigkeit und einer nominalen stationären Einsteuerung des Schubes aus, das heißt die Terme $-Z_V\, V$ und $X_{\delta F}\, \sin(\alpha_0 + i_F)\, \delta_F$ können wir vernachlässigen.[17] Weiterhin gilt, dass der vom Höhenruder erzeugte Auftrieb relativ klein ist, das heißt auch der Term $\frac{Z_\eta}{V_0}\, \eta$ kann entfallen.[18] Damit lässt sich näherungsweise schreiben

$$\ddot{h} \approx -Z_\alpha\, \alpha \, .$$

Wir sehen also, dass die Vertikalbeschleunigung und der Anstellwinkel direkt über die Konstante $-Z_\alpha$ voneinander abhängen. Der Auftrieb und somit die vertikale Bewegung ist entscheidend vom Anstellwinkel abhängig. Der Regler wird entsprechend modifiziert, das heißt statt α wird nun $\ddot{h}$ zurückgeführt:

$$\eta = - \underbrace{\left(\bar{k}_\alpha \; k_q \right)}_{=:\bar{k}^\top} \begin{pmatrix} \ddot{h} \\ q \end{pmatrix} + \eta_c \, .$$

Die Reglerverstärkung $\bar{k}_\alpha$ kann aus k_α abgeleitet werden, es ist also kein neuer Reglerentwurf notwendig. Statt α wird $\ddot{h}$ zurückgeführt. Wir setzen darum $-k_\alpha\, \alpha = -\bar{k}_\alpha\, \ddot{h}$ sowie $\ddot{h} = -Z_\alpha\, \alpha$. Durch Vergleich folgt

$$\bar{k}_\alpha = \frac{k_\alpha}{-Z_\alpha} \, .$$

Wir sehen also, dass der Faktor $-Z_\alpha$ in der Messung durch $\frac{1}{-Z_\alpha}$ in der Reglerverstärkung wieder rückgängig gemacht wird.

Um den mit Beschleunigungsmessungen geschlossenen Regelkreis zu verifizieren, müssen wir die entsprechenden Modellgleichungen aufstellen. Für die Flugzeugdynamik gilt nach wie vor $\dot{x} = A\, x + b\, \eta$, $y = C\, x + d\, \eta$, mit dem Zustandsvektor $x = (\alpha, q, V, \theta)^\top$. Die Parameter C und d für die modifizierte Messgleichung lauten nun

$$y = \begin{pmatrix} \ddot{h} \\ q \end{pmatrix} = \underbrace{\begin{bmatrix} -Z_V & -Z_\alpha & 0 & 0 \\ 0 & 0 & 1 & 0 \end{bmatrix}}_{=:C} x + \underbrace{\begin{pmatrix} -Z_\eta \\ 0 \end{pmatrix}}_{=:d} \eta \, .$$

---

[17]Es sei daran erinnert, dass V und δ_F lediglich Abweichungen vom Trimmpunkt beschreiben und somit klein sind.

[18]Das Höhenruder erzeugt primär ein Nickmoment, was im linearen Modell durch $M_\eta\, \eta$ erfasst wird. Die vertikale Kraft, also $Z_\eta\, \eta$, ist dagegen klein.

Wir sehen hier, dass bei korrekter Formulierung, also ohne die oben eingeführte Näherung $Z_\eta \approx 0$, Sprungfähigkeit vorliegt. Diese muss für *Analyse*zwecke berücksichtigt werden. Für den Regler ergibt sich mit diesem Messmodell

$$\eta = -\bar{k}^\top (C\,x + d\,\eta) + \eta_c \,,$$

$$\eta = -\frac{k^\top C}{1 + \bar{k}^\top d}\,x + \frac{1}{1 + \bar{k}^\top d}\,\eta_c \,.$$

Schließlich folgt der geschlossene Regelkreis wiederum durch Einsetzen des Reglers in die Regelstrecke. Es ist

$$\dot{x} = A\,x - \frac{b\,\bar{k}^\top C}{1 + \bar{k}^\top d}\,x + \frac{b}{1 + \bar{k}^\top d}\,\eta_c \,,$$

$$= \left(A - \frac{b\,\bar{k}^\top C}{1 + \bar{k}^\top d} \right) x + \frac{b}{1 + \bar{k}^\top d}\,\eta_c \,.$$

Dieses Modell können wir für die lineare Analyse des geschlossenen Regelkreises nutzen. Nun fragen wir uns auch in diesem Fall, wie die Höhenruderansteuerung η auf ein Kommando η_c reagiert. Wie oben formulieren wir also eine Ausgangsgleichung für η. Dies entspricht genau dem Regler, es ist

$$\eta = -\underbrace{\frac{\bar{k}^\top C}{1 + \bar{k}^\top d}}_{=:c_\eta^\top}\,x + \underbrace{\frac{1}{1 + \bar{k}^\top d}}_{=:d_\eta}\,\eta_c \,.$$

In Abb. 4.7 ist der geschlossene Regelkreis als Blockschaltbild dargestellt.

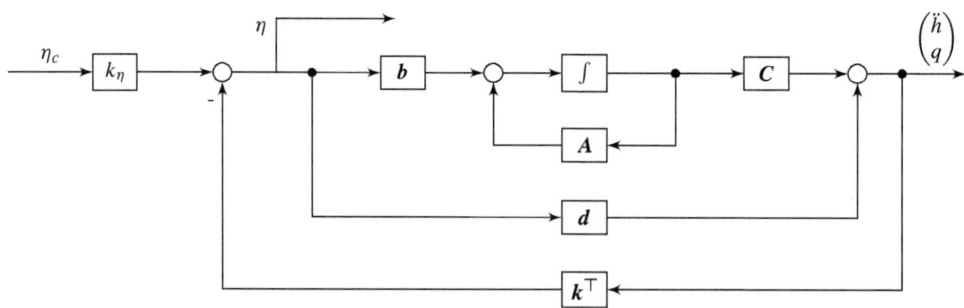

Abb. 4.7 Stabilisierung der Anstellwinkelschwingung mit Rückführung der Vertikalbeschleunigung

Schätzung von α durch Filterung

Alternativ zu einer Beschleunigungsmessung können wir den Anstellwinkel α auch durch Filterung von der Nickrate q erhalten, welche mit einem Drehratenkreisel erfasst wird. Hierzu betrachten wir die entsprechende Zeile der linearen Modellgleichungen, nämlich die $\dot{\alpha}$-Zeile. Sie lautet

$$\dot{\alpha} = \begin{pmatrix} \frac{Z_\alpha}{V_0} & 1 & \frac{Z_V}{V_0} & 0 \end{pmatrix} \begin{pmatrix} \alpha \\ q \\ V \\ \theta \end{pmatrix} + \begin{pmatrix} \frac{Z_\eta}{V_0} & \frac{-X_{\delta F}}{V_0} \sin(\alpha_0 + i_F) \end{pmatrix} \begin{pmatrix} \eta \\ \delta_F \end{pmatrix} \,.$$

Der Einfluss der Geschwindigkeit V und der Höhenrudereinsteuerung η ist relativ gering. Auch der Schub kann wieder vernachlässigt werden. Es verbleibt

$$\dot{\hat{\alpha}} = \frac{Z_\alpha}{V_0}\hat{\alpha} + q \,,$$

was wir als Filter mit Drehrateneingang und geschätztem Anstellwinkel $\hat{\alpha}$ als Ausgang interpretieren können. Ausgedrückt als Übertragungsfunktion erster Ordnung ist dies

$$\hat{\alpha} = \frac{T}{Ts+1}q \,, \qquad T = \frac{V_0}{-Z_\alpha} \,, \qquad Z_\alpha < 0 \,,$$

wobei T die Zeitkonstante eines Tiefpasses darstellt. Um nun einen Schätzwert für α praktisch zu berechnen, können wir die entsprechende Differentialgleichung mit einer gemessenen Drehrate q numerisch lösen. Als Ausgang erhalten wir dann $\hat{\alpha}$. Voraussetzung ist jedoch, dass wir die Zeitkonstante T, also Z_α und V_0 kennen. Weiterhin muss die Übertragungsfunktion natürlich auch initialisiert werden. Fehler bei der Initialisierung klingen jedoch aufgrund des stabilen Filterverhaltens ab und sind somit unkritisch. Das Blockschaltbild des geschlossenen Regelkreises mit Schätzfilter ist in Abb. 4.8 dargestellt.

Als Anmerkung sei noch erwähnt, dass die oben beschriebene Übertragungsfunktion einem Beobachter mit Verstärkung null entspricht. Allgemein gilt nämlich für ein reales System und dessen Modellgleichung

$$\dot{x} = A\,x + b\,u \,, \qquad \dot{\hat{x}} = A\,\hat{x} + b\,u \,.$$

Für den Schätzfehler $e = x - \hat{x}$ folgt

$$\left(\dot{x} - \dot{\hat{x}}\right) = A\left(x - \hat{x}\right) \quad \Rightarrow \quad \dot{e} = A\,e \,.$$

Wenn A stabil ist, klingt der Schätzfehler auch bei verschwindender Beobachterverstärkung auf null ab.[19]

---

[19]Annahme für das vollständige Abklingen des Fehlers ist allerdings, dass A im realen System und im Beobachter identisch sind, was perfekte Parameterkenntnis bezüglich Z_α und V_0 voraussetzt.

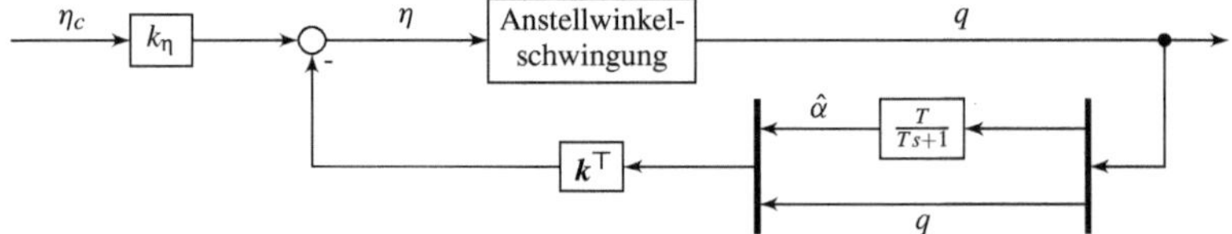

Abb. 4.8 Stabilisierung der Anstellwinkelschwingung mit Anstellwinkelschätzung

4.2   Stabilisierungsregler der Seitenbewegung

4.2.1   Entwurfsmodelle und Reglerstruktur

Auch bei der Seitenbewegung überlegen wir zunächst, wie wir zu geeigneten Entwurfsmodellen kommen. Als Grundlage hierzu dient das lineare Modell vierter Ordnung der Seitenbewegung. Wir wissen, dass dort drei relativ schnelle Eigenwerte vorliegen, nämlich ein konjugiert komplexes Eigenwertpaar, die Taumelschwingung und ein reeller Eigenwert, die Rollbewegung.[20] Diese relativ schnellen Bewegungsformen werden mit Stabilisierungsreglern beeinflusst. Besonders die Taumelschwingung erfordert ungeregelt einen relativ hohen Kompensationsaufwand durch den Piloten.

Taumelschwingung und Rollbewegung als Entwurfsmodelle
An der Taumelschwingung sind hauptsächlich die Teilzustände r und β beteiligt, das heißt sie besteht aus einer kombinierten Gier- und Querbewegung. Ein Entwurfsmodell erhalten wir darum durch Isolierung eines entsprechenden Teilsystems mit Ordnung zwei aus dem linearen Modell (2.2) der Seitenbewegung vierter Ordnung. Dies ist gegeben durch

$$\begin{pmatrix} \dot{r} \\ \dot{\beta} \end{pmatrix} = \underbrace{\begin{bmatrix} N_r & N_\beta \\ -1 & \frac{Y_\beta}{V_0} \end{bmatrix}}_{=:A_{TS}} \underbrace{\begin{pmatrix} r \\ \beta \end{pmatrix}}_{=:x_{TS}} + \underbrace{\begin{pmatrix} N_\zeta \\ \frac{Y_\zeta}{V_0} \end{pmatrix}}_{=:b_{TS}} \zeta \ . \tag{4.7}$$

Damit dies möglich ist, werden Giermomente durch die Rollrate $N_p\,p$ sowie gravitative Querbeschleunigungen $\frac{g}{V_0}\,\beta$ vernachlässigt. Weiterhin haben wir hier lediglich einen Seitenrudereingang ζ berücksichtigt, da dieser die beste Steuerbarkeit der Gier-/Querbewegung gewährleistet. Dies ist einerseits anschaulich einleuchtend, kann aber auch formal durch Steuerbarkeitsbetrachtungen begründet werden, siehe Abschn. 2.3.2. Somit werden etwaige Giermomente $N_\xi\,\xi$ durch einen Querruderausschlag ebenfalls vernachlässigt.

---

[20]Der vierte Eigenwert – also die Spiralbewegung – ist ebenfalls reell, in manchen Fällen positiv und immer recht langsam. Diese Bewegung wird darum nicht durch Stabilisierungsregler beeinflusst, sondern vom Piloten oder einem Autopiloten.

Auf ähnliche Weise beschreiben wir die Rollbewegung durch ein Ersatzmodell erster Ordnung

$$\dot{p} = L_p\, p + L_\xi\, \xi\,, \tag{4.8}$$

wobei der einzige Zustand die Rollrate p ist. Der geeignete Steuereingang ist das Querruder ξ, was wiederum sowohl anschaulich klar ist, als auch formal mithilfe einer Steuerbarkeitsanalyse begründet werden kann. Die isolierte Rollbewegung ergibt sich aus der Seitenbewegung (2.2) unter der Annahme, dass die Rollbeschleunigung durch die Gierrate $L_r\, r$, den Schiebewinkel $L_\beta\, \beta$ und das Seitenruder $L_\zeta\, \zeta$ vernachlässigbar sind.

Zustandsrückführung mit Vorfaktor bei der Gier-/Querbewegung
Die Regelung der Taumelschwingung erfolgt ganz ähnlich zu der Anstellwinkelschwingung. Wir führen beide Zustände zurück und fügen zusätzlich einen Verstärkungsfaktor k_ζ für die Piloteneinsteuerung ζ_c ein:

$$\zeta = -\underbrace{\begin{pmatrix} k_r & k_\beta \end{pmatrix}}_{k^\top} \begin{pmatrix} r \\ \beta \end{pmatrix} + k_\zeta\, \zeta_c\,.$$

Hieraus ergibt sich für den geschlossenen Regelkreis, formuliert mit dem Entwurfsmodell zweiter Ordnung (4.7)

$$\dot{x}_{\mathrm{TS}} = \underbrace{\left(A_{\mathrm{TS}} - b_{\mathrm{TS}}\, k^\top \right)}_{=:\bar{A}_{\mathrm{TS}}} x_{\mathrm{TS}} + b_{\mathrm{TS}}\, k_\zeta\, \zeta_c\,.$$

Der Verstärkungsvektor $k^\top$ kann wiederum mit Standardverfahren, zum Beispiel der Eigenwertvorgabe für die Systemmatrix $\bar{A}_{\mathrm{TS}}$ des geschlossenen Regelkreises bestimmt werden. Für die Berechnung der Verstärkung k_ζ fordert man, dass die stationäre Verstärkung vom Steuereingang ζ_c des Piloten zum Schiebewinkel β im geregelten Fall genau so groß sein soll wie die des ungeregelten Flugzeuges. Damit folgt für den Vorfaktor

$$k_\zeta = \frac{k_{\mathrm{stat}}}{\bar{k}_{\mathrm{stat}}}\,.$$

Die stationären Verstärkungen k_{stat} und $\bar{k}_{\mathrm{stat}}$ des ungeregelten und geregelten Systems lassen sich folgendermaßen berechnen:

$$k_{\mathrm{stat}} = -\begin{pmatrix} 0 & 1 \end{pmatrix}\, A_{\mathrm{TS}}^{-1}\, b_{\mathrm{TS}}\,,$$
$$\bar{k}_{\mathrm{stat}} = -\begin{pmatrix} 0 & 1 \end{pmatrix} \left(A_{\mathrm{TS}} - b_{\mathrm{TS}}\, k^\top \right)^{-1}\, b_{\mathrm{TS}}\,.$$

Mit dem so entworfenen Regler für die Gier-/Querbewegung stellt sich also eine gewünschte Dynamik sowie eine gewünschte stationäre Verstärkung vom Steuereingang zum Schiebewinkel ein. Der Regelkreis ist in Abb. 4.9 dargestellt.

Abb. 4.9 Stabilisierung der Taumelschwingung

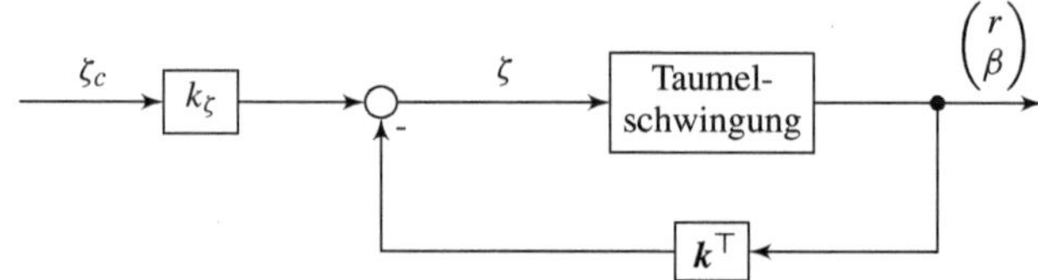

Anpassung an den Kurvenflug

Ähnlich wie im Fall der Nickrate q (vergleiche Kurvenkompensation, Abschn. 4.1.4), ist der Stationärwert für die Gierrate r während des Kurvenflugs ungleich null. Wie in Abb. 4.5 dargestellt, gilt im koordinierten ($\beta \equiv 0$) Kurvenflug mit Rollwinkel ϕ die Gleichung[21]

$$r_\infty = \cos(\phi)\dot{\chi} = \frac{g}{V}\sin(\phi)\,,$$

was unter stationären Bedingungen einer konstanten Gierrate entspricht. Diesen Zusammenhang können wir für den linearen Fall $\sin \phi = \phi$ auch aus der zweiten Zeile der Seitenbewegung (2.2) entnehmen.

Mit dem oben formulierten Regler stellt sich nun ein Entwurfskonflikt ein, denn dieser hat die Tendenz, die Gierrate zu null zu regeln. Dieses Problem können wir dadurch beseitigen, dass wir statt der tatsächlichen Gierrate ein gefiltertes Signal verwenden. Die Filterung erfolgt dabei mit einem Hochpass, beispielsweise der Form $r_f = \frac{Ts}{Ts+1}\,r$, wobei r_f die gefilterte Gierrate darstellt und $T > 0$ die entsprechende Zeitkonstante ist. Mit einem solchen Filter werden Drehraten mit einer niedrigen Frequenz ($\ll 1/T$) und damit insbesondere konstante Anteile nicht durchgelassen. Für Frequenzen $\gg 1/T$ ist $r_f \approx r$. Das entspricht genau dem gewünschten Verhalten.[22] Im Regelgesetz wird daher r durch r_f ersetzt. Der geschlossene Regelkreis mit Hochpass ist in Abb. 4.10 dargestellt.

Regelung der Rollbewegung

Die Entwurfsstrecke (4.8) der Rollbewegung ist ein Eingrößensystem erster Ordnung, der entsprechende Reglerentwurf hierfür ist trivial. Es ist

$$\xi = -k_p\,p + k_\xi\,\xi_c\,,$$

woraus sich der geschlossene Regelkreis

$$\dot{p} = (L_p - L_\xi\,k_p)\,p + L_\xi\,k_\xi\,\xi_c$$

---

[21] Auch hier wurde wieder ein kleiner Nickwinkel angenommen, also $\theta = 0$. Ansonsten gilt die allgemeinere Beziehung $r_\infty = \frac{g}{V_0}\cos(\theta)\sin(\phi)$.

[22] Bei der Auslegung sollte darauf geachtet werden, dass die Grenzfrequenz des Filters unterhalb der Eigenfrequenz ω_0 der Taumelschwingung liegt, also $1/T \ll \omega_0$.

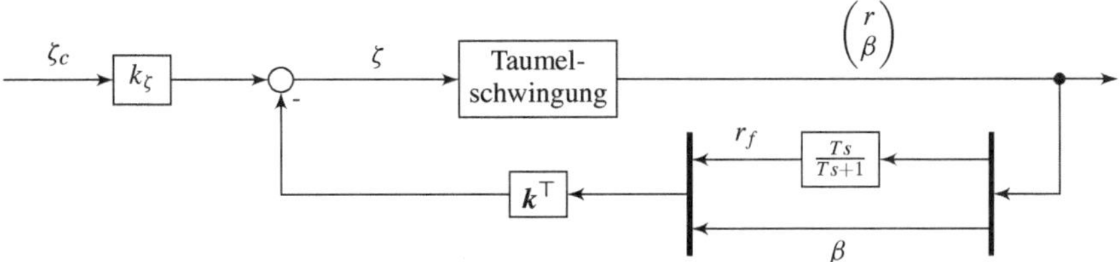

Abb. 4.10 Stabilisierung der Taumelschwingung mit Gierratenfilter

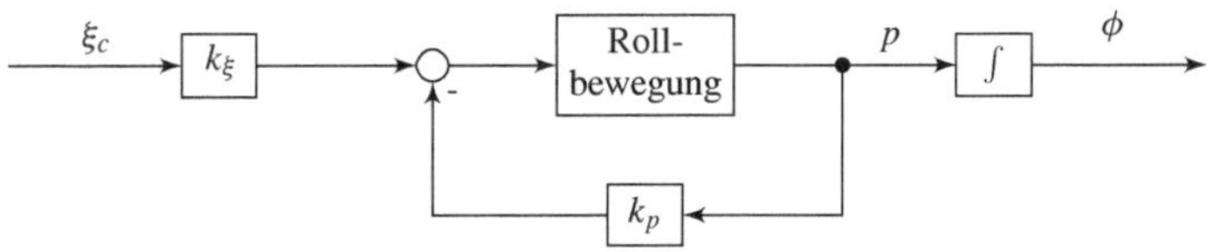

Abb. 4.11 Stabilisierung der Rollbewegung

ergibt. Die Verstärkung k_p bestimmt die Zeitkonstante $-1/(L_p - L_\xi\, k_p)$ des geschlossenen Regelkreises. Damit das Flugzeug in der Rollbewegung schnell auf Piloteneingaben reagiert, sollte diese nicht zu groß gewählt werden. Der Vorfaktor k_ξ wird wiederum so ermittelt, dass die stationäre Übertragung von ξ auf p im geregelten und ungeregelten Fall gleich ist. Die geregelte Rollbewegung ist in Abb. 4.11 als Blockdiagramm zu sehen.

4.2.2 Verifikation mit linearem Modell der Seitenbewegung

Eine erste Verifikation der oben beschriebenen Stabilisierungsregler kann mit einem linearen Modell vierter Ordnung erfolgen. Wie bei der Längsbewegung gilt, dass ein solches Modell noch die Einschränkung besitzt, dass die Gültigkeit auf die Umgebung des Linearisierungspunktes beschränkt ist. Jedoch können sämtliche linearen Analysemethoden angewendet werden. Der Zustand der linearisierten Seitenbewegung (2.2) setzt sich aus $x = (r, \beta, p, \phi)^\top$ zusammen. Das Verifikationsmodell lautet somit

$$\dot{x} = A\,x + B\begin{pmatrix} \xi \\ \zeta \end{pmatrix}, \qquad y = \begin{pmatrix} r \\ \beta \\ p \end{pmatrix} = \underbrace{\begin{bmatrix} 1 & 0 & 0 & 0 \\ 0 & 1 & 0 & 0 \\ 0 & 0 & 1 & 0 \end{bmatrix}}_{=:C} x\,,$$

wobei der Ausgang y die zurückgeführten Zustände der Stabilisierungsregelung beinhaltet. Fassen wir die Regler für Taumelschwingung und Rollbewegung zusammen, so ergibt sich folgender Mehrgrößenregler:

$$\begin{pmatrix} \xi \\ \zeta \end{pmatrix} = - \underbrace{\begin{bmatrix} 0 & 0 & k_p \\ k_r & k_\beta & 0 \end{bmatrix}}_{=:K} C\,x + \underbrace{\begin{bmatrix} k_\xi & 0 \\ 0 & k_\zeta \end{bmatrix}}_{=:K_c} \begin{pmatrix} \xi_c \\ \zeta_c \end{pmatrix}.$$

(4.9)

Damit folgt für den geschlossenen Regelkreis

$$\dot{x} = (A - B\,K\,C)\,x + B\,K_c \begin{pmatrix} \xi_c \\ \zeta_c \end{pmatrix}.$$

(4.10)

Diese Systemdarstellung erlaubt die Analyse des mit einem Stabilisierungsregler geschlossenen Regelkreises.

4.2.3 Rückführung der Querbeschleunigung

Schiebewinkel sind wie Anstellwinkel üblicherweise schwierig zu messen. Allerdings führt ein Schiebewinkel ungleich null zu einer Beschleunigung in körperfester y-Richtung, die wiederum recht einfach mit einem Beschleunigungsmesser erfasst werden kann. Darum können wir im Stabilisierungsregler der Taumelschwingung ersatzweise die Querbeschleunigung a_{my} statt dem Schiebewinkel β zurückführen. Der bisherige Reglerentwurf wird dann folgendermaßen angepasst. Die Regelstrecke wird nach wie vor durch das lineare Modell

$$\dot{x} = A\,x + B \begin{pmatrix} \xi \\ \zeta \end{pmatrix}$$

(4.11)

beschrieben, die Messung enthält jedoch nun die Querbeschleunigung, es ist

$$y = \begin{pmatrix} r \\ a_{my} \\ p \end{pmatrix} = \underbrace{\begin{bmatrix} 1 & 0 & 0 & 0 \\ 0 & Y_\beta & 0 & 0 \\ 0 & 0 & 1 & 0 \end{bmatrix}}_{=:C} x + \underbrace{\begin{bmatrix} 0 & 0 \\ 0 & Y_\zeta \\ 0 & 0 \end{bmatrix}}_{=:D} \begin{pmatrix} \xi \\ \zeta \end{pmatrix}.$$

Der Regler enthält die Rückführung der Messungen, er hat demnach die Form

$$\begin{pmatrix} \xi \\ \zeta \end{pmatrix} = -\bar{K} \left(C\,x + D \begin{pmatrix} \xi \\ \zeta \end{pmatrix} \right) + K_c \begin{pmatrix} \xi_c \\ \zeta_c \end{pmatrix},$$

(4.12)

mit der Verstärkungsmatrix

$$\bar{K} = \begin{bmatrix} 0 & 0 & k_p \\ k_r & \bar{k}_\beta & 0 \end{bmatrix}, \qquad \bar{k}_\beta = \frac{k_\beta}{Y_\beta}.$$

Die Verstärkung k_β erhält man aus der Eigenwertvorgabe unter der Annahme, dass β gemessen werden kann. Für die Berechnung des angepassten Verstärkungsfaktors $\bar{k}_\beta$ wird ähnlich wie im Fall des Anstellwinkels ein einfaches proportionales Modell $a_{my} \approx Y_\beta\,\beta$ verwendet, sodass $-k_\beta\,\beta = -\bar{k}_\beta\,a_{my}$. Aus den Gl. (4.11) bis (4.12) folgt für die geregelte Seitenbewegung

$$\begin{pmatrix} \xi \\ \zeta \end{pmatrix} = -\left(I + \bar{K}\,D\right)^{-1} \bar{K}\,C\,x + \left(I + \bar{K}\,D\right)^{-1} K_c \begin{pmatrix} \xi_c \\ \zeta_c \end{pmatrix},$$

$$\dot{x} = \underbrace{\left(A - B\left(I + \bar{K}\,D\right)^{-1} \bar{K}\,C\right)}_{=:\bar{A}} x + \underbrace{B\left(I + \bar{K}\,D\right)^{-1} K_c}_{=:\bar{B}} \begin{pmatrix} \xi_c \\ \zeta_c \end{pmatrix}.$$

Diese Gleichungen können nun für weitere Analysen des geschlossenen Regelkreises bei Rückführung der Beschleunigung in körperfester y-Richtung herangezogen werden.

4.2.4 Integrierter Reglerentwurf

Die Seitenbewegung ist zwangsläufig ein Mehrgrößensystem, da zwei Eingangsgrößen, nämlich Seitenruder und Querruder $u = (\xi, \zeta)^\top$ vorliegen. Beim oben beschriebenen Entwurfsvorgehen haben wir diesen Umstand umgangen, indem wir Regler für die beiden isolierten Bewegungsformen Taumelschwingung und Rollbewegung getrennt entworfen haben. Nun lernen wir ein integriertes Vorgehen kennen, dessen Vorteil darin besteht, dass weitere Forderungen zusätzlich zu den Eigenwerten des geschlossenen Regelkreises berücksichtigt werden können.

Als Entwurfsmodell dient ein System dritter Ordnung in Standardschreibweise

$$\dot{x} = \underbrace{\begin{bmatrix} N_r & N_\beta & N_p \\ -1 & \frac{Y_\beta}{V_0} & 0 \\ L_r & L_\beta & L_p \end{bmatrix}}_{=:A} x + \underbrace{\begin{bmatrix} N_\xi & N_\zeta \\ 0 & \frac{Y_\zeta}{V_0} \\ L_\xi & L_\zeta \end{bmatrix}}_{=:B} \begin{pmatrix} \xi \\ \zeta \end{pmatrix}, \tag{4.13}$$

mit dem Zustand $x = (r,\ \beta,\ p)^\top$. Die Matrizen A und B in Gl. (4.13) erhalten wir aus den entsprechenden Matrizen des Systems (2.2) vierter Ordnung durch Weglassen[23] der vierte Zeile und Spalte der Matrix A sowie der vierte Zeile der Matrix B.

Einen Stabilisierungsregler in integrierter Form können wir kompakt darstellen als

$$\begin{pmatrix} \xi \\ \zeta \end{pmatrix} = -K\,x + K_c \begin{pmatrix} \xi_c \\ \zeta_c \end{pmatrix}.$$

Formal hat dieser Regler dieselbe Gestalt wie der Regler (4.9), der sich aus Teilreglern für einzelne Bewegungsformen zusammensetzt. Die 2×3 Matrix K ist hier allerdings voll besetzt,

---

[23]Dies entspricht der Elimination des Rollwinkels ϕ, was wiederum einer Vernachlässigung der gravitativen Beschleunigung $\frac{g}{V_0}\,\phi$ in der $\dot{\beta}$ Gleichung gleich kommt.

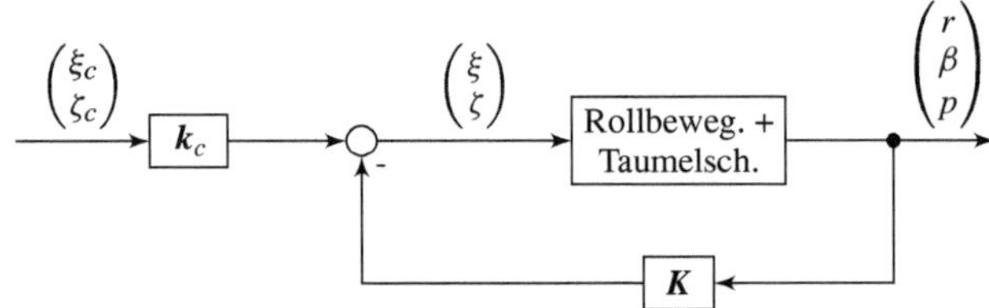

Abb. 4.12 Integrierte Stabilisierung der Seitenbewegung

somit gilt es hier insgesamt sechs Verstärkungen festzulegen. Der geschlossene Regelkreis ist in Abb. 4.12 dargestellt. Wir müssen uns nun fragen, wie wir diese Verstärkungsmatrix K bestimmen können.[24] Hier hilft das Verfahren der modalen Regelung weiter, bei welchem neben den Eigenwerten des geschlossenen Regelkreises auch Forderungen an die Eigenvektoren gestellt werden [6]. Die grundlegende Idee des Verfahrens ist im Anhang A.1.3 erklärt. Im Folgenden wenden wir die modale Regelung zur Stabilisierung der Seitenbewegung an. Die zusätzlichen Entwurfsforderungen können dabei für die Entkopplung zwischen Rollen und Gieren genutzt werden.

Anwendung der modalen Regelung

Bei der modalen Regelung erfolgt die formale Berechnung des Reglers durch

$$K = P \, \bar{V}^{-1}, \quad \bar{V} = \begin{bmatrix} \bar{v}_1 \cdots \bar{v}_n \end{bmatrix}, \quad P = \begin{bmatrix} p_1 \cdots p_n \end{bmatrix}, \tag{4.14}$$

wobei die Matrix $\bar{V}$ aus den Eigenvektoren $\bar{v}_i$ des *geschlossenen Regelkreises* besteht und die Matrix P aus den sogenannten Parametervektoren p_i. Die Vektoren p_i und $\bar{v}_i$ werden mithilfe des homogenen Gleichungssystems

$$\forall i = 1, \ldots, n \quad : \quad \begin{bmatrix} \bar{\lambda}_i I - A & B \\ z_i^\top & \end{bmatrix} \begin{pmatrix} \bar{v}_i \\ p_i \end{pmatrix} = 0 \tag{4.15}$$

berechnet. Der obere Teil dieser Gleichung ist das Eigenwertproblem des geschlossenen Regelkreises.[25] Die Dimension von $\bar{v}_i$ ist die Anzahl der Zustände n, die Dimension von p_i entspricht der Anzahl der Steuerungen m. Der untere Teil beinhaltet die sogenannten Entkopplungsbedingungen z_i, die wir uns im Folgenden genauer anschauen.

Zum Reglerentwurf geben wir zunächst alle gewünschten Eigenwerte des geschlossenen Regelkreises $\bar{\lambda}_i$ vor. Die Matrizen A und B sind Parameter der Flugzeugsystemdynamik und somit ebenfalls gegeben. Nun lösen wir für jeden Eigenwert $\bar{\lambda}_i$ das Gleichungssystem (4.15) und berechnen damit den Regler (4.14). Zur Lösung von (4.15) können wir für

---

[24]Die Eigenwertvorgabe ist im Fall mehrerer Stellgrößen nicht eindeutig. Es gibt für vorgegebene Eigenwerte eine Menge an Verstärkungen K, die das Entwurfsproblem lösen.

[25]Die Zeile $(\bar{\lambda}_i I - A) \, \bar{v}_i + B \, p_i = (\bar{\lambda}_i I - (A - B K)) \, \bar{v}_i = 0$ erzwingt, dass der geschlossene Regelkreis den Eigenwert $\bar{\lambda}_i$ mit dem zugehörigem Eigenvektor $\bar{v}_i$ besitzt.

jeden Eigenwert $\bar{\lambda}_i$ des geschlossenen Kreises $m - 1$ Zusatzbedingungen fordern.[26] Die Bedingungen werden über die Zeileneinträge der $(m - 1) \times (n + m)$ Matrix $z_i^\top$ formuliert. An dem Zusammenhang

$$z_i^\top \begin{pmatrix} \bar{v}_i \\ p_i \end{pmatrix} = 0$$

erkennen wir, dass wir somit Einfluss auf die Struktur der Eigenvektoren und Parametervektoren nehmen können. In der Praxis nutzt man dies zur Entkopplung der jeweils betrachteten Eigenbewegung von einer gewünschten Größe.

Bei der Seitenbewegung stehen Querruder und Seitenruder als Steuerungen zur Verfügung, also ist $m = 2$. Entsprechend kann für jeden Eigenwert genau eine Zusatzbedingung gestellt werden. Es liegen ein konjugiert komplexes Eigenwertpaar $\bar{\lambda}_{1,2}$ der geregelten Taumelschwingung sowie ein reeller Eigenwert $\bar{\lambda}_3$ der geregelten Rollbewegung vor. Wir fordern nun folgende Entkopplungen:

- $\bar{\lambda}_{1,2}$ soll sich nicht in p bemerkbar machen, p ist die dritte Zustandsgröße

$$\Rightarrow \text{Entkopplungszeile } z_{1,2}^\top = \begin{pmatrix} 0 & 0 & 1 \,|\, 0 & 0 \end{pmatrix}.$$

Das heißt, die geregelte Taumelschwingung taucht nicht in der Rollrate auf und ist somit eine reine Gier- und Querbewegung.

- $\bar{\lambda}_3$ soll sich nicht in β bemerkbar machen, β ist die zweite Zustandsgröße

$$\Rightarrow \text{Entkopplungszeile } z_3^\top = \begin{pmatrix} 0 & 1 & 0 \,|\, 0 & 0 \end{pmatrix}.$$

Somit ist die geregelte Rollbewegung nicht im Schiebewinkel enthalten und Änderungen der Rolllage erfolgen daher koordiniert.

Insgesamt stehen nun also diese drei Entkopplungsbedingungen sowie die drei Vorgaben für die Eigenwerte des geschlossenen Regelkreises den sechs gesuchten Reglerverstärkungen der Matrix K gegenüber. Es existiert somit eine eindeutige Lösung. Das Vorgehen zur Berechnung von K ist im Anhang A.1.3 dargestellt.

4.3 Vorgaberegler

Vorgaberegler haben das Ziel, Folgeverhalten der Regelgrößen bezüglich gegebener Sollwerte herzustellen. Dazu werden die Piloteneingaben als Vorgabewerte interpretiert.

---

[26]Die obere Zeile des Gleichungssystems (4.15) enthält n lineare Gleichungen für die $n + m$ Unbekannten $\bar{v}_i$, p_i. Daher besitzt der entsprechende Nullraum die Dimension m. Um eine eindeutige Lösung bezüglich der Richtung zu erzwingen, können daher $m - 1$ Entkopplungsbedingungen gestellt werden.

4.3.1 Längsbewegung mit I-Anteil

Als konkretes Beispiel betrachten wir die Vorgabe des Anstellwinkels α_c, was bei niedrigen Geschwindigkeiten zur Einstellung des notwendigen Auftriebs geeignet ist, beispielsweise kurz vor dem Aufsetzen bei der Landung.

Eine einfache und praktikable Vorgehensweise zur Sollwertfolge sind Regelkreise mit Zustandsrückführung und zusätzlichem I-Anteil für die Regelabweichung zwischen Soll- und Istwert. Wir gehen von einer Kurzzeitnäherung der Längsbewegung als Entwurfsmodell aus und betrachten einen Sollwert α_c, der vom Piloten durch Steuereingaben variabel vorgegeben wird. Abb. 4.13 zeigt das Blockschaltbild hierzu. Das Regelgesetz lautet

$$\eta = -\begin{pmatrix} k_\alpha & k_q \end{pmatrix} \begin{pmatrix} \alpha \\ q \end{pmatrix} + k_I\, x_I, \qquad x_I = \int_0^t (\alpha_c - \alpha)\, \mathrm{d}\tau\,, \tag{4.16}$$

wobei x_I das Integral des Regelfehlers ist und k_I den zugehörigen Verstärkungsfaktor darstellt. Da der Regler somit eine eigene Dynamik aufweist, kann x_I als dritter Zustand neben α und q aufgefasst werden.

Bei einer solchen Regelkreisstruktur ist es üblich, eine sogenannte erweiterte Regelstrecke zu definieren, die die Regler- und Streckendynamik in *einem* gemeinsamen System abbildet.[27] Die erweiterte Regelstrecke ist gegeben durch

$$\begin{pmatrix} \dot{\alpha} \\ \dot{q} \\ \dot{x}_I \end{pmatrix} = \underbrace{\left[\begin{array}{c|c} A_{\mathrm{AS}} & \begin{matrix} 0 \\ 0 \end{matrix} \\ \hline -c_{\mathrm{AS}}^\top & 0 \end{array} \right]}_{=:A_{\mathrm{ASe}}} \begin{pmatrix} \alpha \\ q \\ x_I \end{pmatrix} + \underbrace{\begin{pmatrix} b_{\mathrm{AS}} \\ 0 \end{pmatrix}}_{=:b_{\mathrm{ASe}}} \eta + \begin{pmatrix} 0 \\ 0 \\ 1 \end{pmatrix} \alpha_c\,, \tag{4.17}$$

mit $c_{\mathrm{AS}}^\top = (1, 0)$. Die untere Zeile in Gl. (4.17) repräsentiert die Ableitung der rechten Gleichung in (4.16), also die Änderung des Integratorwerts. Bezüglich der erweiterten Strecke kann der Regler mit Integrator (4.16) nun als gewöhnliche Zustandsrückführung dargestellt werden:

$$\eta = -\underbrace{\begin{pmatrix} k_\alpha & k_q & -k_I \end{pmatrix}}_{k_e^\top} \begin{pmatrix} \alpha \\ q \\ x_I \end{pmatrix}. \tag{4.18}$$

Damit folgt für den geschlossenen Regelkreis

$$\begin{pmatrix} \dot{\alpha} \\ \dot{q} \\ \dot{x}_I \end{pmatrix} = \underbrace{\left(A_{\mathrm{ASe}} - b_{\mathrm{ASe}}\, k_e^\top \right)}_{=:\bar{A}_{\mathrm{ASe}}} \begin{pmatrix} \alpha \\ q \\ x_I \end{pmatrix} + \begin{pmatrix} 0 \\ 0 \\ 1 \end{pmatrix} \alpha_c\,.$$

---

[27] Diese Erweiterung betrifft nur den Integrator und nicht die integrale Reglerverstärkung.

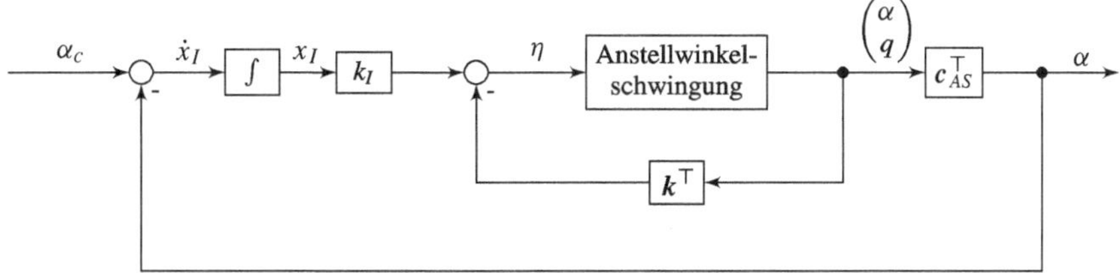

Abb. 4.13 Vorgaberegler für Anstellwinkel mit I-Anteil

Ist der geschlossene Kreis asymptotisch stabil, dann gilt im stationären Fall

$$\lim_{t \to \infty} (\dot{x}_I) = 0 \quad \Rightarrow \quad \lim_{t \to \infty} (\alpha) = \alpha_c \,,$$

da $\dot{x}_I = \alpha_c - \alpha$. Daran erkennen wir, dass der Integrator asymptotisches Folgeverhalten herstellt. Der Reglerentwurf kann nun nach Standardverfahren, zum Beispiel durch Eigenwertvorgabe für die Systemmatrix[28] $\bar{A}_{\mathrm{ASe}}$ erfolgen.

Trimmung und stationäre Störunterdrückung durch Integratoren

Im ungeregelten Flug trimmt der Pilot das Flugzeug, indem er im stationären Flug $\eta = \eta_0$ einstellt.[29] Ähnlich verhält es sich im Allgemeinen beim Einsatz eines Stabilisierungsreglers, der, wie in Abschn. 4.1.2 besprochen, lediglich zu einer Verschiebung des Trimmwertes für das Höhenruder führt.

Bei einem Vorgaberegler kommt die Aufgabe der Trimmung dem Integrator zu, wie die folgende Diskussion zeigt. Die Trimmwerte müssen dabei nicht bekannt sein, was ein großer Vorteil ist. Genau dieser Mechanismus führt auch dazu, dass statische Störungen kompensiert werden.

Um dies zu untersuchen, betrachten wir die Anstellwinkelschwingung unter dem Einfluss von Trimmung und in Anwesenheit einer konstanten vertikalen Windstörung, die hier mit α_w berücksichtigt wird.[30] Wir nutzen wieder die Schreibweise $\alpha = \Delta\alpha + \alpha_0$, $\Delta\eta = \eta - \eta_0$, um zwischen Trimmwerten (Index 0) und linearisierter Abweichung (Δ) zu unterscheiden. Es sei $\dot{\alpha}_0 = \dot{\eta}_0 = \dot{\alpha}_w = 0$ vorausgesetzt.

Mit Gl. (2.4) können wir schreiben[31]

---

[28] Diese beschreibt die Dynamik des erweiterten, geschlossenen Regelkreises.

[29] Viele Flugzeuge besitzen neben den primären Steuerflächen dedizierte Vorrichtungen für die Trimmung. Dies hat allerdings keinen Einfluss auf die folgenden Ausführungen.

[30] Am linearisierten Zusammenhang $\alpha_w = w_w/V_0$ erkennen wir, dass dies für positive α_w einem stationären Abwindfeld entspricht.

[31] Der Einfachheit halber vernachlässigen wir an dieser Stelle wieder den Auftrieb durch das Höhenruder, also $Z_\eta = 0$.

$$\begin{pmatrix} \Delta\dot{\alpha} \\ \dot{q} \end{pmatrix} = \begin{bmatrix} \frac{Z_\alpha}{V_0} & 1 \\ M_\alpha & M_q \end{bmatrix} \begin{pmatrix} \Delta\alpha \\ q \end{pmatrix} + \begin{pmatrix} 0 \\ M_\eta \end{pmatrix} \Delta\eta + \begin{pmatrix} -\frac{Z_\alpha}{V_0} \\ -M_\alpha \end{pmatrix} \alpha_w \,.$$

Als nächstes betrachten wir den Vorgaberegler für die Längsbewegung unter Windeinfluss. Wir gehen hier davon aus, dass bei der Implementierung des Reglers (4.18) keine Trimmwerte berücksichtigt werden. Der mit üblichen aerodynamischen Sensoren gemessene Anstellwinkel ist die tatsächliche Richtung der Anströmung, also $\alpha_A = \alpha - \alpha_w$, siehe Abb. 2.8. Darum folgt für den praktisch realisierten Regler

$$\eta = -\begin{pmatrix} k_\alpha & k_q & -k_I \end{pmatrix} \begin{pmatrix} \alpha_A \\ q \\ x_I \end{pmatrix}, \qquad \dot{x}_I = \alpha_c - \alpha_A \,,$$

$$\alpha_A = \alpha - \alpha_w = \Delta\alpha + \alpha_0 - \alpha_w \,.$$

Da der geschlossene Regelkreis asymptotisch stabil ist, wird bei einer konstanten Piloteneingabe $\dot{\alpha}_c = 0$ ein stationäres Gleichgewicht erreicht. In diesem Fall sind alle Zustände konstant und es gilt dann $\Delta\dot{\alpha} = \dot{q} = \dot{x}_I = 0$. Aus der letzten Bedingung folgt, dass

$$\lim_{t\to\infty} (\alpha_A) = \alpha_c \quad \Leftrightarrow \quad \lim_{t\to\infty} (\alpha) = \alpha_c + \alpha_w \,,$$

das heißt Folgeverhalten $\alpha_A = \alpha_c$ wird trotz konstanter Störung und Trimmung erreicht. Für die restlichen Größen gilt

$$q_\infty = \lim_{t\to\infty} (q) = -\frac{Z_\alpha}{V_0}(\alpha_c - \alpha_0) \,,$$

$$\eta_\infty = \lim_{t\to\infty} (\eta) = -\frac{M_\alpha(\alpha_c - \alpha_0) + M_q\, q_\infty}{M_\eta} + \eta_0 \,,$$

$$\lim_{t\to\infty} (x_I) = \frac{\eta_\infty + k_\alpha\, \alpha_c + k_q\, q_\infty}{k_I} \,. \tag{4.19}$$

An den stationären Verhältnissen können wir Folgendes erkennen: Der Wert des Anstellwinkels α wird genau um die Störung α_w erhöht, was diese kompensiert. Der effektive Anstellwinkel α_A ist also unabhängig von α_w und bleibt somit von einer konstanten Windstörung unberührt. Auch in den stationären Werten der Nickrate q_∞ und des Höhenruderausschlags η_∞ taucht α_w wie in Gl. (4.19) ersichtlich nicht auf. Genau dieses Verhalten ist erwünscht.

In der obigen Diskussion wurde angenommen, dass alle Zustandsänderungen gegen null konvergieren, was asymptotische Stabilität des geschlossenen Regelkreises voraussetzt. An dieser Stelle sollte man sich daran erinnern, dass das Konvergenzverhalten eines linearen Systems unter konstanter Anregung[32] nur von den Eigenwerten der Systemmatrix $\bar{A}_{\mathrm{AS}e}$ abhängt.

---

[32]Dazu gehört auch, dass der Pilot konstante Eingaben vornimmt, also $\dot{\alpha}_c = 0$.

Verifikation mit Modell der Längsbewegung

Eine erste Verifikation der Vorgaberegelung kann wie bei den Stabilisierungsreglern mit dem Modell vierter Ordnung der Längsbewegung erfolgen. Nach Gl. (2.1) lautet die Strecke hierzu

$$\dot{x} = A\,x + b\,\eta\,, \qquad x = (\alpha,\, q,\, V,\, \theta)^{\top}.$$

Damit ist das erweiterte Verifikationsmodell gegeben durch

$$\begin{pmatrix} \dot{x} \\ \dot{x}_I \end{pmatrix} = \underbrace{\left[\begin{array}{c|c} A & \mathbf{0} \\ \hline -c^{\top} & 0 \end{array}\right]}_{=:A_e} \begin{pmatrix} x \\ x_I \end{pmatrix} + \underbrace{\begin{pmatrix} b \\ 0 \end{pmatrix}}_{=:b_e} \eta + \begin{pmatrix} \mathbf{0} \\ 1 \end{pmatrix} \alpha_c\,,$$

$$y = \begin{pmatrix} \alpha \\ q \\ x_I \end{pmatrix} = \underbrace{\begin{bmatrix} 1 & 0 & 0 & 0 & 0 \\ 0 & 1 & 0 & 0 & 0 \\ 0 & 0 & 0 & 0 & 1 \end{bmatrix}}_{=:C_e} \begin{pmatrix} x \\ x_I \end{pmatrix},$$

mit $c = (1, 0, 0, 0)^{\top}$. Der Vorgaberegler (4.18) kann durch

$$\eta = -k_e^{\top}\, C_e \begin{pmatrix} x \\ x_I \end{pmatrix}$$

dargestellt werden und der geschlossene Regelkreis lautet somit

$$\begin{pmatrix} \dot{x} \\ \dot{x}_I \end{pmatrix} = \underbrace{\left(A_e - b_e\, k_e^{\top}\, C_e \right)}_{=:\bar{A}} \begin{pmatrix} x \\ x_I \end{pmatrix} + \begin{pmatrix} \mathbf{0} \\ 1 \end{pmatrix} \alpha_c\,.$$

Dieses lineare Modell enthält nicht nur die Entwurfsstrecke, sondern die vollständige Längsbewegung vierter Ordnung sowie den Integrator des Reglers. Die Eigenwerte der Matrix $\bar{A}$ beschreiben also die geregelte Anstellwinkelschwingung, den geschlossenen Integratorzweig und die Phygoide. Es können nun sämtliche linearen Analysemethoden angewendet werden, um eine Verifikation des Reglerentwurfes durchzuführen.

Modifikation der Reglerstruktur

Der Vorgabewert α_c wurde bisher nur im integralen Reglerzweig berücksichtigt. Nun modifizieren wir die Reglerstruktur dahingehend, dass der Vorgabewert auch in der proportionalen Zustandsrückführung auftaucht. Statt $-k_\alpha \alpha$ verwenden wir also $k_\alpha(\alpha_c - \alpha)$. Durch diese Maßnahme erwarten wir ein verbessertes Folgeverhalten.[33] Der Regler hat dann die Gestalt

---

[33]Die Reaktion des integrierenden Reglerzweigs auf eine Eingabe α_c baut sich erst mit der Zeit auf. Dagegen ergibt sich durch $k_\alpha(\alpha_c - \alpha)$ unmittelbar ein Höhenruderausschlag und somit eine direkte Systemantwort.

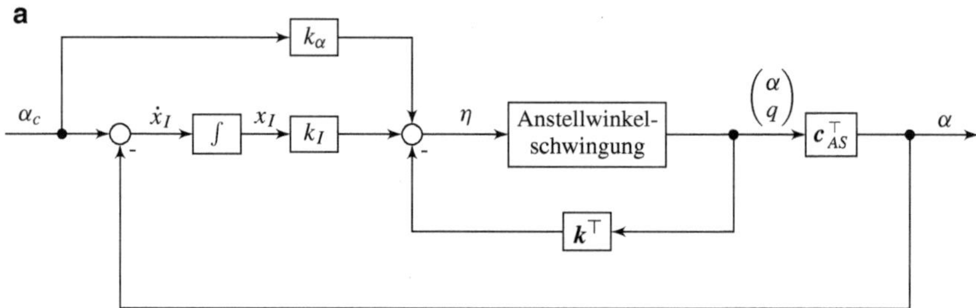

Zustandsregler mit Integrator und Vorfaktor

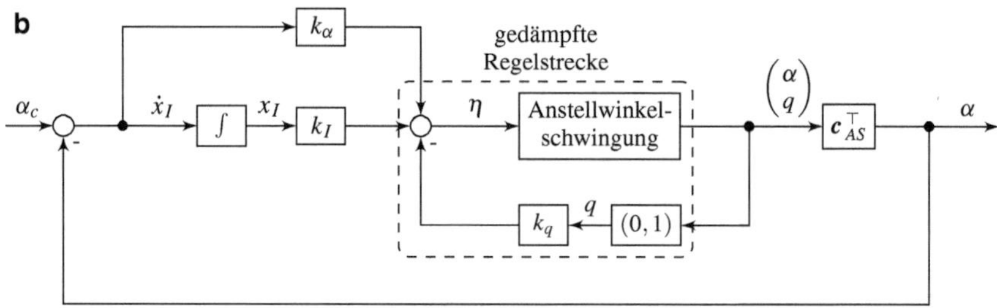

PI-Regler für gedämpfte Regelstrecke

Abb. 4.14 Modifizierter Vorgaberegler, alternative Darstellungen

$$\eta = \begin{pmatrix} k_\alpha & -k_q & k_I \end{pmatrix} \begin{pmatrix} \alpha_c - \alpha \\ q \\ \int_0^t (\alpha_c - \alpha)\, d\tau \end{pmatrix} = -k_e^\top \begin{pmatrix} x \\ x_I \end{pmatrix} + k_\alpha\, \alpha_c$$

und damit wird der geschlossene Regelkreis zu

$$\begin{pmatrix} \dot{x} \\ \dot{x}_I \end{pmatrix} = \underbrace{\left(A_e - b_e\, k_e^\top\, C_e \right)}_{=:\bar{A}} \begin{pmatrix} x \\ x_I \end{pmatrix} + \begin{pmatrix} b\, k_\alpha \\ 1 \end{pmatrix} \alpha_c .$$

Wir können erkennen, dass sich die Systemmatrix $\bar{A}$ des geschlossenen Regelkreises durch den zusätzlichen Vorgabewert im proportionalen Reglerzweig nicht ändert. Dadurch bleiben die Eigenwerte gegenüber dem ursprünglichen Entwurf unverändert.[34] Allerdings wird das Übertragungsverhalten verändert.

Zwei alternative Darstellungen des geschlossenen Regelkreises sind in Abb. 4.14 gezeigt. Nach 4.14a kann die modifizierte Struktur mit der direkten Aufschaltung $k_\alpha\, \alpha_c$ als zusätzlicher Vorfaktor aufgefasst werden. Eine interessante Brücke zu klassischen Regelkreisen

---

[34]Dies ist eine grundsätzliche Eigenschaft und kann leicht dadurch erklärt werden, dass bei linearen System alle Signale, die von außen eingespeist werden, die Stabilität und damit Eigenwerte nicht ändern.

ergibt sich gemäß 4.14b. Wir können den Regler nämlich als einen PI-Regler für α interpretieren, der auf eine Regelstrecke angewendet wird, die durch die Rückführung der Nickrate q bereits gedämpft ist.

Anti-Windup

Bisher wurde im Reglerentwurf vernachlässigt, dass das Höhenruder einen begrenzten Arbeitsbereich $\eta_{min} \leq \eta \leq \eta_{max}$ besitzt.[35] Mechanische Stellglieder besitzen grundsätzlich eine Limitierung. Bei Reglern mit I-Anteil können Stellgrößenbegrenzungen das Verhalten im geschlossenen Kreis ernsthaft beeinträchtigen. In extremen Fällen kann der sogenannte Windup Effekt sogar zur Instabilität führen. Der Grund hierfür ist, dass bei aktiver Sättigung η_{min} oder η_{max} die Integration weiterläuft und gleichzeitig der Ausschlag des Höhenruders nicht darauf reagieren kann. Dadurch kann x_I sehr große Werte annehmen.

Um den Effekt von Stellgrößensaturation zu berücksichtigen, können Regler mit sogenannten Anti-Windup Maßnahmen erweitert werden [2, 4]. Im Folgenden werden drei intuitive Methoden vorgestellt, mit denen sich nachteilige Effekte der Höhenruderbegrenzung einschränken lassen.

Festhalten

Beim sogenannten Festhalten wird der Wert des Integrators eingefroren, sobald das Höhenruder den Minimal- oder Maximalausschlag erreicht, siehe Abb. 4.15a. Dadurch wird verhindert, dass der Betrag des Integratorwerts x_I weiter anwächst, während die Höhenruderbegrenzung aktiv ist. Sei η_c der unbeschränkte Ausgang aus dem Regler. Es gilt dann

$$\dot{x}_I = \left\{ \begin{array}{ll} \alpha_c - \alpha, & \text{falls } \eta_{min} < \eta_c < \eta_{max}, \\ 0, & \text{sonst} \end{array} \right\} .$$

Integratorbegrenzung

Bei der Integratorbegrenzung wird x_I auf ein vorgegebenes Intervall $x_{min} \leq x_I \leq x_{max}$ limitiert, siehe Abb. 4.15b. Ein einfacher Ansatz für die Limitierung ist $x_{min} = \eta_{min}/k_I$ und $x_{max} = \eta_{max}/k_I$, wodurch der Effekt des Integrator auf den Arbeitsbereich des Höhenruders begrenzt wird.

Als sehr effiziente Variante haben sich die zustands- und eingangsabhängigen Grenzen

$$x_{min} = \frac{\eta_{min} + \boldsymbol{k}^\top \boldsymbol{x} - k_\alpha \alpha_c}{k_I},$$

$$x_{max} = \frac{\eta_{max} + \boldsymbol{k}^\top \boldsymbol{x} - k_\alpha \alpha_c}{k_I} \tag{4.20}$$

---

[35]Dieses Vorgehen wird dadurch gerechtfertigt, dass der Regler bei einer sinnvollen Auslegung die Maximalausschläge in der Regel nicht erreicht. Im Fall großer Störungen oder Führungsgrößen kann diese Annahme allerdings hinfällig sein.

erwiesen. Dadurch wird der Integratorzweig $k_I\,x_I$ auf genau jenen Anteil der Steuerautorität limitiert, welcher vom proportionalen Reglerzweig $-\boldsymbol{k}^\top\boldsymbol{x} + k_\alpha\,\alpha_c$ ungenutzt bleibt. Dies garantiert, dass der Reglerausgang η immer zulässig ist.

Entsättigung
Die Entsättigung beruht auf einer kontinuierlichen Anpassung des Integranden $\dot{x}_I$ im Falle einer aktiven Stellgrößenbegrenzung, siehe Abb. 4.15c.[36] Die entsprechende Anti-Windup-Regel lautet

$$\dot{x}_I = \alpha_c - \alpha - k_{aw}(\eta_c - \eta)\,,$$

wobei k_{aw} einen Verstärkungsfaktor darstellt. In der Regel wird dieser Parameter so gewählt, dass $k_I\,k_{aw} > 0$ gilt. Bei aktiver Höhenruderbegrenzung wird der Integratorwert also derart modifiziert, dass der Betrag des kommandierten Höhenruderausschlags η_c abnimmt.

Es sei an dieser Stelle erwähnt, dass das Verhalten des geschlossenen Regelkreises mit Stellgrößenbegrenzung und Anti-Windup Maßnahme für alle drei Varianten in einer Simulation überprüft werden muss, da es sich um nichtlineare Systeme handelt.

4.3.2 Seitenbewegung mit Entkopplung

Die Seitenbewegung ist zwangsläufig ein Mehrgrößensystem, da nun zwei Stellgrößen, nämlich Querruder und Seitenruder $\boldsymbol{u} = (\xi \ \ \zeta)^\top$ vorliegen. Wir können also auch zwei Regelgrößen definieren, beispielsweise kann es sinnvoll sein, den Schiebewinkel β_c und die Rollrate p_c bei der Landung vorzugeben. Das zugehörige Entwurfsmodell wählen wir wieder aus einer flugmechanischen Betrachtung heraus, wir betrachten nämlich alle Zustände, die an schnellen Bewegungen beteiligt sind, also die Gierrate r, den Schiebewinkel β sowie die Rollrate p. Wir lassen also in Gl. (2.2) jeweils die vierte Zeile und Spalte weg. Der Rollwinkel ϕ, welcher mit der langsamen Spiralbewegung verknüpft ist, wird somit vernachlässigt.

Entsprechend Gl. (4.13) kann die Dynamik der schnellen Seitenbewegung in Standardschreibweise formuliert werden, es ist

$$\dot{\boldsymbol{x}} = \boldsymbol{A}\,\boldsymbol{x} + \boldsymbol{B}\begin{pmatrix}\xi\\\zeta\end{pmatrix}\,, \qquad \boldsymbol{x} = (r,\ \beta,\ p)^\top\,.$$

Die beiden Regelgrößen, nämlich Rollrate p und Schiebewinkel β bilden den Ausgang, es ist also

$$\boldsymbol{y} = \begin{pmatrix}p\\\beta\end{pmatrix} = \underbrace{\begin{bmatrix}0 & 0 & 1\\0 & 1 & 0\end{bmatrix}}_{=:\boldsymbol{C}}\boldsymbol{x}\,.$$

---

[36] Auch die Festhalte-Methode modifiziert den Integrand, allerdings mittels einer ereignisdiskreten Logik.

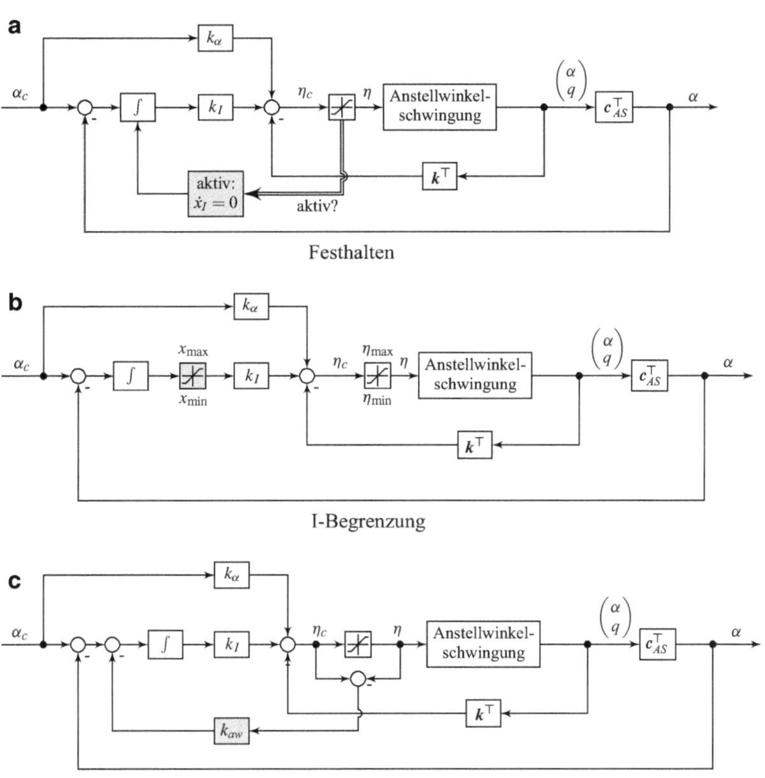

Abb. 4.15 Vorgaberegler mit Anti-Windup

Die Reglerstruktur besteht aus einer Zustandsrückführung zusammen mit einem integralen Anteil im Vorwärtszweig. Dieser umfasst die Regelgrößen p und β beziehungsweise deren Abweichungen vom jeweiligen Vorgabewert. Wir müssen also zuerst wieder eine erweiterte Regelstrecke definieren. Es ist

$$\begin{pmatrix} \dot{x} \\ \dot{x}_I \end{pmatrix} = \underbrace{\left[\begin{array}{c|c} A & 0 \\ \hline -C & 0 \end{array} \right]}_{=:A_e} \begin{pmatrix} x \\ x_I \end{pmatrix} + \underbrace{\begin{pmatrix} B \\ 0 \end{pmatrix}}_{=:B_e} \begin{pmatrix} \xi \\ \zeta \end{pmatrix} + \begin{pmatrix} 0 \\ I \end{pmatrix} \begin{pmatrix} p_c \\ \beta_c \end{pmatrix},$$

mit den Reglerzuständen $x_I = \int_0^t (p_c - p,\ \beta_c - \beta)^\top \mathrm{d}\tau$. Der Regler enthält Verstärkungen des Zustandes sowie der integralen Regelabweichungen. Mit den Parametern K und K_I gilt

$$\begin{pmatrix} \xi \\ \zeta \end{pmatrix} = -\underbrace{\begin{bmatrix} K & -K_I \end{bmatrix}}_{K_e} \begin{pmatrix} x \\ x_I \end{pmatrix}, \qquad \dot{x}_I = \begin{pmatrix} p_c - p \\ \beta_c - \beta \end{pmatrix}. \tag{4.21}$$

Der geschlossene Regelkreis hat damit fünf Zustände. Aufgrund der Mehrgrößeneigenschaft der Seitenbewegung nutzen wir wieder die modale Regelung zum Entwurf, deren grundlegende Idee im Anhang A.1.3 dargestellt ist. Aus Anwendersicht müssen hierbei die Eigenwerte des geschlossenen Regelkreises vorgegeben werden sowie jeweils eine zusätzliche Entkopplungsbedingung.

Von den fünf Eigenwerten des geschlossenen Regelkreises wählen wir ein konjugiert-komplexes Eigenwertpaar $\bar{\lambda}_{1,2}$, welches der Taumelschwingung im geschlossenen Kreis entspricht. Die drei reellen Eigenwerte $\bar{\lambda}_{3,4,5}$ sind mit der geregelten Rollbewegung und den beiden hinzugefügten Reglerintegratoren assoziiert.[37] Für die Entkopplungsbedingungen kann nun Folgendes gefordert werden:

- $\bar{\lambda}_{1,2}$ soll sich nicht in p bemerkbar machen, p ist die dritte Zustandsgröße.

$$\Rightarrow \text{Entkopplungszeile } z_{1,2}^\top = \begin{pmatrix} 0 & 0 & 1 & 0 & 0 | 0 & 0 \end{pmatrix}.$$

Die geregelte Taumelschwingung taucht damit nicht in der Rollrate auf.
- $\bar{\lambda}_3$ soll sich nicht in β bemerkbar machen, β ist die zweite Zustandsgröße.

$$\Rightarrow \text{Entkopplungszeile } z_3^\top = \begin{pmatrix} 0 & 1 & 0 & 0 & 0 | 0 & 0 \end{pmatrix}.$$

Die geregelte Rollbewegung ist nicht im Schiebewinkel enthalten.
- $\bar{\lambda}_4$ soll sich nicht in der Regelabweichung des Schiebwinkels bemerkbar machen.

$$\Rightarrow \text{Entkopplungszeile } z_4^\top = \begin{pmatrix} 0 & 0 & 0 & 0 & 1 | 0 & 0 \end{pmatrix}.$$

- $\bar{\lambda}_5$ soll sich nicht in der Regelabweichung der Rollrate bemerkbar machen.

$$\Rightarrow \text{Entkopplungszeile } z_5^\top = \begin{pmatrix} 0 & 0 & 0 & 1 & 0 | 0 & 0 \end{pmatrix}.$$

Die letzten beiden Bedingungen sorgen für eine weitestgehende Entkopplung der Regelfehler, da das Abklingen des Rollratenfehler hauptsächlich von $\bar{\lambda}_4$ dominiert wird und $\bar{\lambda}_5$ entsprechend den Schiebewinkelverlauf abbildet.

In Abb. 4.16 ist der geschlossene Regelkreis dargestellt. Zusätzlich zur Rückführung des Zustands und der integrierten Regelabweichung werden hier auch noch Sollwerte auf diejenigen Zustände aufgeschaltet, die auch Regelgrößen sind. In diesem Fall betrifft dies also die Rollrate p und den Schiebewinkel β. Aus Gl. (4.21) ergibt sich

---

[37]Es muss in diesem Zusammenhang beachtet werden, dass sich der ursprüngliche Charakter der flug-mechanischen Eigenbewegungen auf den geregelten Kreis mit Integratoren nicht vollständig übertragen lässt. So sind die Integratoren prinzipiell in den geregelten Bewegungsformen des Flugzeugs involviert und die Flugzustandsgrößen sind an den neu hinzugefügten Eigenwerten der Integratoren beteiligt.

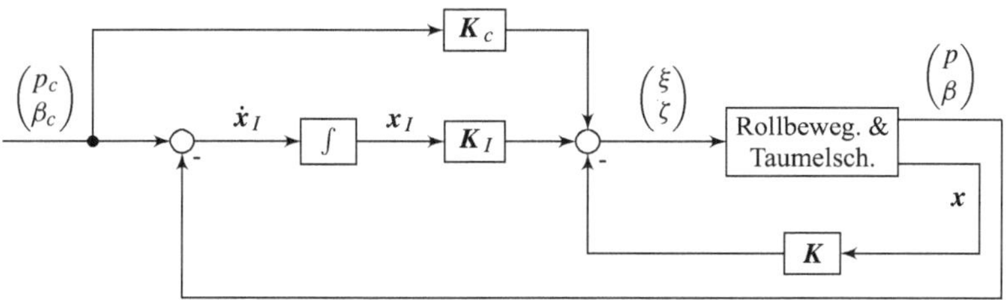

Abb. 4.16 Vorgaberegler für Rollrate und Schiebewinkel mit I-Anteil

$$\begin{pmatrix} \xi \\ \zeta \end{pmatrix} = -\,[\,K \;\; -K_I\,] \begin{pmatrix} x \\ x_I \end{pmatrix} + K_c \begin{pmatrix} p_c \\ \beta_c \end{pmatrix}, \qquad \dot{x}_I = \begin{pmatrix} p_c - p \\ \beta_c - \beta \end{pmatrix}. \tag{4.22}$$

Die Matrix K_c hat dann die Form[38]

$$K_c = K \begin{bmatrix} 0 & 0 \\ 0 & 1 \\ 1 & 0 \end{bmatrix}.$$

Wie schon für die Längsbewegung diskutiert, führt diese zusätzliche Maßnahme oftmals, aber nicht notwendigerweise, zu einem besseren Folgeverhalten. Die Eigenwerte des geschlossenen Regelkreises werden dadurch nicht verändert.

Das beschriebene Vorgehen kann auch ohne Weiteres auf andere Regelgrößen angewendet werden, beispielsweise auf $y = (p \; r)^\top$, um eine Gierratenvorgabe zu ermöglichen.

Anti-Windup bei zwei oder mehr Stellgrößen

Auch in der Seitenbewegung treten Stellgrößenbegrenzungen in Form von Maximalausschlägen für das Seiten- und Querruder auf. Die für das Höhenruder beschriebenen Anti-Windup Maßnahmen beruhen auf der Tatsache, dass der Integratorwert x_I und die Stellgröße η direkt voneinander abhängen. In der Seitenbewegung geht diese Zuordnung verloren, da beide Einträge von x_I auf beide Steuerungen ξ und ζ wirken, weshalb sich die oben vorgestelltender Verfahren nicht unmittelbar übertragen lassen.

Um das Problem zu lösen, kann der Regler (4.22) durch eine lineare Zustandstransformation der Integratoren $\tilde{x}_I = K_I x_I$ in die folgende Form gebracht werden:

$$\begin{pmatrix} \xi \\ \zeta \end{pmatrix} = -\,[\,K \;\; -I\,] \begin{pmatrix} x \\ \tilde{x}_I \end{pmatrix} + K_c \begin{pmatrix} p_c \\ \beta_c \end{pmatrix}, \qquad \dot{\tilde{x}}_I = K_I \begin{pmatrix} p_c - p \\ \beta_c - \beta \end{pmatrix}.$$

Nun lassen sich alle bereits erwähnten Anti-Windup Methoden, also I-Begrenzung, Festhalten und Entsättigung anwenden, da der erste Eintrag von $\tilde{x}_I$ ausschließlich dem Querruder und der zweite Eintrag entsprechend dem Seitenruder zugeordnet ist.

---

[38] Der zweite Faktor von K_c ordnet die Sollwerte in der Reihenfolge der Zustände.

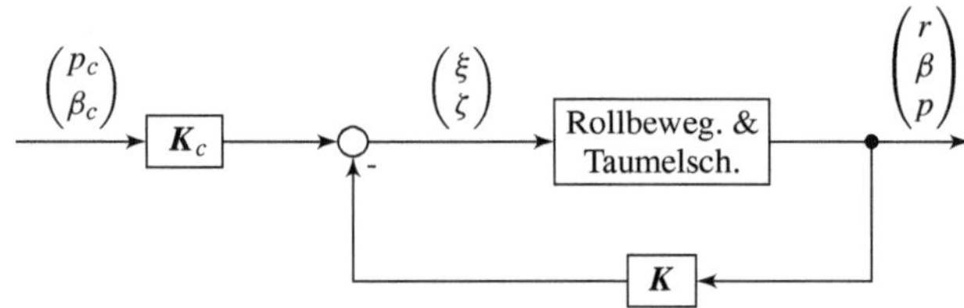

Abb. 4.17 Vorgaberegler für Rollrate und Schiebewinkel mit Vorfaktor

4.3.3 Seitenbewegung mit Vorfaktor

Im Zusammenhang mit Vorgaberegelung sorgt der I-Anteil für asymptotisches Folgeverhalten. Daneben unterdrückt der Integrator stationäre Störungen, zu denen auch die Trimmung gezählt werden kann. Sind Störungen und Trimmwerte[39] verhältnismäßig klein, kann die Vorgaberegelung alternativ auch ohne Integrator umgesetzt werden. Das entsprechende Regelgesetz lautet

$$\begin{pmatrix} \xi \\ \zeta \end{pmatrix} = -K\,x + K_c \begin{pmatrix} p_c \\ \beta_c \end{pmatrix}.$$

Der Vorfaktor K_c (siehe auch Abb. 4.17) wird dabei so eingestellt, dass asymptotisches Folgeverhalten vorliegt. Dies führt zu

$$\lim_{t \to \infty}\left(\begin{pmatrix} p \\ \beta \end{pmatrix}\right) = \begin{pmatrix} p_c \\ \beta_c \end{pmatrix} \quad \Rightarrow \quad K_c = -\left(C\,(A - B\,K)^{-1}\,B\right)^{-1}. \tag{4.23}$$

Der Vorteil dieser Variante ist, dass der Regler keine eigene Dynamik hat.[40] Allerdings beruht das asymptotische Folgeverhalten in diesem Fall nicht nur auf der Abwesenheit von Störungen und Trimmung, sondern auch auf präziser Modellkenntnis, das heißt die Matrizen A und B müssen genau bekannt sein. Dies erkennt man auch daran, dass die Definition (4.23) des Vorfaktors K_c genau von diesen Parametern abhängt.

Bei Verwendung eines Integrators reicht für Folgeverhalten dagegen aus, dass der geschlossene Regelkreis asymptotisch stabil ist. Aus diesem Grund beinhalten Vorgaberegler in der Praxis fast immer einen Integratorzweig.

---

[39]Wird um den koordinierten Geradeausflug linearisiert, so treten in der Seitenbewegung keine Trimmwerte ungleich null auf. Dies gilt sowohl für die Zustände $r_0 = \beta_0 = p_0 = 0$ als auch für die Stellflächen $\xi_0 = \zeta_0 = 0$.

[40]Somit besitzt der geschlossene Regelkreis die gleiche Ordnung wie das flugmechanische Entwurfsmodell.

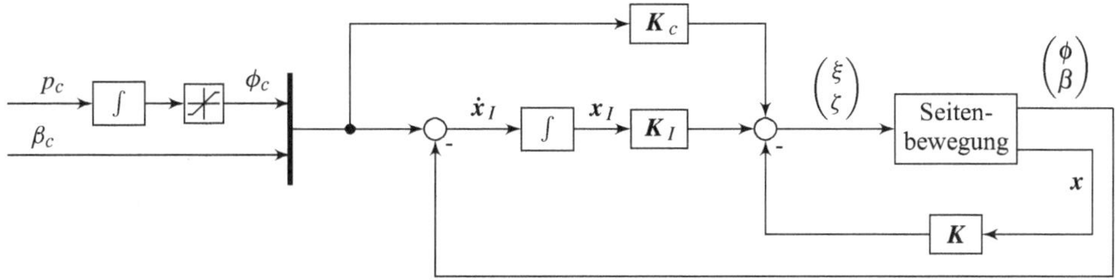

Abb. 4.18 Vorgaberegler für Rollrate und Schiebewinkel mit Rollwinkelbegrenzung

4.3.4 Vorgaberegler mit Lagelimitierungen

Vorgaberegler für Drehgeschwindigkeiten können auch im Zusammenhang mit Limitierungen der Lagewinkel eingesetzt werden. Der Pilot gibt hierbei mit dem Steuerknüppel Sollwerte für die Rollrate p_c und die Nickrate q_c vor. Um nun zu große Lagewinkel des Flugzeuges zu vermeiden, werden diese Drehraten allerdings nicht direkt als Vorgaben verwendet, sondern zu äquivalenten Lagevorgaben integriert. Diese wiederum können nun begrenzt werden und als Sollwert in einen Lageregelkreis eingespeist werden, der die aktuelle Lage nachführt.

Das Prinzip ist in Abb. 4.18 für den Fall der Rollachse dargestellt. Integration und Limitierung ergeben den Lagesollwert ϕ_c. Die Entwurfsstrecke für den Regelkreis ist im Fall der Rollachse vierter Ordnung. Zusätzlich enthält der Lageregler einen I-Anteil für die Lageabweichung, um asymptotisches Folgeverhalten zu erzwingen. Für eine Vorgabe des Nickwinkels in der Längsbewegung benötigen wir für den Reglerentwurf ebenfalls ein Modell vierter Ordnung. Bei einer Folgeregelung der Lage handelt es sich streng genommen um keine Basisregler im ursprünglichen Sinne mehr, denn diese Regelkreise beinhalten auch langsame Bewegungsformen (Seitenbewegung: Spiralbewegung ϕ, Längsbewegung: Phygoide θ und V). Der entsprechende Reglerentwurf wird daher im nächsten Kapitel im Zusammenhang mit Autopiloten diskutiert.

4.4 Spezifikationen und Reglerentwurf

4.4.1 Eigenwertvorgabe

Zum Reglerentwurf, das heißt zur Bestimmung der Reglerverstärkung, bieten sich unter anderem Verfahren der Eigenwertvorgabe an. Für schwingungsartige Bewegungsformen, beispielsweise die Anstellwinkelschwingung, werden die Eigenwerte des geschlossenen Regelkreises üblicherweise jeweils durch die Kreisfrequenz ω_0 und die Dämpfung D spezifiziert, also in der Form $\bar{\lambda}_{1,2} = -D\,\omega_0 \pm j\,\omega_0\sqrt{1 - D^2}$.

4.4.2 Entwurfskompromiss

Mit der Wahl der ungedämpften Eigenfrequenz ω_0 kann die Schnelligkeit des geschlossenen Kreises beeinflusst werden. Einerseits führen höhere Frequenzen zu einer verbesserten Agilität im Falle eines SAS beziehungsweise schnellerem Folgeverhalten für CAS. Im Fall eines zu langsam eingestellten CAS Reglers erhöht sich die Gefahr von piloteninduzierten Oszillationen. Andererseits reagiert das geregelte Flugzeug bei sehr hohen Werten ω_0 zunehmend sensibel auf Eingaben, was die Pilotenaufgabe ebenfalls erschweren kann.

Die Dämpfung D des geschlossenen Regelkreises bestimmt die vom Piloten wahrgenommene Stabilität des Systems.[41] Prinzipiell sollte die Dämpfung positiv sein, damit alle Eigenbewegungen des geregelten Flugzeugs stabil sind. Ist der Wert D zu niedrig gewählt, so erfordert dies einen erhöhten Arbeitsaufwand des Piloten, um Störungen selbst auszugleichen. Allerdings kann sich eine zu große Dämpfung negativ auf die Agilität auswirken, da die Bewegung zunehmend träger wird.

Neben diesen Anforderungen sollten bei der Wahl von ω_0 und D auch die Eigenwerte der ungeregelten Flugzeugdynamik beachtet werden. Um so weiter die Eigenwerte des geschlossenen Kreises von diesen abweichen, um so höher ist prinzipiell der Steueraufwand, also die notwendigen Ausschläge der Stellflächen und des Schubs.[42] Es ist daher ratsam, Anpassungen der Flugeigenschaften durch den Regler auf ein sinnvolles Maß zu begrenzen. Sinnvolle Anhaltswerte für ω_0 und D findet man auch in Standardisierungsvorschriften.

4.4.3 Control Anticipation Parameter

Im Folgenden wird für den Sonderfall eines Stabilisierungsreglers für die Anstellwinkelschwingung gezeigt, wie die Wahl der Eigenfrequenz ω_0 erfolgen kann. Hierzu wird der sogenannte Control Anticipation Parameters (CAP) benutzt [5]. Der CAP ist eine Hilfsgröße in der Längsbewegung, der von einem Piloten unter Umständen besser eingeschätzt werden kann als ω_0 selbst. Der Wert beschreibt das Verhältnis der anfänglichen Drehbeschleunigung aufgrund einer sprungförmigen Höhenrudereingabe zur sich stationär einstellenden Normalbeschleunigung. Für Piloten ist dies relevant, da sich somit aus der anfänglich wahrgenommenen Flugbewegung das zukünftige Verhalten ableitet lässt. Die formale Definition des CAP lautet:

$$\mathrm{CAP} = \frac{\dot{q}(t=0)}{n_{z,\infty}} \, ,$$

---

[41] Für die schnellen Eigenbewegungen liegt man mit einer Dämpfung im Bereich von $\sqrt{2}/2$ meistens richtig.

[42] Dabei muss auch berücksichtigt werden, dass dies in der Realität aufgrund von Stellgrößenbegrenzung nur bis zu einem gewissen Punkt möglich ist. Anschaulich ausgedrückt setzt die endliche Steuerautorität also Grenzen bei der Anpassung der Flugeigenschaften.

wobei $n_z = -a_{m,z}/g$ das sogenannte Lastvielfache ist und ∞ den Stationärwert bezeichnet. Die anfängliche Drehbeschleunigung $\dot{q}(t=0)$ können wir für einen Einheitssprung unmittelbar aus der zweiten Zeile des Bewegungsmodells (2.1) ablesen, indem wir alle Zustände zu null annehmen und $\eta = 1$ setzen. Es folgt dann

$$\dot{q}(t=0) = M_\eta . \tag{4.24}$$

Um den CAP zu berechnen, benötigen wir nun noch die stationäre Vertikalbeschleunigung $n_{z,\infty}$, ebenfalls für den Fall eines Einheitssprunges am Höhenruder. Aus Gl. (3.5) folgt näherungsweise

$$n_{z,\infty} = -\frac{Z_\alpha}{g}\,\alpha_\infty . \tag{4.25}$$

Der Faktor $-\frac{Z_\alpha}{g}$ wird als Lastfaktorempfindlichkeit bezeichnet und ist lediglich von Flugzeugparametern abhängig. Es verbleibt also, den stationären Anstellwinkel α_∞ zu berechnen. Dieser Wert hängt allerdings vom geschlossenen Regelkreis ab und somit vom Flugregler, der zur Anwendung kommt. Im Folgenden beschränken wir uns auf einen Stabilisierungsregler mittels Zustandsrückführung. In diesem Fall können wir den geschlossenen Regelkreis darstellen wie die Flugdynamik ohne Regelung. Für stationäres Verhalten gilt

$$\mathbf{0} = \begin{pmatrix} \frac{Z_\alpha}{V_0} & 1 \\ M_\alpha & M_q \end{pmatrix} \begin{pmatrix} \alpha_\infty \\ q_\infty \end{pmatrix} + \begin{pmatrix} 0 \\ M_\eta \end{pmatrix} \eta_\infty .$$

Auflösen nach dem stationären Anstellwinkel für $\eta_\infty = 1$ ergibt

$$\begin{aligned}
\alpha_\infty &= -\begin{pmatrix} 1 & 0 \end{pmatrix} \begin{pmatrix} \frac{Z_\alpha}{V_0} & 1 \\ M_\alpha & M_q \end{pmatrix}^{-1} \begin{pmatrix} 0 \\ M_\eta \end{pmatrix} \\
&= -\begin{pmatrix} 1 & 0 \end{pmatrix} \frac{1}{M_q \frac{Z_\alpha}{V_0} - M_\alpha} \begin{pmatrix} M_q & -1 \\ -M_\alpha & \frac{Z_\alpha}{V_0} \end{pmatrix} \begin{pmatrix} 0 \\ M_\eta \end{pmatrix} \\
&= -\frac{M_\eta}{\omega_0^2} .
\end{aligned} \tag{4.26}$$

Im letzten Schritt wurde ausgenutzt, dass der Nenner in (4.26) der Steifigkeit ω_0^2 entspricht, was wir aus der Flugmechanik wissen.[43] Für den CAP ergibt sich dann aus den Gl. (4.26), (4.24) und (4.25)

$$\text{CAP} = \frac{\omega_0^2}{Z_\alpha/g} .$$

Mit dieser Beziehung kann bei einer Vorgabe des CAP eine Vorgabe für ω_0^2 berechnet werden. Ändert sich die Lastfaktorempfindlichkeit innerhalb der Flugbereichsgrenzen, so wird dies

---

[43] M_α im Nenner ist genau die Federsteifigkeit, die zu einer Rückstellkraft in der Anstellwinkelbewegung führt.

bei der Berechnung der Eigenfrequenzvorgabe auf der Basis eines CAP berücksichtigt. In der Literatur [1, 3] werden für gutes Flugverhalten der CAP Wert und die Dämpfung der geregelten Anstellwinkelschwingung wie folgt spezifiziert: $0.085 \leq$ CAP ≤ 3.6, $0.3 \leq D \leq 2$.

4.4.4 Reglereinstellung im Erprobungsflug

Prinzipiell ist es sinnvoll, die berechneten Verstärkungsfaktoren im Flug zu testen und gegebenenfalls experimentell anzupassen. Die Notwendigkeit hierzu ergibt sich aus der Tatsache, dass die Entwurfsmodelle, also die Parameter in A und B im Allgemeinen einer gewissen Unsicherheit unterliegen. In diesem Zusammenhang hat es sich als sinnvoll erwiesen, zunächst zu überlegen, was die dominanten Auswirkungen der einzelne Verstärkungsfaktoren auf die Eigenwerte des geschlossenen Regelkreises sind. Dies lässt sich in vielen Fällen auf eine Analogie zu einem Feder-Masse-Dämpfer System zurückführen. Beispielsweise ist es für die Regelung der Anstellwinkelschwingung so, dass der Verstärkungsfaktor des Anstellwinkels k_α die Rolle einer Federkonstanten einnimmt. Soll also die Schnelligkeit ω_0 des geschlossenen Kreises erhöht werden, so muss der Betrag von k_α vergrößert werden. Entsprechend ist k_q näherungsweise eine Dämpfungskonstante und kann zur Einstellung von D genutzt werden.

Ähnliche Betrachtungen können für die Seitenbewegung verwendet werden.

Literatur

1. Military Standard – Flying qualities of piloted aircraft, MIL-STD-1797A (1990). US Air Force Department
2. Adamy, J.: Nichtlineare Systeme und Regelungen. Springer, Berlin (2014). https://www.ebook.de/de/product/22568025/juergen_adamy_nichtlineare_systeme_und_regelungen.html
3. Brockhaus, R., Alles, W., Luckner, R.: Flugregelung. Springer, Berlin (2011). https://doi.org/10.1007/978-3-642-01443-7
4. Hippe, P.: Windup in Control – Its Effects and Their Prevention. Springer, Berlin (2006). https://www.ebook.de/de/product/11433230/peter_hippe_windup_in_control.html
5. Hodgkinson, J.: Aircraft Handling Qualities. AIAA Education Series (1999)
6. Stevens, B.L., Lewis, F.L., Johnson, E.N.: Aircraft Control and Simulation: Dynamics, Controls Design, and Autonomous Systems. Wiley (2015). https://doi.org/10.1002/9781119174882

Einfache Autopiloten

Autopiloten sind Regler, die langsame Flugbewegungen beeinflussen und die damit verknüpften Flugzustände auf konstante Sollwerte regeln, ähnlich wie dies ein menschlicher Pilot auch tut. In der einfachsten Form ist dies bei der Längsbewegung üblicherweise die Fluggeschwindigkeit und der Bahnneigungswinkel beziehungsweise die Vertikalgeschwindigkeit oder die Höhe. Bei der Seitenbewegung wird der Rollwinkel oder der Kurs eingestellt. Klassische Autopiloten können darüber hinaus auch georeferenzierte, üblicherweise geradlinige Sollbahnen einstellen. In diesem Kapitel lernen wir den Aufbau und die Funktion dieser einfachen Autopiloten kennen.

5.1 Regelung für Geschwindigkeit und Rollwinkel

Wollen wir die Fluggeschwindigkeit, den Bahnneigungswinkel und die Rolllage regeln, so benötigen wir Entwurfsmodelle, die diese Zustände beinhalten. Hierzu haben wir zwei mögliche Herangehensweisen. Bei der ersten nutzen wir lineare Modelle vierter Ordnung für Längs- und Seitenbewegung. Diese Modelle beinhalten dann sämtliche Flugzustände, das heißt schnell und langsam veränderliche Zustandsgrößen. Dementsprechend müssen wir Regler entwerfen, die schnelle und langsame Eigenbewegungen berücksichtigen, also Basisregelung und Autopilot kombinieren.

Ein alternativer Ansatz besteht darin, zunächst reduzierte Modelle herzuleiten, die lediglich wenige, im besten Fall nur die langsam veränderlichen Flugzustände beinhalten. Der Reglerentwurf wird in diesem Fall etwas einfacher.

© Springer-Verlag GmbH Deutschland, ein Teil von Springer Nature 2020   105
W. Fichter und J. Stephan, *Flugregelung*,
https://doi.org/10.1007/978-3-662-60907-1_5

5.1.1　Geschwindigkeitsregelung

Integrierter Entwurf mit Modell vierter Ordnung

Zunächst nehmen wir als Entwurfsmodell das lineare Modell vierter Ordnung der Längsbewegung. Wir zielen dabei darauf ab, sowohl die Anstellwinkelschwingung zu regeln (Basisregelung), als auch die Fluggeschwindigkeit V und den Bahnneigungswinkel γ einzustellen (Autopilot). Bei einer konstanten Fluggeschwindigkeit V_0 können wir den Bahnneigungswinkel auch als Vertikalgeschwindigkeit $\dot{h} = V_0 \sin(\gamma)$ interpretieren. Insgesamt liegt also eine Geschwindigkeitsregelung vor. Das Entwurfsmodell

$$\dot{x} = A\,x + B \begin{pmatrix} \eta \\ \delta_F \end{pmatrix}, \qquad (5.1)$$

mit dem Zustand $x = (\alpha, q, V, \gamma)^\top$ ergibt sich aus der Längsbewegung (2.1) durch die Zustandstransformation (2.10). Die Regelgrößen[1] für den Autopiloten sind V und γ.

Damit ist die Ausgangsgleichung

$$y = \begin{pmatrix} V \\ \gamma \end{pmatrix} = \underbrace{\begin{bmatrix} 0 & 0 & 1 & 0 \\ 0 & 0 & 0 & 1 \end{bmatrix}}_{=:C} x.$$

Wir haben es also mit einem Mehrgrößensystem mit zwei Ausgängen und zwei Stellgrößen zu tun. Da wir die Regelgrößen stationär genau einregeln wollen, verwenden wir eine Zustandsrückführung mit I-Anteil für die Regelabweichung. Die erweiterte Regelstrecke, bestehend aus Längsbewegung und den beiden Regler-Integratoren, ist

$$\begin{pmatrix} \dot{x} \\ \dot{x}_I \end{pmatrix} = \left[\begin{array}{c|c} A & 0 \\ \hline -C & 0 \end{array} \right] \begin{pmatrix} x \\ x_I \end{pmatrix} + \begin{pmatrix} B \\ 0 \end{pmatrix} \begin{pmatrix} \eta \\ \delta_F \end{pmatrix} + \begin{pmatrix} 0 \\ I \end{pmatrix} \begin{pmatrix} V_c \\ \gamma_c \end{pmatrix}, \qquad (5.2)$$

mit den Reglerzuständen $x_I = \int_0^t (V_c - V,\ \gamma_c - \gamma)^\top \mathrm{d}\tau$. Entsprechend Abb. 5.1 hat der Regler die Form

$$\begin{pmatrix} \eta \\ \delta_F \end{pmatrix} = -\begin{bmatrix} K & -K_I \end{bmatrix} \begin{pmatrix} x \\ x_I \end{pmatrix} + K_c \begin{pmatrix} V_c \\ \gamma_c \end{pmatrix}, \quad K_c = K\,C^\top, \qquad (5.3)$$

was einer Zustandsrückführung mit Vorfaktor K_c in der erweiterten Strecke (5.2) entspricht. Zum Entwurf der Reglerverstärkungsmatrizen können wir wieder das Verfahren der modalen Regelung verwenden. Dabei geben wir die Eigenwerte des geschlossenen Regelkreises vor und können weiterhin für jeden dieser Eigenwerte eine zusätzliche Entkopplungsbedingung festlegen. Die Eigenwerte wählen wir folgendermaßen:

---

[1]Regelgrößen sind diejenigen Größen, die einen vorgegebenen Sollwert annehmen sollen.

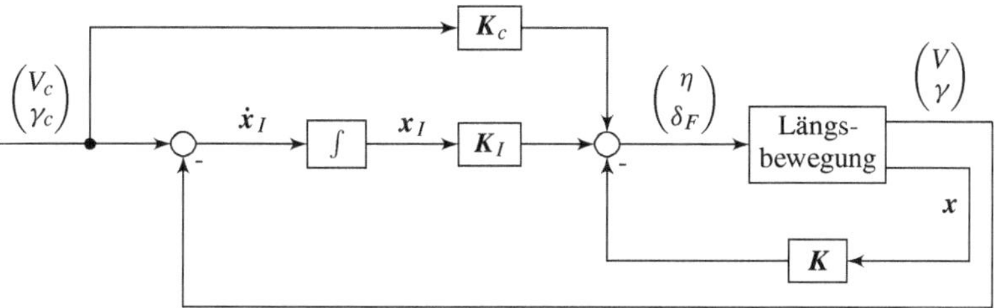

Abb. 5.1 Vorgaberegler für Geschwindigkeit und Bahnneigungswinkel

- Anstellwinkelschwingung, $\bar{\lambda}_{1/2}$. Die Frequenz ω_0 wird nach gängigen Spezifikationen vorgegeben, beispielsweise CAP, und die Dämpfung wird typischerweise zu $D = \sqrt{2}/2$ gewählt.
- Phygoide, $\bar{\lambda}_{3/4}$. Hier lassen wir die Frequenz unverändert und erhöhen die Dämpfung auf $D = \sqrt{2}/2$.
- Reglerintegratoren, $\bar{\lambda}_{5/6}$. Diese wählen wir reell und < 0, der Betrag bestimmt jeweils die Zeitkonstante.

Wie schon im vorherigen Kapitel werden die Entkopplungsbedingung mit einem Zeilenvektor $z_i^\top$ definiert. Mit diesem kann man bewirken, dass sich die zu $\bar{\lambda}_i$ gehörende Eigenbewegung nicht in einer bestimmten Komponente des Zustands oder der Steuerung[2] bemerkbar macht. Details hierzu finden sich im Anhang A.1.3. Die Entkopplungszeilen können wir beispielsweise folgendermaßen wählen.

- Die Anstellwinkelschwingung mit den Eigenwerten $\bar{\lambda}_{1/2}$ soll sich nicht im Schubkommando δ_F bemerkbar machen, um zu schnelle Schubansteuerungen zu vermeiden.

$$\Rightarrow \text{Entkopplungszeile } z_{1/2}^\top = (0\ 0\ 0\ 0\ 0\ 0\,|\,0\ 1\,).$$

- Die Phygoide mit den Eigenwerten $\bar{\lambda}_{3/4}$ soll sich nicht im Anstellwinkel α bemerkbar machen, da die Anstellwinkelschwingung schnell einschwingen soll.

$$\Rightarrow \text{Entkopplungszeile } z_{3/4}^\top = (1\ 0\ 0\ 0\ 0\ 0\,|\,0\ 0\,).$$

- Die Eigenbewegung zum Eigenwert $\bar{\lambda}_5$, die hauptsächlich die integrierte Regelabweichung der Fluggeschwindigkeit V repräsentiert, soll sich nicht im Bahnneigungswinkel γ bemerkbar machen.

$$\Rightarrow \text{Entkopplungszeile } z_5^\top = (0\ 0\ 0\ 1\ 0\ 0\,|\,0\ 0\,).$$

---

[2] Im Allgemeinen auch Linearkombinationen aus Zustand und Steuerung.

- Die Eigenbewegung zum Eigenwert $\bar{\lambda}_5$, die vor allem die integrierte Regelabweichung des Bahnneigungswinkels γ beschreibt, soll sich nicht in der Fluggeschwindigkeit V bemerkbar machen.

$$\Rightarrow \text{Entkopplungszeile } z_6^\top = (0\ 0\ 1\ 0\ 0\ 0 | 0\ 0).$$

Die letzten beiden Bedingungen sorgen für eine weitestgehende Entkopplung der Verläufe der Regelfehler für die Fluggeschwindigkeit und den Bahnneigungswinkel.

Entwurfsmodell zweiter Ordnung

In diesem Abschnitt entwerfen wir lediglich einen Autopiloten für die Geschwindigkeit und den Bahnneigungswinkel und ignorieren die Anstellwinkelschwingung beim Entwurf. Da letztere gut gedämpft und deutlich schneller als die Phygoidenbewegung ist, können wir die Anstellwinkelbewegung als eingeschwungen, also stationär annehmen. Unter dieser Annahme ist $\dot{\alpha} = \dot{q} = 0$ und es folgt aus dem linearen Modell vierter Ordnung der Längsbewegung (5.1) der Zusammenhang

$$\begin{pmatrix} \mathbf{0} \\ \dot{x}_{\mathrm{PH}} \end{pmatrix} = \begin{bmatrix} A_{11} & A_{12} \\ A_{21} & A_{22} \end{bmatrix} \begin{pmatrix} x_{\mathrm{AS}} \\ x_{\mathrm{PH}} \end{pmatrix} + \begin{pmatrix} B_1 \\ B_2 \end{pmatrix} \begin{pmatrix} \eta \\ \delta_F \end{pmatrix},$$

mit den Teilzuständen $x_{\mathrm{AS}} = (\alpha, q)^\top$ und $x_{\mathrm{PH}} = (V, \gamma)^\top$. Mit Hilfe der ersten Zeile wird x_{AS} eliminiert. Es folgt ein System zweiter Ordnung

$$\dot{x}_{\mathrm{PH}} = \underbrace{\left(A_{22} - A_{21}\, A_{11}^{-1}\, A_{12}\right)}_{=:A_{\mathrm{PH}}} x_{\mathrm{PH}} + \underbrace{\left(B_2 - A_{12}\, A_{11}^{-1}\, B_1\right)}_{=:B_{\mathrm{PH}}} \begin{pmatrix} \eta \\ \delta_F \end{pmatrix}.$$

Das Entwurfsmodell hat als Zustände die Geschwindigkeit und den Bahnneigungswinkel, die geregelt werden sollen, sowie zwei Stellgrößen, nämlich das Höhenruder und den Schubhebel. Es ist also ein Mehrgrößensystem. Zur Regelung setzen wir wiederum eine Zustandsrückführung mit integraler Rückführung der Regelabweichung an, wobei wir uns pro Stellgröße auf lediglich zwei Verstärkungen beschränken. Ein einfacher Ansatz ist

$$\begin{pmatrix} \eta \\ \delta_F \end{pmatrix} = -\begin{bmatrix} 0 & k_\gamma \\ k_V & 0 \end{bmatrix} \begin{pmatrix} V - V_c \\ \gamma - \gamma_c \end{pmatrix} + \begin{bmatrix} 0 & k_{I\gamma} \\ k_{IV} & 0 \end{bmatrix} \begin{pmatrix} \int_0^t (V_c - V)\mathrm{d}\tau \\ \int_0^t (\gamma_c - \gamma)\mathrm{d}\tau \end{pmatrix}.$$

Dies entspricht zwei entkoppelten Zustandsreglern mit I-Anteil. Der Bahnneigungswinkel wird also über das Höhenruder eingestellt, die Fluggeschwindigkeit über den Schub. Der zweite Term dient wie bei den Vorgabereglern dazu, die stationäre Genauigkeit zu gewährleisten.

Eine zweite Möglichkeit einer relativ einfachen Zustandsrückführung ist gerade komplementär zum obigen Ansatz, das heißt die Geschwindigkeit wird über das Höhenruder geregelt und der Bahnneigungswinkel über den Schub. Entsprechend lautet der Regler hier

$$\begin{pmatrix} \eta \\ \delta_F \end{pmatrix} = - \begin{bmatrix} k_V & 0 \\ 0 & k_\gamma \end{bmatrix} \begin{pmatrix} V - V_c \\ \gamma - \gamma_c \end{pmatrix} + \begin{bmatrix} k_{IV} & 0 \\ 0 & k_{I\gamma} \end{bmatrix} \begin{pmatrix} \int_0^t (V_c - V)\mathrm{d}\tau \\ \int_0^t (\gamma_c - \gamma)\mathrm{d}\tau \end{pmatrix}.$$

Diese Vorgehensweise wird beim manuellen Fliegen verwendet, zum Beispiel bei Endanflügen. Dort stellt der Pilot die Sinkrate mit dem Schub ein und die Geschwindigkeit mit dem Höhenruder.

Bei beiden Ansätzen stehen vier Verstärkungen jeweils genauso vielen Eigenwerten des geschlossenen Regelkreises gegenüber. Sofern Steuerbarkeit vorliegt, können wir daher mit den Verstärkungen die Eigenwerte platzieren.

Der vereinfachte Entwurf basierend auf dem reduzierten Modell zweiter Ordnung ist im Vergleich zum integrierten Ansatz mit der vollständigen Längsbewegung, welcher zuvor besprochen wurde, übersichtlicher. Dies erklärt sich durch die niedrigere Ordnung, da für den vereinfachten Entwurf lediglich die isolierte Phygoide betrachtet wird.

Die Voraussetzung für dieses Vorgehen ist, dass der geschlossene Regelkreis wesentlich langsamer als die Anstellwinkelschwingung ist. Diese Annahme muss im Fall des integrierten Entwurfs nicht erfüllt sein. Daraus folgt, dass die erreichbare Regelgüte mit dem Ansatz vierter Ordnung prinzipiell höher ist.[3]

Der vereinfachte Entwurf basierend auf dem reduzierten Modell zweiter Ordnung ist im Vergleich zum integrierten Ansatz mit der vollständigen Längsbewegung, welcher zuvor besprochen wurde, übersichtlicher. Dies erklärt sich durch die niedrigere Ordnung, da für den vereinfachten Entwurf lediglich die isolierte Phygoide betrachtet wird.

Die Voraussetzung für dieses Vorgehen ist, dass der geschlossene Regelkreis wesentlich langsamer als die Anstellwinkelschwingung ist. Diese Annahme muss im Fall des integrierten Entwurfs nicht erfüllt sein. Daraus folgt, dass die erreichbare Regelgüte mit dem Ansatz vierter Ordnung prinzipiell höher ist.

5.1.2 Regelung des Rollwinkels

In der Seitenbewegung ist der Rollwinkel verknüpft mit der Spiralbewegung, also mit einem langsamen Eigenwert, der eventuell auch instabil sein kann. Daher muss im Geradeausflug der Rollwinkel mit einem Autopilot stabilisiert werden. Der zugehörige Sollwert ist also $\phi_c = 0$. Bei Kurvenflügen nimmt der Sollwert für den Rollwinkel Werte $\phi_c \neq 0$ an. Wie bei der Längsbewegung nutzen wir nun ein Modell vierter Ordnung und entwerfen

---

[3]Man kann dies auch daran erkennen, dass der vereinfachte Entwurf einen Spezialfall des integrierten Ansatzes darstellt.

Basisregler (Taumelschwingung und Rollbewegung, β, r und p) und Autopilot (Rollwinkel ϕ) gleichzeitig.

Das Entwurfsmodell lautet in diesem Fall

$$\dot{x} = A\,x + B\begin{pmatrix}\xi\\\zeta\end{pmatrix},\tag{5.4}$$

mit dem Zustand $x = (r, \beta, p, \phi)^\top$, siehe Gl. (2.2). Als Ausgang wählen wir den Rollwinkel ϕ, da wir diesen vorgeben wollen. Zusätzlich können wir auch den Schiebewinkel β als Regelgröße definieren. Dies erlaubt es, schiebefreien Flug mittels $\beta_c = 0$ zu gewährleisten. Damit ist die Ausgangsgleichung

$$y = \begin{pmatrix}\phi\\\beta\end{pmatrix} = \underbrace{\begin{bmatrix}0\ 0\ 0\ 1\\0\ 1\ 0\ 0\end{bmatrix}}_{=:C}\,x.$$

Es liegt also wiederum ein Mehrgrößensystem mit zwei Eingängen ξ, ζ und zwei Ausgängen ϕ, β vor. Wie bei der Längsbewegung setzen wir einen Zustandsregler mit I-Anteil und Vorfaktor für die beiden Regelgrößen an. Die erweiterte Regelstrecke ist:

$$\begin{pmatrix}\dot{x}\\\dot{x}_I\end{pmatrix} = \left[\begin{array}{c|c}A & 0\\\hline -C & 0\end{array}\right]\cdot\begin{pmatrix}x\\x_I\end{pmatrix} + \begin{pmatrix}B\\0\end{pmatrix}\begin{pmatrix}\xi\\\zeta\end{pmatrix} + \begin{pmatrix}0\\I\end{pmatrix}\begin{pmatrix}\phi_c\\\beta_c\end{pmatrix},$$

mit den Reglerzuständen $x_I = \int_0^t (\phi_c - \phi,\ \beta_c - \beta)^\top \mathrm{d}\tau$. Der Regler hat dann die Form

$$\begin{pmatrix}\xi\\\zeta\end{pmatrix} = -\begin{bmatrix}K & -K_I\end{bmatrix}\begin{pmatrix}x\\x_I\end{pmatrix} + K_c\begin{pmatrix}\phi_c\\\beta_c\end{pmatrix},\quad K_c = K\,C^\top,\tag{5.5}$$

siehe Abb. 5.2. Insgesamt hat die erweiterte Regelstrecke sechs Eigenwerte. Bei einem Entwurf mit modaler Regelung können wir die Eigenwerte des geschlossenen Regelkreises sowie für jeden Eigenwert eine Entkopplungsbedingung wählen. Eine mögliche Wahl ist:

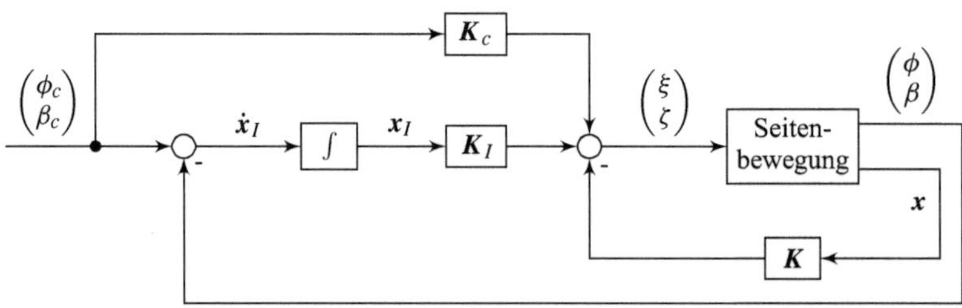

Abb. 5.2 Vorgaberegler für Rollwinkel und Schiebewinkel

- $\bar{\lambda}_{1,2}$ konjugiert komplex (entspricht der geregelten Taumelschwingung), $\bar{\lambda}_{3,4,5,6}$ reell (entspricht Roll- und Spiralbewegung sowie Integratoren im geregelten Kreis).

- Die konjugiert-komplexe Taumelschwingung soll sich nicht im Rollwinkel ϕ bemerkbar machen.

$$\Rightarrow \text{Entkopplungszeile } z_{1/2}^{\top} = (0\ 0\ 0\ 1\ 0\ 0\,|\,0\ 0).$$

- Die Rollbewegung und die Spiralbewegung, $\bar{\lambda}_{3,4}$ sollen sich nicht im Schiebewinkel β bemerkbar machen.

$$\Rightarrow \text{Entkopplungszeile } z_{3/4}^{\top} = (0\ 1\ 0\ 0\ 0\ 0\,|\,0\ 0).$$

- Die Eigenbewegung zum Eigenwert $\bar{\lambda}_5$, die hauptsächlich die integrierte Regelabweichung im Schiebewinkel β repräsentiert, soll sich nicht in der Regelabweichung des Rollwinkels ϕ bemerkbar machen.

$$\Rightarrow \text{Entkopplungszeile } z_5^{\top} = (0\ 0\ 0\ 1\ 0\ 0\,|\,0\ 0).$$

- Die Eigenbewegung zum Eigenwert $\bar{\lambda}_6$, die hauptsächlich die integrierte Regelabweichung im Rollwinkel ϕ darstellt, soll sich nicht in der Abweichung des Schiebewinkel β bemerkbar machen.

$$\Rightarrow \text{Entkopplungszeile } z_6^{\top} = (0\ 1\ 0\ 0\ 0\ 0\,|\,0\ 0).$$

Zuletzt sei hier noch bemerkt, dass der Sollwert für den Schiebewinkel in der Praxis üblicherweise null ist, was ja genau dem Trimmwert entspricht. Trotzdem wird ein integraler Regleranteil verwendet. Der Grund hierfür sind interne Kopplungen im stationären Kurvenflug, die im Allgemeinen eine Abweichung im Schiebewinkel von null verursachen.

5.2 Autopilot zur Höhen- und Kurshaltung

Die Begriffe Kurs und Bahnazimut werden im Folgenden identisch verwendet und mit χ bezeichnet. Sie beschreiben die Bewegungsrichtung in der Horizontalebene, die allein durch die horizontalen Komponenten der Geschwindigkeit über Grund gegeben sind.

Die Einhaltung einer vorgegebenen Sollhöhe sowie eines Sollkurses ist eine zentrale Aufgabe eines einfachen Autopilotensystems. Beide Sollwerte werden üblicherweise von einem Fluglotsen übermittelt und vom Piloten an Bord in den Autopiloten eingegeben.

Abb. 5.3 Bahnneigungswinkel
und Vertikalgeschwindigkeit

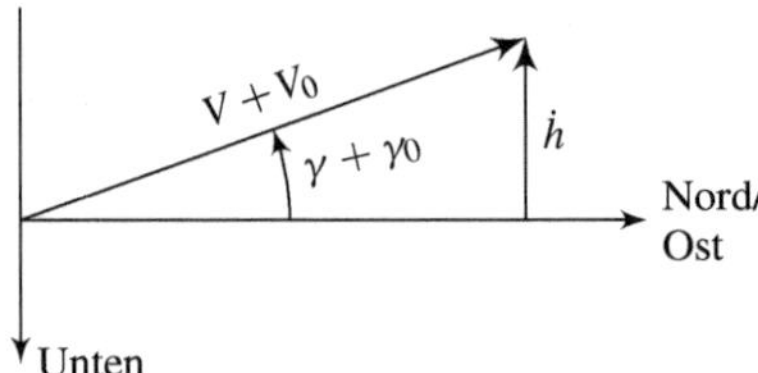

5.2.1　Höhenregelung

Um eine Regelung zur Höhenhaltung zu entwerfen, benötigen wir wie immer zunächst ein
Entwurfsmodell, also ein lineares Modell, das in diesem Fall auch die Höhe als Zustand
beinhaltet. Unser bisheriges Modell vierter Ordnung umfasst keine Positionszustände und
bildet somit auch nicht die Höhe ab. Die Längsbewegung muss darum entsprechend erweitert
werden. Aus einfachen geometrischen Betrachtungen erhalten wir im Allgemeinen $\dot{h} =
(V_0 + V)\sin(\gamma_0 + \gamma)$, siehe Abb. 5.3. Bei einem nominalen Bahnneigungswinkel $\gamma_0 = 0$
folgt daraus linearisiert $\dot{h} = V_0\,\gamma$. Hiermit können wir das Entwurfsmodell (5.1) erweitern
und erhalten

$$\dot{x} = \underbrace{\left[\begin{array}{ccc|c} & & & 0 \\ & A & & 0 \\ & & & 0 \\ & & & 0 \\ \hline 0\;0\;0\;V_0 & & & 0 \end{array}\right]}_{=:A_h} x + \underbrace{\left[\begin{array}{c} \\ B \\ \\ \hline 0\;0 \end{array}\right]}_{=:B_h} \begin{pmatrix} \eta \\ \delta_F \end{pmatrix}, \tag{5.6}$$

mit den fünf Zuständen $x = (\alpha, q, V, \gamma, h)^\top$.

　　Nun könnten wir mit diesem Entwurfsmodell die gleichen Methoden wie bei der
Geschwindigkeitsregelung anwenden und einen Regler entwerfen. Dieser ist allerdings nur
valide, solange alle Regelabweichungen klein blieben.[4] Bei der Höhenregelung kann es
aber nun vorkommen, dass große Ablagen zwischen Sollhöhe und aktueller Höhe entstehen, nämlich immer dann, wenn eine neue Sollhöhe kommandiert wird, die sich wesentlich
von der aktuellen Höhe unterscheidet. In diesem Fall würden im geschlossenen Regelkreis
unzulässig große Flugzustände entstehen. In diesem Zusammenhang muss insbesondere ein
exzessiver Bahnneigungswinkel vermieden werden. Für dieses Problem gibt es mehrere
Lösungsansätze.

---

[4]Eine wichtige Voraussetzung für die lineare Regelung im Allgemeinen ist, dass die Abweichung
vom Trimmpunkt nicht zu groß ist. Kleine Regelabweichungen waren bei den bisherigen Regelungs-
aufgaben stets gegeben.

Eine erste Möglichkeit ist die, die Höhenregelung erst dann zu aktivieren, wenn sich das Flugzeug in der Nähe der Sollhöhe befindet. Um in die Nähe eines (neuen) Höhensollwertes zu gelangen, kann die Geschwindigkeitsregelung von Abschn. 5.1.1 benutzt werden. In diesem Fall hätte man also Umschaltungen des Betriebszustandes vorliegen, nämlich von der Regelung des Bahnneigungswinkels zur Regelung der Höhe und umgekehrt. Eine zweite Möglichkeit ist die Vorgabe einer zeitabhängigen Führungsgröße $h_c(t)$ für die Höhe, die das Flugzeug auf eine neue Sollhöhe führt. Der Verlauf von h_c muss dann so gewählt werden, dass der Ausgang h des geschlossenen Regelkreises dem Sollwert folgen kann, sodass die aktuelle Höhenabweichung stets klein bleibt. Im Falle starker Störungen, beispielsweise durch vertikale Böen, ist es unter Umständen schwierig, diese Forderung einzuhalten. Außerdem haben beide Möglichkeiten eine relativ komplexe Software-Implementierung zur Folge.

Im Folgenden wird eine dritte Vorgehensweise erklärt, die sehr praktikabel ist, da sie sowohl zeitabhängige Sollwertberechnungen als auch Umschaltungen zwischen verschiedenen Autopilot-Betriebszuständen vermeidet. Das Grundprinzip besteht aus der Kaskadierung von zwei Regelkreisen, siehe auch [1, S. 190 ff.]. Hierzu betrachten wir das Entwurfsmodell (5.6) wieder als zwei getrennte Teilsysteme:

- Das nordwestliche Teilsystem vierter Ordnung aus (5.6) bestehend aus den Zuständen α, q, V und γ ist das Entwurfsmodell für einen inneren Regelkreis.
- Die letzte Zeile aus (5.6) bestehend aus dem Zustand h. Sie bildet die Grundlage für den äußeren Regelkreis der Höhenhaltung.

Wichtig bei einer kaskadierten Regelung ist, dass die beiden Teilsysteme nur in eine Richtung Kopplungen aufweisen. Dies ist hier der Fall, denn die rechte Spalte der Systemmatrix in Gl. (5.6) ist null. Die Höhe hat also keine Auswirkung auf die Dynamik der anderen Flugzustände. Abb. 5.4 zeigt eine Übersicht der kaskadierten Regelung zur Höhenhaltung.

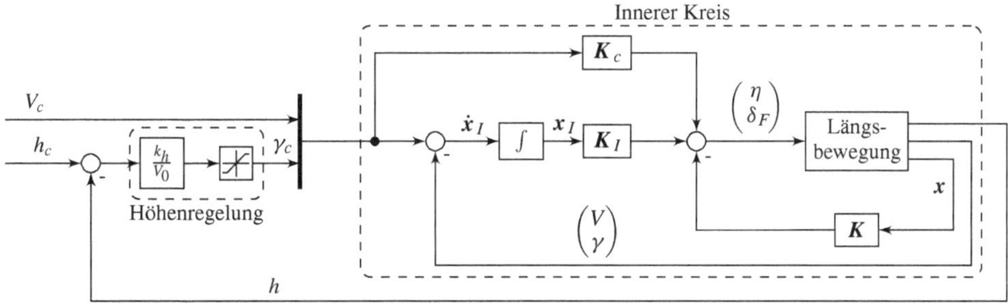

Abb. 5.4 Kaskadierter Autopilot für die Längsbewegung

Beim inneren Regelkreis greifen wir auf den integrierten Geschwindigkeitsregler (5.3) zurück, wie er in Abschn. 5.1.1 beschrieben ist. Somit kann neben der Höhe auch die Fluggeschwindigkeit V_c vorgegeben werden.

Die Folgeregelung für γ in der inneren Schleife gewährleistet bei Anregungen innerhalb der Bandbreite $\gamma = \gamma_c$. Diese Eigenschaft macht man sich für den äußeren Regelkreis zu nutze. Aus der letzte Zeile des Systems (5.6), nämlich $\dot{h} = V_0\,\gamma$, folgt dann

$$\dot{h} = V_0\,\gamma_c, \tag{5.7}$$

was wir als Entwurfsmodell für die Höhenregelung mit einer Stellgröße γ_c betrachten können. Es entspricht einem einfachen Integrator, entsprechend wählen wir eine einfache proportionale Rückführung der Form $\gamma_c = k_h\,\frac{h_c - h}{V_0}$ als Regelgesetz. Durch den Faktor V_0 im Nenner wird der Reglerentwurf unabhängig von der Geschwindigkeit. Damit die Entwurfsannahme $\gamma = \gamma_c$ erfüllt ist, muss die Bandbreite der Höhenregelung k_h deutlich kleiner als die Bandbreite der Geschwindigkeitsregelung gewählt werden.

Um zu große Bahnneigungswinkel zu vermeiden, kann nun die Stellgröße γ_c zusätzlich limitiert werden. Als Begrenzung wählen wir $\gamma_{\min} \leq \gamma \leq \gamma_{\max}$. Dies ist der entscheidende Vorteil der Kaskadierung gegenüber einem integrierten Entwurf für das System fünfter Ordnung. Der Höhenregler hat schließlich die Form

$$\gamma_c = L\left\{-\frac{k_h}{V_0}\,(h - h_c),\; \gamma_{\max},\; \gamma_{\min}\right\}, \tag{5.8}$$

wobei $L\{\cdot\}$ eine Limitierung folgender Form beschreibt:

$$L\{x,\; x_{\max},\; x_{\min}\} = \left\{\begin{array}{ll} x_{\max}, & \text{falls } x \geq x_{\max}, \\ x, & \text{falls } x_{\min} < x < x_{\max}, \\ x_{\min}, & \text{falls } x \leq x_{\min} \end{array}\right\}. \tag{5.9}$$

Ist der Höhenfehler groß und die Begrenzung somit aktiv, so reagiert der geschlossene Regelkreis mit einer konstanten Vertikalgeschwindigkeit $\dot{h} = \gamma_{\max}\,V_0$ beziehungsweise $\dot{h} = \gamma_{\min}\,V_0$ und einem dementsprechenden Bahnneigungswinkel.

Unter der Annahme, dass die Folgeregelung der Bahnneigung schnell ist, gilt $\gamma = \gamma_c$. Bei inaktiver Begrenzung folgt aus (5.7) und (5.8) die Dynamik des geschlossenen Regelkreises zu

$$\dot{h} = -k_h\,(h - h_c).$$

Es entspricht also einem Verzögerungsglied erster Ordnung mit Zeitkonstante $1/k_h$. Für $k_h > 0$ ist die Höhenregelung stabil, darüber hinaus ist stationär $h = h_c$, wie es beabsichtigt ist.

Für einen praktischen Entwurf sollte die Zeitkonstante deutlich innerhalb der Bandbreite des inneren Regelkreises liegen, sodass die Annahme $\gamma = \gamma_c$ auf jeden Fall erfüllt wird. Abschließend sei angemerkt, dass bei Systemen erster Ordnung eine Limitierung hinsichtlich

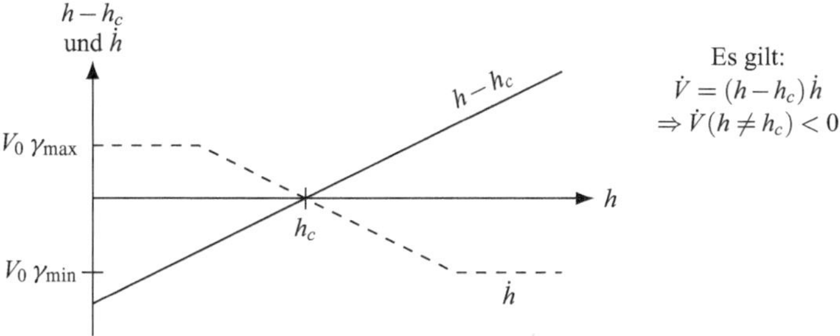

Abb. 5.5 Zur Ljapunov Funktion der Höhenregelung

der Stabilität unkritisch ist, was beispielsweise mithilfe der Ljapunov-Funktion $V = \frac{1}{2}(h - h_c)^2$ nachgewiesen werden kann, siehe auch [2, 3]. Es gilt $V(h = h_c) = 0$ und $V(h \neq h_c) > 0$. Für konstante Vorgabewerte h_c folgt die Ableitung

$$\dot V = (h - h_c)\,\dot h, \quad \dot h = V_0\, L \left\{ \frac{k_h}{V_0}\,(h_c - h),\; \gamma_{max},\; \gamma_{min} \right\}.$$

Wertet man nun die Limitierungsfunktion $L\{\cdot\}$ für alle drei Fälle aus, so zeigt sich, dass $\dot V(h \neq h_c) < 0$, siehe Abb. 5.5.

5.2.2 Kursregelung

Der Kurs χ eines Flugzeuges bestimmt die Bewegungsrichtung eines Flugzeugs in der Horizontalebene. Bei einer Regelung des Kurses benötigen wir ähnlich wie bei der Höhenhaltung ein Entwurfsmodell, das den Zustand χ mit beinhaltet.

Aus Gl. (2.11) kennen wir bereits den Zusammenhang $\chi = \beta + \psi$. Daraus folgt $\dot\chi = \dot\beta + \dot\psi$, oder mit $\dot\psi = r$ entsprechend

$$\dot\chi = \dot\beta + r.$$

Aus der Anschauung heraus wissen wir, dass Kursänderungen mithilfe eines Rollwinkelkommandos durchgeführt werden. Darum ist es sinnvoll, die Kursänderung als Funktion des Rollwinkels darzustellen. Mit der $\dot\beta$-Gleichung der Seitenbewegung (2.2) ergibt sich

$$\dot\chi = \frac{Y_\beta}{V_0}\,\beta + \frac{g}{V_0}\,\phi + \frac{Y_\zeta}{V_0}\,\zeta.$$

Mit dieser Zeile können wir das Entwurfsmodell vierter Ordnung (5.4) erweitern und erhalten

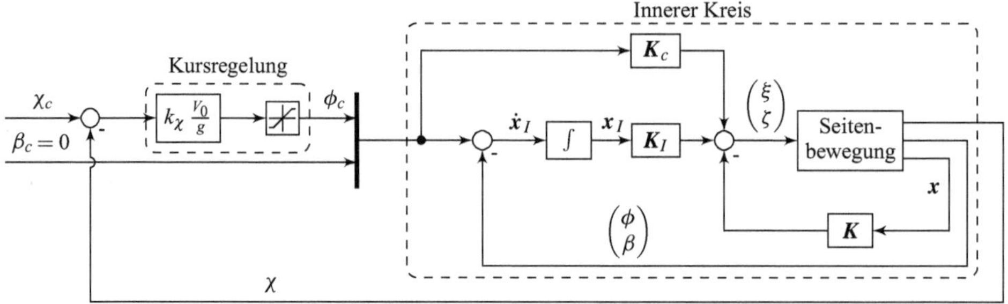

Abb. 5.6 Kaskadierter Autopilot für die Seitenbewegung

$$
\dot{x} =
\left[
\begin{array}{c|c}
A & \begin{matrix} 0 \\ 0 \\ 0 \\ 0 \end{matrix} \\
\hline
0 \ \frac{Y_\beta}{V_0} \ 0 \ \frac{g}{V_0} & 0
\end{array}
\right]
\underbrace{}_{=:A_\chi}
x +
\left[
\begin{array}{c}
B \\
\hline
0 \ \frac{Y_\zeta}{V_0}
\end{array}
\right]
\underbrace{}_{=:B_\chi}
\begin{pmatrix} \xi \\ \zeta \end{pmatrix},
\tag{5.10}
$$

mit den fünf Zuständen $x = (r, \beta, p, \phi, \chi)^\top$.

Auch hier ist die rechte Spalte der Systemmatrix null, wir können also wiederum zwei Teilsysteme identifizieren, die nur in eine Richtung verkoppelt sind. Das erste Teilsystem ist das ursprüngliche System vierter Ordnung mit den Parametermatrizen A und B. Das zweite Teilsystem besteht aus der letzten Zeile in Gl. (5.10). Da der wesentliche Effekt für Kursänderungen die Verkippung des Auftriebs ist, welcher ungefähr der Gewichtskraft entspricht, können wir für Entwurfszwecke auch näherungsweise schreiben

$$
\dot{\chi} \approx \frac{g}{V_0}\phi.
\tag{5.11}
$$

Dieser Vereinfachung liegt insbesondere zu Grunde, dass der Flug koordiniert erfolgt.[5]

Mit dem Entwurfsmodell bestehend aus der ersten Blockzeile aus Gl. (5.10) sowie der vereinfachten Kursdynamik (5.11) können wir wiederum einen kaskadierten Regler (Abb. 5.6) wählen. Der innere Regelkreis hat die Aufgabe, das System vierter Ordnung in Gl. (5.10) so zu regeln, dass der Rollwinkel ϕ einem kommandierten Wert ϕ_c folgt. Hierfür nutzen wir den Regler für die Rolllage (5.5), wie er oben beschrieben wurde. Dies erlaubt es, neben einem Rollwinkel auch einen Schiebewinkel vorzugeben und mit $\beta_c = 0$ schiebefreien Flug zu ermöglichen.

---

[5]Die spezifische Querkraft $Y = Y_\beta\,\beta + Y_\zeta\,\zeta$ ist also insgesamt vernachlässigbar. Da der Beitrag des Seitenruders prinzipiell klein ist, entspricht dies näherungsweise schiebefreiem Flug.

Die Folgeregelung für den Rollwinkel in der inneren Schleife gewährleistet $\phi = \phi_c$ innerhalb der Bandbreite. Für den äußeren Regelkreis bleibt dann das Entwurfsmodell (5.11) erster Ordnung, daher verwenden wir einen einfachen proportionalen Regler[6] $\phi_c = k_\chi \frac{V_0}{g} (\chi_c - \chi)$. Der Faktor V_0/g sorgt dafür, dass das Verhalten des geschlossenen Kreises unabhängig von der Geschwindigkeit und der Gravitationsbeschleunigung ist. Auch in diesem Fall sollte eine Limitierung hinzugefügt werden. Es ist

$$\phi_c = L \left\{ k_h \frac{V_0}{g} (\chi_c - \chi),\ \phi_{max},\ -\phi_{max} \right\}, \tag{5.12}$$

mit dem Begrenzer (5.9). Der Ausgang des Reglers ist also ein Sollwert für den Rollwinkel, der gegebenenfalls limitiert wird. Dieser Umstand ist aus praktischer Sicht außerordentlich nützlich, er ist der Grund für die Aufspaltung des Entwurfsmodells und die entsprechende Kaskadierung des Reglers. Der Wert für ϕ_{max} in Gl. (5.9) kann einfach auf den maximal zulässigen Rollwinkel gesetzt werden. Ist die Begrenzung aktiv, so folgt, wie gewünscht, eine konstante Änderung des Kurses. Bei inaktiver Begrenzung, das heißt, wenn man sich nahe am Sollkurs befindet, verhält sich der geschlossene Regelkreis entsprechend einem Verzögerungsglied erster Ordnung

$$\dot{\chi} = -k_\chi (\chi - \chi_c).$$

Dies folgt aus den Gl. (5.11) und (5.12) unter der Annahme einer schnellen Rollwinkelregelung, also $\phi = \phi_c$. Im stationären Zustand ist dann $\chi = \chi_c$.

Beim Entwurf der Kursreglers muss beachtet werden, dass die Bandbreite des äußeren Regelkreises deutlich kleiner ist als die des inneren Regelkreises, damit die Annahme $\phi = \phi_c$ stets erfüllt ist. Die Bandbreite der äußeren Kaskade für den Kurs ist k_χ. Mit der gleichen Begründung wie bei der Höhenregelung hat die Begrenzung des Ausgangs, also des kommandierten Rollwinkels, keinen Einfluss auf die Stabilität.

5.3 Einfache Bahnfolge

In diesem Abschnitt behandeln wir einen Autopiloten, der als Eingabeschnittstelle sogenannte Wegpunkte hat. Wegpunkte sind geo-referenzierte Punkte, die im einfachsten Fall durch Geradenstücke verbunden werden, die dann wiederum die Sollflugbahn beschreiben. Der Autopilot bewerkstelligt, dass das Flugzeug dauerhaft auf diese Sollflugbahn gelenkt wird. Dies ist der übliche Betriebsmodus einer Flugmission. Ein Fluglotse muss hier also nicht ständig Höhe und Kurs vorgeben. Die Wegpunkte stehen meistens vor dem eigentlichen Flug fest, können aber auch noch während des Fluges aktualisiert werden.

---

[6] An dieser Stelle muss darauf geachtet werden, dass der Kursfehler im zulässigen Wertebereich $-\pi < \chi_c - \chi \leq \pi$ liegt. Zu diesem Zweck kann gegebenenfalls $\pm 2\pi$ addiert werden. Somit werden Kursänderungen immer in die Richtung mit dem kleineren zu überstreichenden Winkel ausgeführt.

Bei den folgenden Ausführungen setzen wir funktionsfähige Folgeregelkreise für den Kurs χ_c und den Bahnneigungswinkel γ_c voraus, wie sie oben beschrieben sind.

5.3.1　Beschreibung der Sollbahn

Zuerst führen wir einige neue Bezeichnungen ein, die in Abb. 5.7 dargestellt sind. Die Grundlage bildet das erdfeste Koordinatensystem, bezeichnet durch den Index E, siehe Anhang A.1.1. Im E-System beschreiben wir zwei Wegpunkte, die wir mit r_0 und r_1 bezeichnen. Die gerade Verbindungslinie $s = r_1 - r_0$ zwischen diesen Wegpunkten beschreibt anschaulich die Sollbahn, deren Richtung durch zwei Winkel, nämlich einen Bahnneigungswinkel γ_0 und einen Bahnazimut χ_0 ausgedrückt werden kann. Mit $s = (s_x, s_y, s_z)^\top$ gilt

$$\gamma_0 = -\arcsin\left(s_z / \sqrt{s_x^2 + s_y^2}\right), \qquad \chi_0 = \operatorname{arctan2}\left(s_y, s_x\right).$$

Verknüpft mit der Sollbahn sei ein Koordinatensystem mit Index r. Der Ursprung des Sollbahnkoordinatensystems ist der letzte Wegpunkt r_0. Die Transformation vom E-System zum r-System ist durch die Winkel γ_0 und χ_0 definiert und setzt sich aus den zwei Elementardrehungen $T_{rE} = T_2(\gamma_0)\,T_3(\chi_0)$ zusammen:

$$T_{rE}(\gamma_0,\ \chi_0) = \begin{bmatrix} \cos(\gamma_0)\cos(\chi_0) & \cos(\gamma_0)\sin(\chi_0) & -\sin(\gamma_0) \\ -\sin(\chi_0) & \cos(\chi_0) & 0 \\ \sin(\gamma_0)\cos(\chi_0) & \sin(\gamma_0)\sin(\chi_0) & \cos(\gamma_0) \end{bmatrix}. \tag{5.13}$$

Wird die aktuelle Flugzeugposition r_{FZ} relativ zum Sollbahnkoordinatensystem ausgedrückt, so gilt

$$\Delta r = \begin{pmatrix} \Delta x \\ \Delta y \\ \Delta z \end{pmatrix} = T_{rE}({}_E r_{\mathrm{FZ}} - {}_E r_0). \tag{5.14}$$

wobei wir den linken unteren Index r jeweils weglassen. Es handelt sich also um die Flugzeugposition bezogen auf den letzten Wegpunkt r_0 dargestellt in Sollbahnkoordinaten. Der Eintrag Δx beschreibt dabei den Fortschritt entlang der Geraden. Wesentlich zur Lenkung sind die Δy- und Δz-Komponenten von Δr. Wie in Abb. 5.7 ersichtlich, können diese als lateraler und vertikaler[7] Abstand aufgefasst werden. Für einen Flug genau auf der Sollbahn gilt also $\Delta y = \Delta z = 0$. Im regelungstechnischen Sinn gilt es also, diese Größen asymptotisch zu stabilisieren.

---

[7] Vertikal bezieht sich dabei auf die Richtung der z_r-Achse.

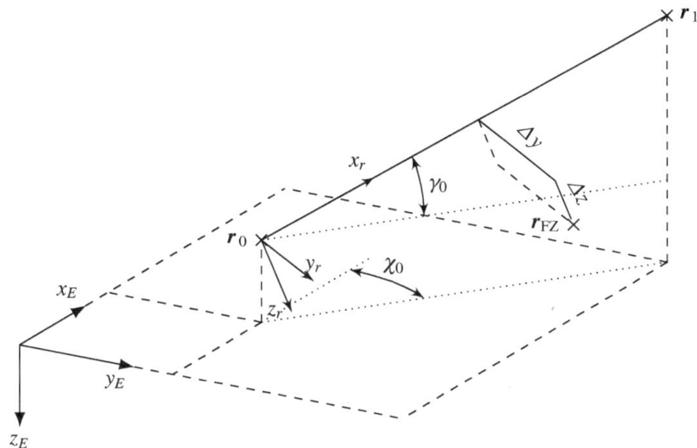

Abb. 5.7 Sollbahnkoordinatensystem

Wir gehen davon aus, dass die x-Richtung entlang der Sollbahn mit vorgegebener Geschwindigkeit durchflogen wird, das heißt wir behandeln in diesem Rahmen eine *Bahn*folge, keine Trajektorienfolge.[8]

5.3.2 Entwurfsmodell für die Bahnablage

Um ein Flugzeug auf die Sollbahn zu lenken, benötigen wir ein Entwurfsmodell, das die Dynamik der Relativposition Δr beschreibt, also ein rein kinematisches Modell. Wir formulieren es so, dass wir die beiden Winkel γ und χ der aktuellen Flugbahn als Stellgrößen auffassen können.

Die Ableitung der Relativposition ausgedrückt im Sollbahnkoordinatensystem lautet

$$\Delta \dot{r} = \begin{pmatrix} \Delta \dot{x} \\ \Delta \dot{y} \\ \Delta \dot{z} \end{pmatrix} = T_{rE} \left({}_E \dot{r}_{FZ} - {}_E \dot{r}_0 \right) + \dot{T}_{rE}\, \Delta r.$$

Die Änderung der Flugzeugposition entspricht der Bahngeschwindigkeit, es ist also ${}_E \dot{r}_{FZ} = {}_E v_K$. Da die Wegpunkte ruhen, gilt außerdem ${}_E \dot{r}_0 = 0$. Für den Flug entlang einer Geraden sind γ_0 und χ_0 konstant, das heißt $\dot{T}_{rE} = 0$. Somit folgt

---

[8] Von einer Trajektorie sprechen wir dann, wenn wir jeden Bahnpunkt mit einem Zeitpunkt verknüpfen. Die entsprechende Lenkung wäre in diesem Fall 4-dimensional, drei Dimensionen gegeben durch die Bahn (den Ort), eine Dimension durch die Zeit. Ein Alternative ist die Vorgabe eines Orts- und Geschwindigkeitsverlaufs.

$$\Delta \dot{r} = \begin{pmatrix} \Delta \dot{x} \\ \Delta \dot{y} \\ \Delta \dot{z} \end{pmatrix} = T_{rE}\, {}_E v_K. \tag{5.15}$$

In Analogie zur Sollbahn beschreiben wir die aktuelle Flugbahn durch den Bahnneigungswinkel γ und den Bahnazimut χ. Diese Winkel definieren die Richtung der Bahngeschwindigkeit V_K im erdfesten System und es gilt

$$_E v_K = T_{Ek} \begin{pmatrix} V_K \\ 0 \\ 0 \end{pmatrix} = V_K \begin{pmatrix} \cos(\gamma)\cos(\chi) \\ \cos(\gamma)\sin(\chi) \\ -\sin(\gamma) \end{pmatrix}. \tag{5.16}$$

Setzt man die Ausdrücke (5.13) und (5.16) in Gl. (5.15) ein und wertet die zweite und dritte Zeile aus, so ergibt sich

$$\Delta \dot{y} = V_K \cos(\gamma)\sin(\chi - \chi_0), \tag{5.17}$$
$$\Delta \dot{z} = V_K \Big(\cos(\gamma)\sin(\gamma_0)\cos(\chi - \chi_0) - \sin(\gamma)\cos(\gamma_0) \Big).$$

Diese beiden Gleichungen beschreiben die Dynamik des Querabstandes zur Sollbahn, also genau die Größen, die zu Null geregelt werden sollen. Die Winkel γ_0 und χ_0, welche im Gleichgewicht gelten, sind durch die Sollbahn vorgegeben. Die Bahnneigungswinkel γ und χ können als Steuereingänge betrachtet werden, da die in den vorherigen Abschn. 5.1.1 und 5.2.2 beschriebenen Regler Folgeverhalten für genau diese Größen gewährleisten. Basierend auf der Annahme, dass diese unterlagerten Kreise schnell sind, werden im Folgenden die tatsächlichen Winkel durch die kommandierten Vorgaben γ_c und χ_c ersetzt.

5.3.3 Reglerstruktur und Reglerentwurf

Im Entwurfsmodell (5.17) tauchen die Bahnneigungswinkel γ und χ in nichtlinearer Form auf. Darum führen wir neue Steuereingänge u_h und u_v ein, indem wir die gesamte rechte Seite ersetzen. Wir definieren

$$u_h = V_K \cos(\gamma_0)\sin(\chi_c - \chi_0), \tag{5.18}$$
$$u_v = V_K \Big(\cos(\gamma_c)\sin(\gamma_0)\cos(\chi_c - \chi_0) - \sin(\gamma_c)\cos(\gamma_0) \Big).$$

Unter der Annahme gut funktionierender Regelkreise für den Bahnneigungswinkel und den Kurs haben wir die aktuellen Werte γ und χ durch die kommandierten Werte γ_c und χ_c ersetzt. Damit entstehen ersatzweise zwei triviale Entwurfsstrecken, $\Delta \dot{y} = u_h$ und $\Delta \dot{z} = u_v$. Diese können recht einfach mit proportionalen Reglern stabilisiert werden, nämlich $u_h = -k_h \Delta y$ und $u_v = -k_v \Delta z$. Das führt auf die geschlossenen Regelkreise

$$\Delta \dot{y} = -k_h \, \Delta y, \qquad \Delta \dot{z} = -k_v \, \Delta z. \tag{5.19}$$

Die beiden Steuerungen u_h und u_v repräsentieren also geforderte Annäherungsgeschwindigkeiten bezüglich der Sollbahn.

Die eigentlichen Stellgrößen γ_c und χ_c können nun durch Invertierung von Gl. (5.18) berechnet werden. Diese Methode ist in der Regelungstheorie als nichtlineare Entkopplung oder E/A-Linearisierung bekannt und bei Systemen erster Ordnung recht einfach, siehe auch [2, 3]. Es ergibt sich[9,10]

$$\chi_c = \arcsin \left(\frac{u_h}{V_K \cdot \cos(\gamma_0)} \right) + \chi_0, \tag{5.20}$$

$$\gamma_c = \arcsin \left(\frac{-u_v}{V_K \cdot \sqrt{\cos^2(\gamma_0) + (\sin(\gamma_0) \cos(\chi_c - \chi_0))^2}} \right)$$
$$+ \arctan 2 \left(\sin(\gamma_0) \cos(\chi_c - \chi_0), \, -\cos(\gamma_0) \right).$$

Die Invertierung kann auch geometrisch interpretiert werden. Die beiden Winkel χ_c und γ_c beschreiben die gewünschte Flugrichtung. In diesem Sinne beantwortet Gl. (5.20) die Frage, wie der Geschwindigkeitsvektor mit gegebenem Betrag V_K ausgerichtet werden muss, damit die geforderten Annäherungsgeschwindigkeiten $u_h = \Delta \dot{y}$ und $u_v = \Delta \dot{z}$ realisiert werden können.

Zur Berechnung der Invertierungen (5.20) muss beachtet werden, dass die Argumente in den arcsin-Funktionen dem Betrag nach kleiner eins sind. Daraus ergeben sich folgende Bedingungen:

$$|u_h| \leq V_K \cos(\gamma_0), \tag{5.21}$$

$$|u_v| \leq V_K \sqrt{\cos^2(\gamma_0) + (\sin(\gamma_0) \cos(\chi_c - \chi_0))^2}.$$

Die gesamte Reglerstruktur ist in Abb. 5.8 dargestellt. Die Steuerungen u_h und u_v werden begrenzt, um die Bedingungen (5.21) einzuhalten. Zusätzlich wird noch der Bahnneigungswinkel aus operationellen Gründen auf $\gamma_{\min} \leq \gamma_c \leq \gamma_{\max}$ beschränkt. Für eine gegebene Geschwindigkeit V_0 hängen diese Limits direkt mit einer maximalen Steigrate $\dot{h}_{\max} = V_0 \sin(\gamma_{\max})$ und Sinkrate $\dot{h}_{\min} = V_0 \sin(\gamma_{\min})$ zusammen. Die Symbole T_χ und T_γ bezeichnen die geschlossenen Regelkreise für die Bahnneigungswinkel, wie sie im obigen Abschnitt beschrieben sind.

Beim Entwurf der Verstärkungen k_v, k_h ist zu beachten, dass die Bandbreite der Bahnregelkreise kleiner sein muss als die Bandbreiten $\omega_\chi = k_\chi$, $\omega_\gamma = k_\gamma$ der geschlossenen Regelkreise T_χ, T_γ, beispielsweise um einen Faktor 4. Dann muss also gelten $k_h \leq \frac{\omega_\chi}{4}$, $k_v \leq \frac{\omega_\gamma}{4}$.

---

[9]Basierend auf der Annahme, dass die vertikale Korrektur u_v klein ist, wird für die Berechnung des Sollkurses $\gamma_c = \gamma_0$ angenommen.

[10]Bei der Berechnung von γ_c nutzen wir den Zusammenhang $a \sin x + b \cos x = -\sqrt{a^2 + b^2} \sin(x - \delta), \ \delta = \arctan 2(b, -a)$.

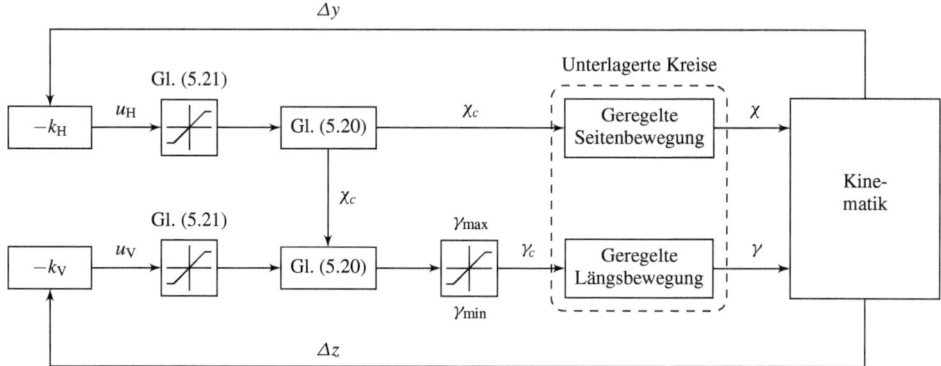

Abb. 5.8 Übersicht zur Bahnregelung

5.3.4 Umschaltung zwischen Geradenstücken

In der Regel besteht eine Flugbahn aus mehreren Geradenstücken, die durch eine Reihe von Wegpunkten spezifiziert werden. Um nun eine komplette Folge aus Geradenstücken abzufliegen, muss eine Umschaltstrategie definiert werden. Wir gehen davon aus, dass die Wegpunkte nicht genau überflogen werden müssen. Stattdessen soll so umgeschaltet werden, dass die resultierende Bahn von zwei aufeinanderfolgenden Geradenstücken tangential berührt wird, wie es in Abb. 5.9 dargestellt ist.

Eine entscheidende Rolle bei der Umschaltung spielt der Kurvenradius R. Unter der Annahme eines stationären koordinierten Kurvenfluges, also $\beta = 0$, mit konstanten Rollwinkel ϕ ergibt sich der Kurvenradius aus stationären Betrachtungen zu

Abb. 5.9 Definition von zwei Sollbahnabschnitten und deren tangentiale Verbindung

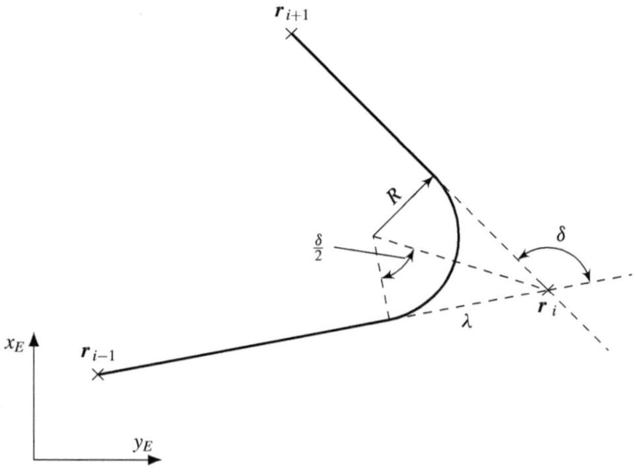

$$R = \frac{V^2}{g \, \tan(\phi)}.$$

Da bei der Umschaltung im Allgemeinen große Richtungsänderungen auftreten können, stellt die Annahme $\phi = \phi_{\text{max}}$ eine sinnvolle Wahl dar.

Wir gehen nun davon aus, dass sich das Flugzeug auf der Geradenstrecke s_i zwischen dem alten Wegpunkt r_{i-1} und dem aktuellen Wegpunkt r_i befindet. Der Kursänderungswinkel δ ist gegeben durch

$$\cos(\delta) = \frac{s_{i+1}^\top s_i}{|s_{i+1}| \, |s_i|},$$

mit $s_{i+1} = r_{i+1} - r_i$ und $s_i = r_i - r_{i-1}$, siehe Abb. 5.9. Aus geometrischen Betrachtungen können wir ableiten, dass in einem Abstand

$$\lambda = R \, \tan\left(\frac{|\delta|}{2}\right)$$

vor dem Erreichen des aktuellen Wegpunktes r_i auf das neue Geradenstück s_{i+1} umgeschaltet werden muss, um die tangentiale Bahn zu realisieren, siehe Abb. 5.10. Nach der Umschaltung wird auf das neue Geradenstück eingelenkt und so der neue Wegpunkt r_{i+1} angeflogen.

Nun stellt sich noch die Frage, wie ein Umschaltkriterium sinnvoll definiert werden kann. In Abb. 5.10 sind zwei Möglichkeiten dargestellt.

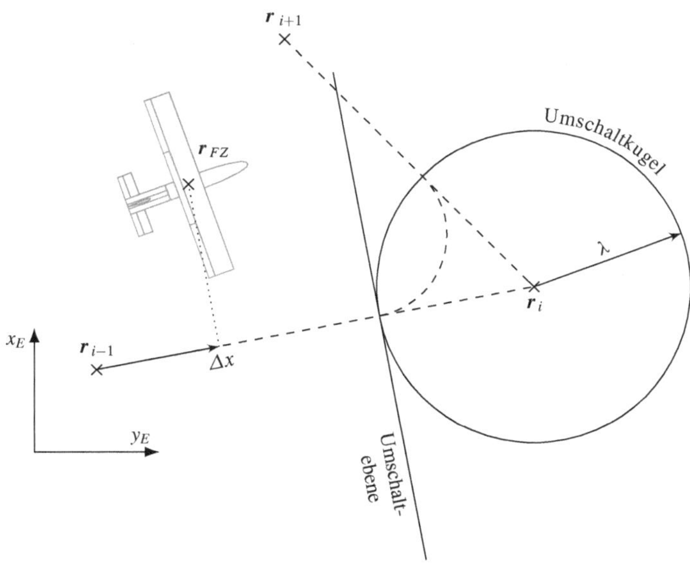

Abb. 5.10 Umschaltbedingungen, Vergleich Umschaltkugel und -ebene

1. *Umschaltkugel.* Es soll umgeschaltet werden, sobald das Flugzeug in eine Kugel mit einem Radius λ um den aktuellen Wegpunkt r_i einfliegt. Das Umschaltkriterium ist in diesem Fall $|r_{FZ} - r_i| \leq \lambda$.
2. *Umschaltebene.* In diesem Fall soll umgeschaltet werden, wenn das Flugzeug eine Ebene durchtritt, die senkrecht auf dem aktuellen Streckenabschnitt s_i liegt und vom aktuellen Wegpunkt r_i den Abstand λ hat, siehe Abb. 5.10. Das Umschaltkriterium ist dann $\Delta x = (r_{FZ} - r_{i-1})^{\top} \frac{s_i}{|s_i|} \geq |s_i| - \lambda$.

Die Methode der Umschaltkugel ist weit verbreitet, hat allerdings aus praktischer Sicht mehrere Nachteile. Der Umschaltabstand wird kleiner, sobald die nominale Höhe nicht mehr genau eingehalten wird, was sich in einem unerwünschten Bahnverlauf äußern kann. Darüber hinaus kann es vorkommen, dass die Umschaltkugel vom Flugzeug gar nicht getroffen wird. Die Gründe hierfür können große Störungen, zeitlich kurz hintereinander auftretende Umschaltpunkte, kleine Umschaltradien oder kleine Richtungsänderungen ($\lambda \approx 0$) sein. Daher wird für praktische Einsatzzwecke eine Umschaltebene empfohlen.

Literatur

1. Keviczky, L., Bars, R., Hetthéssy, J., Bányász, C.: Control Engineering. Springer, Berlin (2019). https://doi.org/10.1007/978-981-10-8297-9. https://www.ebook.de/de/product/35082904/csilla_banyasz_ruth_bars_jeno_hetthessy_laszlo_keviczky_control_engineering.html
2. Khalil, H.K.: Nonlinear Systems. Prentice Hall, Upper Saddle River (2002)
3. Unbehauen, R.: Systemtheorie 2: Mehrdimensionale, adaptive und nichtlineare Systeme. De Gruyter & Oldenbourg Berlin (1998). https://www.ebook.de/de/product/1467775/rolf_unbehauen_systemtheorie_2.html

Lenkung und Bahnplanung 6

Einfache Autopiloten, wie sie im vorherigen Abschnitt beschrieben werden, sind zwar für viele Zwecke praktikabel, sie haben jedoch zwei wesentliche Beschränkungen. Erstens wird eine Bahn lediglich durch eine Folge von Geradenstücken beschrieben, selbst elementare Prozeduren oder Flugmanöver wie beispielsweise Kreise mit vorgegebener Vertikalgeschwindigkeit oder Warteschleifen (engl. Holdings) können damit nicht realisiert werden. Zweitens ist das Bewegungsverhalten bei Umschaltungen zwischen Sollgeraden nicht präzise definiert, sondern entspricht einem Übergangsvorgang bei der Regelung auf einen neuen Sollwert. In diesem Abschnitt behandeln wir Autopiloten, die diese Lücken schließen. Dies umfasst folgende Aufgabenbereiche.

a) Beschreibung und Berechnung einer Sollflugbahn, die nominal in allen Flugzuständen realisierbar ist. Hierzu müssen Flugleistungsgrenzen und Flugeigenschaftsforderungen eingehalten werden.
b) Berechnung von Sollwerten für alle nominalen Flugzustände. Die Sollwerte werden auf Basis der im ersten Schritt vorgegebenen Bahn berechnet. Einige Sollwerte der Flugzustände können als sogenannte Vorsteuerungen aufgeschaltet werden, um ein agiles Folgeverhalten zu ermöglichen.
c) Verfahren zur Lenkung und Regelung auf die Sollflugbahn. Hierzu gehört zunächst die Berechnung der Abweichung von der Sollflugbahn. Die Lenkung erfolgt durch Vorgabe geeigneter Werte für die Bahngeschwindigkeit V_K, den Bahnazimut χ, den Bahnneigungswinkel γ und den Rollwinkel ϕ. Unterlagerte Regelkreise[1] sorgen dafür, dass die Vorgabewerte eingestellt werden.

---

[1] Damit sind die unterlagerten Regelkreise der vorherigen Kapitel gemeint.

© Springer-Verlag GmbH Deutschland, ein Teil von Springer Nature 2020
W. Fichter und J. Stephan, *Flugregelung*,
https://doi.org/10.1007/978-3-662-60907-1_6

Bei diesen drei Aufgaben betrachten wir großräumige Flugzeugbewegungen, die entsprechenden Bewegungsmodelle sind daher nichtlinear.[2]

Die Eingabeschnittstelle ist wie bei den einfachen Autopiloten eine Liste von Wegpunkten im 3-dimensionalen Raum, die eine Flugmission repräsentiert. Dies entspricht den Angaben, die beispielsweise in einem Flugplan angegeben sind.

6.1 Bahnbeschreibung

6.1.1 Dubins Problem

Um uns einen grundsätzlichen Einblick in die Beschreibung und Berechnung von Bahnen zu verschaffen, beginnen wir mit einer oberflächlichen Betrachtung und nehmen der Einfachheit halber zunächst an, dass vertikale und horizontale Bahnänderungen zeitlich getrennt sind. Außerdem nehmen wir eine konstante Bahngeschwindigkeit V_K des Flugzeuges an. Wir betrachten nun lediglich den horizontalen Bahnverlauf, beispielhaft dargestellt in Abb. 6.1. Ein vereinfachtes Bewegungsmodell hierfür lautet

$$\begin{pmatrix} \dot{r}_x \\ \dot{r}_y \end{pmatrix} = V_K \begin{pmatrix} \cos(\chi) \\ \sin(\chi) \end{pmatrix}, \qquad \dot{V}_K = 0,$$

$$\dot{\chi} = \frac{g}{V_K} \tan(\phi), \qquad |\dot{\chi}| \leq \dot{\chi}_{\max}. \tag{6.1}$$

Die Ortskoordinaten r_x und r_y repräsentieren die Flugzeugposition in der Horizontalebene[3], ausgedrückt in einem erdfesten Koordinatensystem. Für eine gegebene Fluggeschwindigkeit V_K ist die Wenderate $\dot{\chi}$ eine Funktion des Rollwinkels ϕ. Gl. (6.1) gilt für einen schiebefreien, stationären Kurvenflug. Die maximale Wenderate $\dot{\chi}_{\max}$ hängt direkt mit der Rollwinkelbegrenzung $|\phi| \leq \phi_{\max} < 90°$ zusammen.

Nun fragen wir uns, wie der kürzeste und damit auch schnellste Pfad[4] zwischen dem Anfangszustand $(r_x(a), r_y(a), \chi(a))$ und dem Endzustand $(r_x(b), r_y(b), \chi(b))$ aussehen muss, siehe Abb. 6.1. Diese Aufgabe ist unter dem Namen Dubins Problem bekannt [2].

Für ein Dubins Problem gilt, dass sich die Lösung aus Rechtskurven (R) mit maximaler Wenderate $\dot{\chi}_{max}$, Geraden (S) mit $\dot{\chi} = 0$ sowie Linkskurven (L) mit maximaler negativer Wenderate $-\dot{\chi}_{max}$ zusammensetzt. Der entsprechende Kurvenradius lautet

$$R = \frac{V_K}{\dot{\chi}_{max}}.$$

---

[2]Dies war auch bei den einfachen Autopiloten in Abschn. 5.3 der Fall.
[3]Hier wird flache Erde angenommen.
[4]Dies gilt bei konstanter Bahngeschwindigkeit, was hier mit $\dot{V}_K = 0$ vorausgesetzt wird.

Weiterhin gilt, dass ein optimaler Pfad immer genau aus drei dieser Elemente besteht. Somit existieren wie in Abb. 6.2 ersichtlich für das Dubins Problem sechs mögliche Lösungskandidaten, nämlich (RSR), (RSL), (LSR), (LSL), (RLR) und (LRL). Einer dieser Kombinationen ist also garantiert der kürzeste Pfad.

Da die Kurvenanteile von Dubins Pfaden immer mit maximaler Wenderate $\pm\dot{\chi}_{max}$ durchgeführt werden, bedeutet das für Flugzeuge, dass jeweils mit maximalem Rollwinkel $\pm\phi_{max}$ geflogen werden muss, siehe Gl. (6.1). Daraus folgt unmittelbar, dass sich an den Übergangsstellen zwischen Geraden- und Kreisstücken Unstetigkeiten für den Rollwinkel ergeben, wie es in Abb. 6.1 dargestellt ist. Weitere Ableitungen, also beispielsweise die Rollrate sind dann nicht mehr definiert. Wir erkennen also, dass sich Dubins Pfade mit einem Flugzeug nicht realisieren lassen und dass hierbei die Differenzierbarkeit der Bahn eine elementare Rolle spielt.

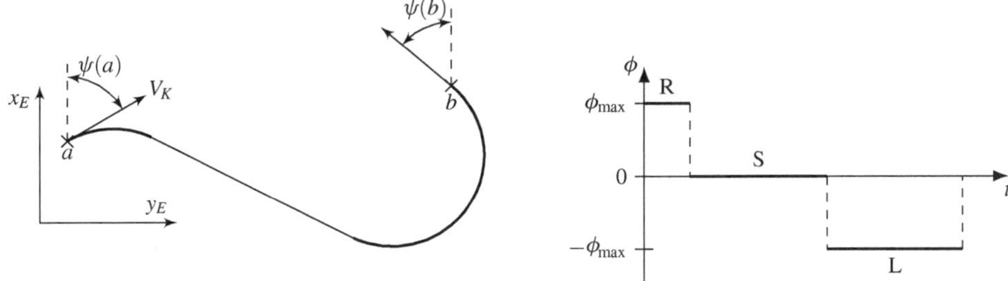

Abb. 6.1 Dubins Pfad, Beispiel (RSL)

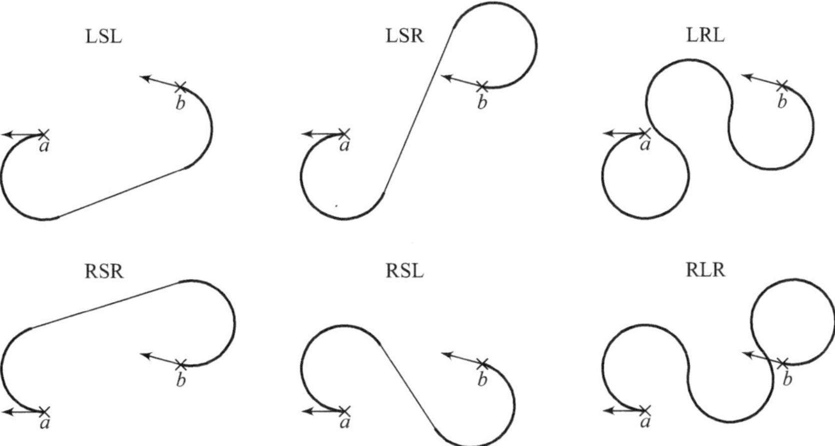

Abb. 6.2 Dubins Pfad Kandidaten

Dieser Zusammenhang ist nicht nur auf die Rollachse beschränkt, sondern kann allgemein formuliert werden: Betrachtet man eine nominale Flugzeugbewegung, so hängt die Stetigkeit der nominalen Zustände und Steuerungen mit der Differenzierbarkeit der nominalen Flugbahn zusammen. Aus diesen Beobachtungen folgen nun zwei wichtige Konsequenzen für eine praktisch anwendbare Bahnbeschreibung.

- Erstens muss eine Bahnbeschreibung erlauben, dass Bahnen genügend oft differenzierbar sind und somit alle Flugzustände und Steuerungen stetig sind. Was in diesem Zusammenhang „genügend oft differenzierbar" bedeutet, behandeln wir unten.
- Zweitens soll eine Bahnbeschreibung ermöglichen, dass ein Dubins Pfad in der Horizontalebene zumindest angenähert werden kann.

Die Forderung nach Differenzierbarkeit können wir uns auch flugmechanisch klar machen. Ein Rollwinkel bewirkt eine Querbeschleunigung[5] und somit eine Richtungsänderung der Bahn, also eine Kurve. Die Rollrate entspricht dann der Ableitung dieser Beschleunigung, also dem horizontalen Ruck normal zur Bahn. Verlangen wir also beispielsweise, dass einer nominalen Flugbewegung eine limitierte Drehrate zugrunde liegen soll, so muss der Rollwinkel stetig und die translatorische Geschwindigkeit der Bahn und damit der Bahnazimut stetig differenzierbar sein.

Als nächstes behandeln wir eine Bahnbeschreibungsform, die diese Forderungen *grundsätzlich* erfüllt.

6.1.2 Splines

Um den oben formulierten Forderungen an eine Bahnbeschreibung zu genügen, bieten sich sogenannte Splines mit $N \geq 3$ an. Dies sind stückweise Polynome N-ter Ordnung, die aneinandergereiht werden und so eine komplette Flugbahn beschreiben können. Splines haben die Eigenschaft, dass an den Schnittstellen zwischen einzelnen Polynomstücken eine $N - 1$-fache stetige Differenzierbarkeit gewährleistet ist.

Im Gegensatz zu Geraden und Kreisbögen erlauben stückweise Polynome die Näherungsbeschreibung von komplexeren nominalen Flugbahnen. Die Eigenschaft der Differenzierbarkeit[6] stellt die flugmechanische Umsetzung aller Zustände und Steuerungen entlang der gesamten Bahn sicher.

Nun betrachten wir den allgemeineren Fall einer Trajektorie. Zusätzlich zu einer dreidimensionalen Bahn $r(t)$ wird also noch eine skalare Bahngeschwindigkeit $V_K(t) = \|\dot{r}(t)\|$

---

[5]Der Rollwinkel verkippt die Auftriebskraft und bewirkt so eine Querbeschleunigung bezüglich der Flugrichtung. Dies ist der wesentliche Effekt beim Kurvenflug.

[6]Damit diese Eigenschaft zum Tragen kommt, muss die Ordnung N der Splines ausreichend hoch gewählt werden.

vorgegeben. Um eine Trajektorie im Raum zu definieren, können 4-dimensionale Polynomstücke N-ter Ordnung verwendet werden:

$$\begin{pmatrix} V_K(\tau) \\ \boldsymbol{r}(\tau) \end{pmatrix} = \sum_{i=0}^{N} \begin{pmatrix} a_i\,\tau^i \\ \boldsymbol{b}_i\,\tau^i \end{pmatrix}.$$

Hier ist $\tau \in [0,\,1]$ der Laufparameter, welcher den Fortschritt entlang des aktuellen Polynomstückes beschreibt. Bei $\tau = 1$ erfolgt der Übergang zum nächsten Abschnitt. Die Parameter a_i und $\boldsymbol{b}_i$ geben die Verläufe der Position und der Geschwindigkeit vor.

Splines stellen eine generische Ansatzfunktion dar. Durch geeignete Wahl von a_i und $\boldsymbol{b}_i$ können praktisch nahezu beliebige Bahnverläufe angenähert werden. Um aus einem gegebenen Spline die Verläufe der Zustände und Steuerungen zu erhalten, müssen die Ableitungen $d^n\boldsymbol{r}/dt^n$ berechnet werden.[7] Für die ersten drei Ableitungen gilt

$$\dot{\boldsymbol{r}} = \dot{\tau}\,\boldsymbol{r}', \qquad \dot{V}_K = \dot{\tau}\,V_K', \qquad \dot{\tau} = \frac{V_K}{\|\boldsymbol{r}'\|}, \tag{6.2}$$

$$\ddot{\boldsymbol{r}} = \ddot{\tau}\,\boldsymbol{r}' + \dot{\tau}^2\,\boldsymbol{r}'', \qquad \ddot{V}_K = \ddot{\tau}\,V_K' + \dot{\tau}^2\,V_K'', \qquad \ddot{\tau} = \frac{V_K\,V_K'}{\|\boldsymbol{r}'\|^2} - \frac{V_K^2}{\|\boldsymbol{r}'\|^4}\left((\boldsymbol{r}')^\top \boldsymbol{r}''\right),$$

$$\dddot{\boldsymbol{r}} = \dddot{\tau}\,\boldsymbol{r}' + 3\,\dot{\tau}\,\ddot{\tau}\,\boldsymbol{r}'' + \dot{\tau}^3\,\boldsymbol{r}''',$$

$$\dddot{\tau} = \frac{V_K}{\|\boldsymbol{r}'\|^3}\left((V_K')^2 + V_K\,V_K''\right) + \frac{V_K^3}{\|\boldsymbol{r}'\|^5}\left(\frac{4\left((\boldsymbol{r}')^\top \boldsymbol{r}''\right)^2}{\|\boldsymbol{r}'\|^2} - \|\boldsymbol{r}''\|^2 - (\boldsymbol{r}')^\top \boldsymbol{r}''' - \frac{2V_K'}{V_K}\right).$$

Die Ableitungen nach dem Laufparameter werden wie folgt berechnet:

$$\boldsymbol{r}'(\tau) = \frac{d}{d\tau}\boldsymbol{r} = \sum_{i=1}^{N} i\,\boldsymbol{b}_i\,\tau^{i-1}, \qquad V_K' = \sum_{i=1}^{N} i\,a_i\,\tau^{i-1}$$

$$\boldsymbol{r}''(\tau) = \frac{d^2}{d\tau^2}\boldsymbol{r} = \sum_{i=2}^{N} i\,(i-1)\,\boldsymbol{b}_i\,\tau^{i-2}, \qquad V_K'' = \sum_{i=2}^{N} i\,(i-1)\,a_i\,\tau^{i-2}$$

$$\boldsymbol{r}'''(\tau) = \frac{d^3}{d\tau^3}\boldsymbol{r} = \sum_{i=3}^{N} i\,(i-1)\,(i-2)\,\boldsymbol{b}_i\,\tau^{i-3}.$$

Auch für höhere Ableitungen bis zum Grad $\frac{d^N}{dt^N}\boldsymbol{r}$ können entsprechende Formeln angegeben werden. Im Folgenden gehen wir also von einer Bahn- beziehungsweise Trajektorienbeschreibung aus, deren Ableitungen bis zu einer vorgegebenen Ordnung N existieren. Wie groß N sein sollte, sehen wir im nächsten Abschnitt. Weiterhin nehmen wir an, dass die Parameter a_i, $\boldsymbol{b}_i$ gegeben sind.[8]

---

[7] Eine genaue Erklärung hierfür erfolgt im nächsten Abschnitt.

[8] Diese Parameter hängen von der Gestalt, also von der Konstruktion der nominalen Trajektorie ab. Zur Berechnung gibt es Standardverfahren, auf die wir hier nicht eingehen.

6.2 Sollwertberechnung

6.2.1 Flachheit

Das Konzept der Flachheit bei nichtlinearen System bildet die theoretische Grundlage zur Sollwertberechnung, darum wird es im Folgenden kurz angerissen. Die Flachheit eines nichtlineares Systems ist vergleichbar mit der Steuerbarkeit bei linearen Systemen. Ein System $\dot{x} = f(x, u)$ mit Zustand x und Eingang u wird als flach bezeichnet, wenn es einen Ausgang $y = h(x, u)$ gibt, mit dem Zustand x und Eingang u in folgender Form ausgedrückt werden können

$$x = g_1\left(y, \dot{y}, \ddot{y}, \ldots, \tfrac{d^{(i-1)}}{dt^{(i-1)}} y\right),$$

$$u = g_2\left(y, \dot{y}, \ddot{y}, \ldots, \tfrac{d^i}{dt^i} y\right),$$

siehe auch [1]. Zustand und Eingang können also zu jedem Zeitpunkt mit dem Ausgang sowie einer endlichen Anzahl i dessen Ableitungen ausgedrückt werden.

Wenn ein flaches System vorliegt, kann man für einen Verlauf des Ausgangs die zugehörigen Systemzustände und Eingänge berechnen. Diesen Sachverhalt können wir uns bei der Bahnplanung und der Berechnung von Sollwerten der Flugzustände zu nutze machen. Wir definieren den Ortsverlauf $r(t)$ als Ausgang und beschreiben alle für uns relevanten Zustandsgrößen in Abhängigkeit des Ortsverlaufes und dessen Ableitungen. Gelingt dies, so liegt damit die maximale Ableitung des Ortsverlaufs $\frac{d^i}{dt^i} y$ fest und folglich die Ordnung, die eine Bahnbeschreibung haben muss. Für die Ordnung der Splines folgt dann $N = i + 1$, damit die benötigten Ableitungen bis zum i-ten Grad über den ganzen Splinezug inklusive der Übergänge stetig sind.

6.2.2 Position als flacher Ausgang

In diesem Abschnitt betrachten wir die Position $r(t) = (r_x(t), r_y(t), r_z(t))^\top$ des Flugzeugs als Systemausgang. $r(t)$ sei gegeben im erdfesten Koordinatensystem. Der Zusammenhang zwischen der Splinedarstellung $r(\tau)$, $V_K(\tau)$ und der Zeitfunktion $r(t)$ ist durch (6.2) gegeben. Durch eine Lösung der Gleichung

$$\frac{d\tau}{dt} = \frac{V_K(\tau)}{\|r'(\tau)\|}$$

kann $\tau(t)$ berechnet und der Splineparameter τ somit durch die Zeit t ersetzt werden.[9] Allerdings ist dies praktisch gar nicht notwendig, sondern nur die Berechnung der zeitlichen Ableitungen gemäß (6.2).

---

[9]Die Differenzialgleichung $\frac{d\tau}{dt} = \frac{V_K(\tau)}{\|r'(\tau)\|}$ hat in der Regel keine geschlossene Lösung.

Die Aufgabe besteht nun darin, alle Flugzustände als Funktion der Position und deren Ableitungen auszudrücken. Diese Beschreibung wenden wir dann auf die Solltrajektorie an und können so für alle Flugzustände Sollwerte berechnen [4, 5]. Um ein geeignetes Modell zu definieren, machen wir zunächst vereinfachende Annahmen: der Wind sei still und wir vernachlässigen die aerodynamischen Winkel $\alpha \approx 0$ und $\beta \approx 0$. In diesem Fall ist $\chi = \psi$, $\gamma = \theta$ und $\mu = \phi$. Die Lage des Flugzeuges können wir also durch Bahnazimut und Bahnneigungswinkel χ und γ sowie durch den Rollwinkel ϕ beschreiben, wobei letzterer dem Flugwindhängewinkel μ entspricht. Diese drei Größen beschreiben die Lage gegenüber dem erdfesten System. Hinzu kommen der Geschwindigkeitsvektor $\dot{r}$ und die Drehraten $\omega = (p \; q \; r)^{\top}$, jeweils gegenüber dem erdfesten System. Die Geschwindigkeit sei im erdfesten System ausgedrückt, die Drehraten im körperfesten System.

Um die Flugbewegung mit den oben angegebenen Zuständen zu beschreiben, eignet sich ein rein kinematisches Bewegungsmodell. Die Berücksichtigung von Stellgrößen, also Schub und Steuerflächeneinsteuerung ist nicht erforderlich, da wir von Basisregelkreisen mit gutem Folgeverhalten ausgehen. Die Kinematik der Translation ist gegeben durch

$$
\dot{r} = T_{Ek}
\begin{pmatrix} V_K \\ 0 \\ 0 \end{pmatrix}
=
\begin{pmatrix} \cos(\gamma) \cos(\chi) \\ \cos(\gamma) \sin(\chi) \\ -\sin(\gamma) \end{pmatrix} V_K .
\tag{6.3}
$$

Die Kinematik der Rotation entspricht der üblichen Beschreibung mit Kardanwinkeln, allerdings werden die Lagewinkel θ, ψ durch die Bahnwinkel γ, χ ersetzt, da die aerodynamischen Winkel α, β vernachlässigt werden. Es ist dann

$$
\begin{pmatrix} \dot{\phi} \\ \dot{\gamma} \\ \dot{\chi} \end{pmatrix}
=
\begin{bmatrix}
1 & \frac{\sin(\phi)\sin(\gamma)}{\cos(\gamma)} & \frac{\cos(\phi)\sin(\gamma)}{\cos(\gamma)} \\
0 & \cos(\phi) & -\sin(\phi) \\
0 & \frac{\sin(\phi)}{\cos(\gamma)} & \frac{\cos(\phi)}{\cos(\gamma)}
\end{bmatrix}
\begin{pmatrix} p \\ q \\ r \end{pmatrix} .
\tag{6.4}
$$

In den Gl. (6.3) und (6.4) tauchen alle Flugzustände auf, für die Sollwerte berechnet werden sollen, entweder als Zustände oder als Eingänge.

Nun berücksichtigen wir noch die Bedingung für koordinierten Flug, was im Nominalfall stets sinnvoll ist. Die Anforderung hierfür lautet, dass die körperfeste y-Beschleunigung verschwinden muss.[10] Aus der Beschleunigungsmessung (3.2) und dem Zusammenhang mit Bewegungsgrößen (3.3) erhalten wir für die Querbeschleunigung

$$
0 = a_{my} = \dot{v} + r\,u - p\,w - \sin(\phi)\cos(\theta)\,g
\tag{6.5}
$$
$$
= V_k\,r - \sin(\phi)\cos(\gamma)\,g .
$$

---

[10] Koordinierter Flug $a_{my} = 0$ deckt sich weitgehend mit der Bedingung für Schiebefreiheit $\beta = 0$. Genauer gesagt gilt stationär $a_{my} = \beta = 0$ immer dann, wenn die Querkraft durch das Seitenruder vernachlässigt werden kann, also falls $Y_\zeta = 0$ gilt.

Die y- und z-Komponenten der Geschwindigkeit v und w sind null, die x-Komponente ist $u = V_K$. Dies ist dadurch begründet, dass aufgrund der Vernachlässigung von α und β das Bahnsystem und das körperfestes System bis auf eine Elementardrehung $T_1(\phi)$ zusammenfallen. Damit ist auch $\dot{v} = 0$ und es folgt eine Bedingung für die Gierrate r bei koordiniertem Flug

$$r = \frac{g}{V_K} \cos(\gamma) \sin(\phi). \tag{6.6}$$

Bei einem bestimmten Rollwinkel ϕ, Bahnneigungswinkel γ und gegebener Geschwindigkeit V_K liegt also die Gierrate fest. An dieser Stelle sei bemerkt, dass für den nominalen, stationären Kurvenflug, das heißt für $\dot{\gamma} = \dot{\phi} = 0$ aus der zweiten und dritten Zeile von (6.4) die Beziehung $r = \cos(\gamma)\cos(\phi)\dot{\chi}$ folgt. Zusammen mit Gl. (6.6) ergibt sich damit die Kursdynamik $\dot{\chi} = \frac{g}{V_K}\tan(\phi)$, welche schon für das einfache Dubins Bewegungsmodell (6.1) genutzt wurde.

Setzen wir die Gierrate für koordinierte Flug (6.6) in die Lagekinematik (6.4) ein, ergibt sich zusammen mit der Kinematik der Translation (6.3) folgende Systemdarstellung:

$$\begin{pmatrix} \dot{r}_x \\ \dot{r}_y \\ \dot{r}_z \\ \dot{\phi} \\ \dot{\gamma} \\ \dot{\chi} \end{pmatrix} = \begin{pmatrix} \cos(\gamma)\cos(\chi)V_K \\ \cos(\gamma)\sin(\chi)V_K \\ -\sin(\gamma)V_K \\ \sin(\phi)\cos(\phi)\sin(\gamma)\frac{g}{V_K} \\ -\sin^2(\phi)\cos(\gamma)\frac{g}{V_K} \\ \sin(\phi)\cos(\phi)\frac{g}{V_K} \end{pmatrix} + \begin{bmatrix} 0 & 0 \\ 0 & 0 \\ 0 & 0 \\ 1 & \sin(\phi)\tan(\gamma) \\ 0 & \cos(\phi) \\ 0 & \frac{\sin(\phi)}{\cos(\gamma)} \end{bmatrix} \begin{pmatrix} p \\ q \end{pmatrix}. \tag{6.7}$$

Hiermit können wir nun alle gesuchten Größen in Abhängigkeit des Positionsverlaufs und dessen Ableitungen darstellen. Aus den ersten drei Zeilen von Gl. (6.7) folgt der Betrag der Geschwindigkeit

$$V_K = \sqrt{\dot{r}_x^2 + \dot{r}_y^2 + \dot{r}_z^2}. \tag{6.8}$$

Damit und aus der dritten Zeilen von Gl. (6.7) lässt sich der Bahnneigungswinkel γ berechnen

$$\gamma = -\arcsin\left(\frac{\dot{r}_z}{V_K}\right). \tag{6.9}$$

Der Bahnazimut χ folgt aus den ersten beiden Zeilen von (6.7) mit

$$\chi = \arctan 2\left(\dot{r}_y, \dot{r}_x\right). \tag{6.10}$$

Die Berechnung von ϕ ist etwas aufwändiger. Wir nehmen die untersten beiden Zeilen in Gl. (6.7) und eliminieren zunächst die Nickrate q. Die fünfte Zeile ergibt

$$q = \frac{V_K \dot{\gamma} + \sin^2(\phi)\cos(\gamma)g}{V_K \cos(\phi)}.$$

Eingesetzt in die letzte Zeile folgt als Zwischenergebnis

$$
\begin{aligned}
\dot{\chi} &= \sin(2\,\phi)\frac{g}{2\,V_K} + \frac{\sin(\phi)}{\cos(\gamma)}\,\frac{V_K\,\dot{\gamma} + \sin^2(\phi)\cos(\gamma)\,g}{V_K\cos(\phi)} \\
&= \tan(\phi)\frac{V_K\,\dot{\gamma} + g\cos(\gamma)}{V_K\cos(\gamma)}.
\end{aligned}
$$

Diese Gleichung können wir nach $\tan(\phi)$ auflösen und erhalten

$$
\tan(\phi) = \frac{V_K\,\dot{\chi}\cos(\gamma)}{V_K\,\dot{\gamma} + g\cos(\gamma)}. \tag{6.11}
$$

Um nun einen Ausdruck für $\tan(\phi)$ in Abhängigkeit des Ausgangs zu erhalten, müssen noch $\dot{\chi}$ und $\dot{\gamma}$ berechnet werden. Es ist[11]

$$
\dot{\chi} = \frac{\dot{r}_x\,\ddot{r}_y - \dot{r}_y\,\ddot{r}_x}{\dot{r}_x^2 + \dot{r}_y^2}, \tag{6.12}
$$

$$
\dot{\gamma} = \frac{\dot{V}_K\,\dot{r}_z - V_K\,\ddot{r}_z}{V_K\sqrt{V_K^2 - \dot{r}_z^2}} = \frac{\dot{V}_K\,\dot{r}_z - V_K\,\ddot{r}_z}{V_K\sqrt{\dot{r}_x^2 + \dot{r}_y^2}}.
$$

Diese beiden Ausdrücke setzen wir in Gl. (6.11) ein. Den Ausdruck $\cos(\gamma)$ erhalten wir mit Gl. (6.9), es folgt[12]

$$
\phi = \arctan\left(\frac{V_K\left(\dot{r}_x\,\ddot{r}_y - \ddot{r}_x\,\dot{r}_y\right)}{g(\dot{r}_x^2 + \dot{r}_y^2) + V_K\,\dot{V}_K\,\dot{r}_z - V_K^2\,\ddot{r}_z}\right). \tag{6.13}
$$

Mit den Gl. (6.9), (6.10) und (6.13) haben wir die drei Lagewinkel des Flugzeuges in Abhängigkeit des Ausgangs und dessen Ableitungen dargestellt. Nun fehlen noch die Drehgeschwindigkeiten. Hierzu benötigen wir zunächst die Lageableitungen, wobei die beiden Größen $\dot{\chi}$ und $\dot{\gamma}$ mit Gl. (6.12) bereits vorliegen. Die Rollwinkeländerung $\dot{\phi}$ berechnen wir durch Ableitung von Gl. (6.13). Wir nehmen dazu eine konstante Bahngeschwindigkeit $\dot{V}_K = 0$ an, da über das Ein- und Ausleiten einer Kurve in der Regel keine starken Geschwindigkeitsänderungen stattfinden. Es ist dann

$$
\dot{\phi} = \frac{\clubsuit\,(V_K^2\,\dddot{r}_z + 2\,g\,\dot{r}_z\,\ddot{r}_z) - V_K(\dot{r}_x\,\dddot{r}_y - \dddot{r}_x\,\dot{r}_y)(V_K^2\,\ddot{r}_z - \diamondsuit)}{\clubsuit^2 + (\diamondsuit - V_K^2\,\ddot{r}_z)^2},
$$

$$
\clubsuit = V_K(\dot{r}_x\,\ddot{r}_y - \ddot{r}_x\,\dot{r}_y), \qquad \diamondsuit = g(\dot{r}_x^2 + \dot{r}_y^2).
$$

---

[11]Zur Erinnerung: $\frac{d}{dx}\arctan x = \frac{1}{1+x^2}$ und $\frac{d}{dx}\arcsin x = \frac{1}{\sqrt{1-x^2}}$.

[12]Es gilt allgemein $\cos(\arcsin x) = \sqrt{1 - x^2}$.

Schließlich erhalten wir aus der fünften Zeile von Gl. (6.7) die Nickrate q und aus der vierten Zeile die Rollrate p, indem wir dort den entsprechenden Ausdruck mit $\dot{\chi}$ aus der sechsten Zeile ersetzen. Es ergibt sich

$$q = \frac{\dot{\gamma}}{\cos(\phi)} + \frac{g}{V_K} \frac{\sin^2(\phi)}{\cos(\phi)} \cos(\gamma),$$

$$p = \dot{\phi} - \sin(\gamma)\,\dot{\chi}. \tag{6.14}$$

Hiermit und mit Gl. (6.6) liegen nun auch Drehraten vor, mit welchen bei Bedarf Lagewinkel und deren Ableitungen in Abhängigkeit des Ausgangs und dessen Ableitungen dargestellt werden können.

Aus den bisherigen Ergebnissen erkennen wir, dass zur Berechnung des Flugzustandes, also der translatorischen Geschwindigkeit, der Lage und der Drehgeschwindigkeit des Flugzeuges, neben dem Ausgang r auch dessen erste drei Ableitungen benötigt werden. Darüber hinaus zeigt sich, dass die höchste Ableitung $\dddot{r}$ in der Änderung des Rollwinkels $\dot{\phi}$ und somit in der Rollrate p auftaucht. Fordern wir also eine Beschränkung der Rollrate, so sollte die Bahnbeschreibung mindestens zweimal stetig differenzierbar sein. Damit dies im Falle von Splines auch an den Übergängen zwischen den einzelnen Polynomstücken gewährleistet wird, ist die erforderliche Ordnung $N \geq 3$.

6.3 Lenkung und Regelung

Im Zusammenhang mit der Trajektorienfolge bezeichnen wir mit dem Begriff Lenkung einen Regelkreis, der die Abweichungen zwischen der gewünschten Bahn und der tatsächlichen Position auf Null regeln soll. Dabei wird üblicherweise auf unterlagerte Kreise, beispielsweise für Lage und Fluggeschwindigkeit, zurückgegriffen. Es handelt sich also insgesamt um eine kaskadierte Struktur. Auch der einfache Bahnregler aus Abschn. 5.3 ist ein solches, wenn auch einfaches Lenkgesetz. Im Folgenden wird dies für den Fall einer allgemeinen Trajektorie erweitert.

Mithilfe des Konzepts der differenziellen Flachheit können Vorsteuerungen eingesetzt werden, um ein agileres Folgeverhalten zu ermöglichen. Abb. 6.3 zeigt dies beispielhaft für die Seitenbewegung. Die Lenkung berechnet ausgehend vom lateralen Positionsfehler einen Korrekturwert $\Delta\phi$ für den Rollwinkel. Dieser wird zum Sollwert ϕ_0 addiert, der sich mit Gl. (6.13) direkt aus dem Verlauf der gewünschten Trajektorie ergibt[13]. Diese Vorsteuerung ist also nicht von einem Regelfehler abhängig. Die Summe aus Korrekturwert und Sollwert wird dann vom unterlagerten Regler der Seitenbewegung eingeregelt. In dieser Konstellation dient der Korrekturwert der Lenkung lediglich dazu, eine anfängliche Abweichung von der Sollbahn abzubauen und auftretende Störungen, beispielsweise durch Wind, auszugleichen.

---

[13]Da für Geraden $\phi_0 = 0$ gilt, wurde diese Methodik in Abschn. 5.3 noch nicht angewendet.

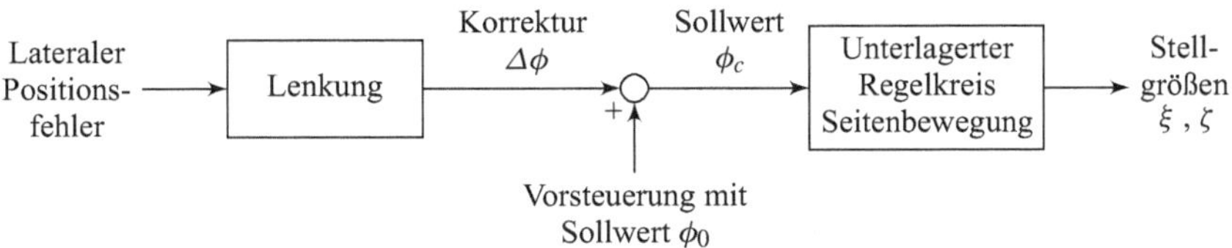

Abb. 6.3 Lenkung mit Vorsteuerung am Beispiel Seitenbewegung

6.3.1 Bestimmung der Referenzposition

Bei der einfachen Bahnfolge entlang einer Geraden in Abschn. 5.3 ist die Regelabweichung durch den Lateral- und Vertikalabstand Δy und Δz intuitiv und eindeutig definiert, siehe Gl. (5.14). Bei einer allgemeinen Sollbahn wird ein Referenzpunkt r_r benötigt, um den Regelfehler und die Vorgabewerte zu berechnen. Üblicherweise wird r_r als der Punkt auf der Sollbahn mit dem geringsten Abstand zur aktuellen Position des Flugzeugs gewählt, dies ist in Abb. 6.4 dargestellt. Der quadratische Abstand zur Bahn ist $D = \|r_{\text{FZ}} - r(\tau)\|^2$. Entlang eines gegeben Splines ergibt sich der Referenzpunkt dann zu

$$r_r = r(\tau^\star) \quad \text{mit} \quad \tau^\star = \underset{\tau \in [0,\,1]}{\operatorname{argmin}}(D). \tag{6.15}$$

Liegt der gesuchte Punkt nicht am Rand des Splines, so ist $dD/d\tau = 0$ die notwendige Bedingung. Mit einer gegebenen Startlösung τ_0 kann nun ein Newton-Verfahren

$$\tau_{k+1} = \tau_k - \left.\frac{dD/d\tau}{d^2 D/d\tau^2}\right|_{\tau_k} \tag{6.16}$$

Abb. 6.4 Referenzpunkte und minimaler Abstand

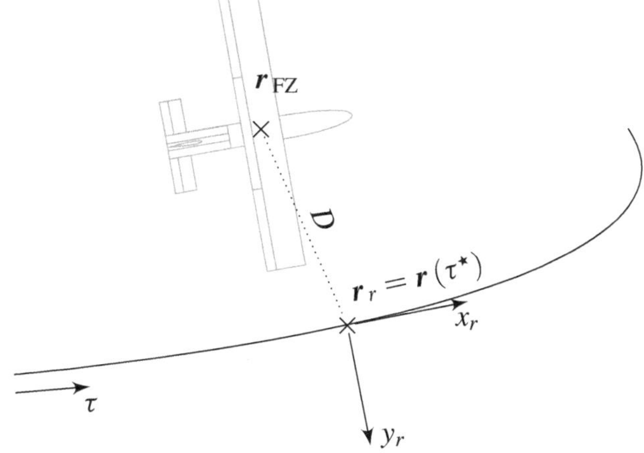

eingesetzt werden. Dieses wird solange durchgeführt, bis ein Abbruchkriterium, beispielsweise $|\tau_{k+1} - \tau_k| \leq \epsilon \ll 1$ erreicht ist. Dabei gilt

$$dD/d\tau = -2\,(r_{\mathrm{FZ}} - r(\tau))^{\top}\,r'(\tau),$$
$$d^2 D/d\tau^2 = -2\,(r_{\mathrm{FZ}} - r(\tau))^{\top}\,r''(\tau) + 2\,\|r'(\tau)\|^2.$$

Da die Berechnung des Referenzpunktes in jedem Zyklus des Reglers durchgeführt werden muss, bietet es sich an, τ_0 mit dem Ergebnis $\tau^\star$ des letzten Zeitschritts zu initialisieren. Wenn das Ende des Splines erreicht ist, sodass $\tau^\star = 1$, wird auf den nächsten Abschnitt umgeschaltet.

Mit dem Referenzwert für die Position $r(\tau^\star)$ können nun die erforderlichen Ableitungen der Sollposition bestimmt werden, was wiederum die Berechnung der Sollwerte aller Flugzustandsgrößen ermöglicht. Üblicherweise dienen die Sollwerte für den Bahnazimut χ, den Bahnneigungswinkel γ und den Rollwinkel ϕ als Vorsteuerungen und der Sollwert für die Fluggeschwindigkeit V_K als Vorgabewert.[14]

6.3.2 Nichtlineare Entkopplung

Für den Flug entlang einer Geraden wurde im letzten Kapitel ein Modell aufgestellt, welches die zeitliche Änderung der Ablagen Δy und Δz von der Sollbahn beschreibt. Mittels der Methode der nichtlinearen Entkopplung wurde dieses Modell genutzt, um ein Regelgesetz abzuleiten, das diese Bahnfehler gegen null konvergieren lässt, siehe Abschn. 5.3. Der Ausgang sind dabei Vorgabewerte für Bahnneigungswinkel und Bahnazimut, also γ_c und χ_c.

Im Folgenden wird dieser Ansatz genutzt, um ein Flugzeug auf eine beliebige Sollbahn $r(\tau)$ zu lenken. Ausgangspunkt ist die Definition des Sollbahnkoordinatensystems r, in welchem die Ablagen Δy und Δz definiert sind. Im Fall einer Geraden wurde der letzte Wegpunkt r_0 als Ursprung gewählt. Für die beliebige Bahn dient nun der Referenzpunkt r_r als Ursprung und es gilt somit

$$\Delta r = T_{rE}(\gamma_0(r_r),\,\chi_0(r_r))\Big({}_E r_{\mathrm{FZ}} - {}_E r_r\Big). \tag{6.17}$$

Dies hat zur Folge, dass sich das Sollbahnkoordinatensystem r mit dem Referenzpunkt $r_r = r(\tau^\star)$ mitbewegt. Die Transformationsmatrix T_{rE} bezieht sich daher ebenfalls auf r_r und es kommen die entsprechenden Bahnneigungswinkel γ_0 und χ_0 zum Einsatz. Wird nun die Änderung der Bahnfehler

---

[14]In der Praxis werden Vorsteuerungen für Drehgeschwindigkeiten oft weggelassen.

$$\Delta \dot{\boldsymbol{r}} = \begin{pmatrix} \Delta \dot{x} \\ \Delta \dot{y} \\ \Delta \dot{z} \end{pmatrix} = \boldsymbol{T}_{rE}\,({}_E\dot{\boldsymbol{r}}_{\mathrm{FZ}} - {}_E\dot{\boldsymbol{r}}_r) + \dot{\boldsymbol{T}}_{rE}\,({}_E\boldsymbol{r}_{\mathrm{FZ}} - {}_E\boldsymbol{r}_r) \tag{6.18}$$

betrachtet, so ergeben sich zwei Unterschiede im Vergleich zum Fall einer Gerade.

1. Mit der Ausnahme $\dot{\tau}^\star = 0$ ist der Referenzpunkt nicht in Ruhe, also $\dot{\boldsymbol{r}}_r \neq 0$. Da sich $\boldsymbol{r}_r$ ausschließlich entlang der Sollbahn bewegt, gilt

$$_r\dot{\boldsymbol{r}}_r = \boldsymbol{v}_r = \begin{pmatrix} V_r & 0 & 0 \end{pmatrix}^\top,$$

   wobei der Geschwindigkeitsbetrag die Gleichung $\dot{\tau}^\star = \frac{V_r}{\|\boldsymbol{r}'(\tau^\star)\|}$ erfüllt.

2. Durch eine Verschiebung des Referenzpunktes $_r\boldsymbol{r}_r$ ergeben sich zeitliche Änderungen der Sollbahnwinkel γ_0 und χ_0, im Allgemeinen ist dann $\dot{\boldsymbol{T}}_{rE} \neq 0$. Eine Rotation des Sollbahnkoordinatensystems bedingt eine Transportgeschwindigkeit

$$\dot{\boldsymbol{T}}_{rE}\,({}_E\boldsymbol{r}_{\mathrm{FZ}} - {}_E\boldsymbol{r}_r) = \dot{\boldsymbol{T}}_{rE}\,\boldsymbol{T}_{Er}\,\Delta\boldsymbol{r} = -\boldsymbol{\omega}_r \times \Delta\boldsymbol{r},$$

   mit der Drehgeschwindigkeit $\boldsymbol{\omega}_r$ des r-Systems gegenüber dem E-System, dargestellt im r-System. Es ist

$$\boldsymbol{\omega}_r = \begin{pmatrix} -\dot{\chi}_0\,\sin(\gamma_0) \\ \dot{\gamma}_0 \\ \dot{\chi}_0\,\cos(\gamma_0) \end{pmatrix}.$$

Mit diesen Zwischenergebnissen folgt aus der zweiten und dritten Zeile in Gl. (6.18) die Fehlerdynamik

$$\begin{aligned}
\Delta\dot{y} &= V_K\cos(\gamma)\sin(\chi - \chi_0) + \dot{\chi}_0(\Delta x\cos(\gamma_0) + \Delta z\sin(\gamma_0)) \\
\Delta\dot{z} &= V_K(\cos(\gamma)\sin(\gamma_0)\cos(\chi - \chi_0) - \sin(\gamma)\cos(\gamma_0)) \\
&\quad - \dot{\gamma}_0\,\Delta x - \dot{\chi}_0\,\Delta y\sin(\gamma_0).
\end{aligned} \tag{6.19}$$

Interessanterweise taucht die Geschwindigkeit V_r, mit der sich der Referenzpunkt verschiebt, in diesen Ausdrücken nicht auf. Dies leuchtet ein, da V_r eine reine x-Komponente ist.

   Nun führen wir Pseudosteuerungen $\hat{u}_h$ und $\hat{u}_v$ ein, die den rechten Seiten der Fehlerdynamik (6.19) entsprechen. Unter der Annahme, dass die unterlagerten Regelkreise gutes Folgeverhalten gewährleisten, setzen wir $\gamma_c = \gamma$ und $\chi_c = \chi$. Wir definieren dann

$$\begin{aligned}
\hat{u}_h &= V_K\cos(\gamma_c)\sin(\chi_c - \chi_0) + \dot{\chi}_0(\Delta x\cos(\gamma_0) + \Delta z\sin(\gamma_0)), \\
\hat{u}_v &= V_K(\cos(\gamma_c)\sin(\gamma_0)\cos(\chi_c - \chi_0) - \sin(\gamma_c)\cos(\gamma_0)) \\
&\quad - \dot{\gamma}_0\,\Delta x - \dot{\chi}_0\,\Delta y\sin(\gamma_0).
\end{aligned}$$

Damit ergibt sich eine lineare Fehlerdynamik, nämlich $\Delta \dot{y} = \hat{u}_h$ und $\Delta \dot{z} = \hat{u}_v$. Wie bei der einfachen Bahnfolge in Abschn. 5.3 können wir nun proportionale Regler der Form

$$\hat{u}_h = -k_h \, \Delta y, \qquad \hat{u}_v = -k_v \, \Delta z \tag{6.20}$$

ansetzen. Als geschlossene Regelkreise ergeben sich dann $\Delta \dot{y} = -k_h \, \Delta y$ und $\Delta \dot{z} = -k_v \, \Delta z$. Nun stellt sich noch die Frage, wie wir aus den Pseudosteuerungen die eigentlichen Stellgrößen χ_c und γ_c erhalten. Hierzu stellen wir die Pseudosteuerungen folgendermaßen dar:

$$\hat{u}_h = u_h + \dot{\chi}_0(\Delta x \cos(\gamma_0) + \Delta z \sin(\gamma_0)), \tag{6.21}$$
$$\hat{u}_v = u_v - (\dot{\gamma}_0 \, \Delta x + \dot{\chi}_0 \, \Delta y \sin(\gamma_0)).$$

Die Größen u_h und u_v für den einfachen Autopiloten entlang einer geraden Sollbahn sind genauso definiert wie in Gl. (5.18), sie hängen also von den gesuchten Steuerungen γ_c und χ_c ab. Die restlichen Terme der rechten Seite von (6.21) sind davon unabhängig. Es bietet sich darum an, Gl. (6.21) nach u_h und u_v aufzulösen und daraus wie in Gl. (5.20) die eigentlichen Stellgrößen γ_c und χ_c zu berechnen. Dabei können auch die Beschränkungen (5.21) auf dieselbe Weise wie oben berücksichtigt werden.

6.3.3 Gesamtsystem

Als nächstes widmen wir uns der Aufgabe, die bisher vorgestellten Komponenten so zu kombinieren, dass daraus ein Lenk- und Regelungskonzept zur Trajektorienfolge entsteht. Ausgangspunkt sei eine gegebene Trajektorie, dargestellt als Splinezug für Geschwindigkeit $V_k(\tau)$ und Bahn $r(\tau)$.

1. Bestimmung der Referenzposition

Im ersten Schritt wird der Referenzpunktes r_r entlang der Bahn gesucht. Mit der aktuellen Position des Flugzeugs r_{FZ} wird dazu Gl. (6.15) mittels des Newton-Verfahrens (6.16) gelöst. Als Abbruchkriterium kann geprüft werden, ob der Betrag des Inkrements $\tau_{k-1} - \tau_k$ einen davor festgelegten Schwellwert ϵ unterschreitet.

2. Sollwertberechnung

Als nächstes werden die Referenzgrößen für die Geschwindigkeit V_c und die Winkel χ_0 und γ_0 am Referenzpunkt r_r berechnet. Dazu nutzen wird die Gl. (6.8), (6.9) und (6.10). Außerdem berechnen wir den Referenzrollwinkel ϕ_0 mittels Gl. (6.13), da wir diesen als Vorsteuerung für die Kursregelung nutzen können. Für die nichtlineare Entkopplung benötigen wir noch die Winkelgeschwindigkeiten $\dot{\chi}_0$ und $\dot{\gamma}_0$, die wir aus Gl. (6.12) erhalten.

3. Bahnregelung

Zunächst stellen wir mit Gl. (5.13) die Transformationsmatrix T_{rE} vom erdfesten System ins Sollbahnkoordinatensystem auf. Daraus ergibt sich mit Gl. (6.17) direkt der Bahnfehler Δr. Die modifizierten Pseudosteuerungen $\hat{u}_h$ und $\hat{u}_v$ lassen sich aus der Gl. (6.20) ermitteln. Letztendlich ergeben sich so durch nichtlineare Entkopplung[15] Vorgabewerte für χ_c und γ_c, siehe Gl. (6.21) und (5.20).

4. Kursregelung

Gl. (5.12) beschreibt einen einfacher proportionalen Regler zur Kursregelung mit Rollwinkellimitierung. Bisher wurde allerdings angenommen, dass der Trimmpunkt einen stationären Geradeausflug mit $\phi_0 = 0$ darstellt. Für den Flug entlang einer beliebigen Bahn wird der Kursregler daher wie folgt erweitert[16]

$$\phi_c = L\left\{ k_\chi\, V_K\, \frac{\chi_c - \chi}{g} + \phi_0,\ \phi_{\max},\ -\phi_{\max} \right\}, \qquad (6.22)$$

wobei ϕ_0 einer Rollwinkelvorsteuerung entspricht. Der entsprechende Wert ergibt sich mit Gl. (6.13) direkt aus dem Verlauf der Solltrajektorie am Punkt r_r.

5. Unterlagerte Geschwindigkeitsregelung

Die Bahnregelung liefert als Ausgang einen Bahnneigungswinkel γ_c. Weiterhin liefert die erste Splinekomponente direkt eine gewünschte Fluggeschwindigkeit V_c. Diese dienen nun als Vorgabewerte für die Geschwindigkeitsregelung (5.3), die als Ausgänge einen Höhenruderausschlag η und eine Schubhebelstellung δ_F liefern.

6. Unterlagerte Rollwinkelregelung

Die Kursregelung gibt eine Rollwinkelreferenz ϕ_c vor, welche mittels der Rollwinkelregelung (5.5) eingeregelt wird. Als zweiter Vorgabewert wird wieder schiebefreier Flug gefordert, also $\beta_c = 0$ gesetzt. Die Ausgänge sind Ausschläge für Quer- und Seitenruder ξ und ζ.
  Das Gesamtsystem ist in Abb. 6.5 dargestellt.

---

[15]An dieser Stelle sei nochmals darauf hingewiesen, dass die Beschränkungen (5.21) eingehalten werden müssen.

[16]Eine Alternative ergibt sich mit der Forderung $\dot{\chi} = \dot{\chi}_0 + k_\chi(\chi_c - \chi)$ aus Gl. (6.11). Mit $\phi = \phi_c$ folgt daraus $\phi_c = \arctan\left([\dot{\chi}_0 + k_\chi(\chi_c - \chi)]\,\frac{V_K\,\cos(\gamma_0)}{V_K\,\dot{\gamma}_0 + g\,\cos(\gamma_0)}\right)$. In diesem Zusammenhang spielen $\dot{\chi}_0$ und $\dot{\gamma}_0$ die Rolle einer Vorsteuerung.

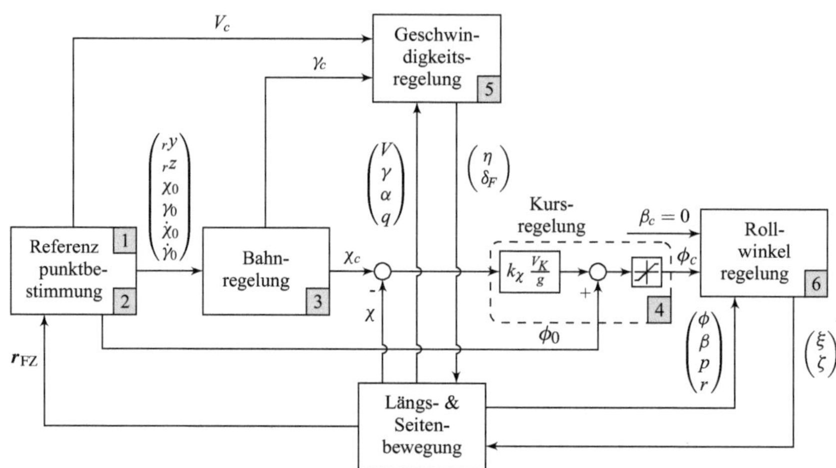

Abb. 6.5 Gesamtsystem mit Lenkung auf Sollbahn

6.4   Konstruktion von Trajektorien

Dieser Abschnitt gibt einen Einblick in die Konstruktion von Trajektorien. Das Vorgehen orientiert sich dabei weitestgehend an [5, 6]. Die Basis für die Trajektorienplanung sind Wegpunkte, sie repräsentieren den groben Verlauf einer gewünschten Bahn.[17] Das Ergebnis ist eine nominale Trajektorie, die durch Splines beschrieben werden kann, wie sie oben vorausgesetzt wurden.

Im Folgenden liegt der Fokus auf der Berücksichtigung flugmechanischer Aspekte und deren Grenzen. Auf rechnerische Details wird an dieser Stelle verzichtet.[18]

6.4.1   Wegpunkttypen und Dubins Bahn

Bei Wegpunkten ist es sinnvoll, zwischen verschiedenen Ausprägungen zu unterscheiden. Dies ermöglicht es, den gewünschten Bahnverlauf bereits bei der Missionsplanung genauer zu spezifizieren. Tab. 6.1 enthält eine beispielhafte Auswahl an Wegpunkt-Typen.

---

[17] Sowohl bei Instrumentenflügen als auch bei der Bedienung von Drohnen mit gängigen Bodenstationen dienen Wegpunkte als Benutzerschnittstelle.

[18] Das betrifft insbesondere die Berechnung von Spline Koeffizienten und die Berechnung von Dubins Problemen. Dies sind bekannte Aufgaben, für deren Lösung wird auf die Literatur verwiesen.

Tab. 6.1 Wegpunkt-Typen

Typ	Beschreibung	Skizze
Through	Bahn berührt WP	
Track	Through mit Kursvorgabe	
Around	Bahn umkreist WP	
Near	Bahn nähert sich WP an	

Einen *Through*-Wegpunkt soll die Bahn berühren, die Flugrichtung, ausgedrückt durch Kurs und Bahnneigung, ist dabei frei wählbar. Der *Track*-Wegpunkt wird ebenfalls durchflogen, zusätzlich ist hier noch der Bahnazimut vorgegeben. Der *Around*-Wegpunkt bildet das Zentrum eines Kreisbogens. Im *Near*-Wegpunkt treffen sich die Tangenten von Ein- und Austritt des Kreisbogens.

Allen hier aufgezählten Wegpunkt-Typen ist gemein, dass sie sich für eine Bahnplanung nach der Methode von Dubins eignen.[19]

Den Ausgangspunkt der Bahnplanung bildet also eine Wegpunktliste. Jedem Wegpunkt i wird eine Geschwindigkeit V_i zugewiesen ist, mit der die Kurve durchflogen werden soll. Wir wählen jeweils einen Rollwinkel φ_i und erhalten so die Kurvenradien $R_i = V_i^2/(g \tan(\varphi_i))$. Die Kurvenkreise werden dann entsprechend den Wegpunkttypen platziert, wie es in Abb. 6.6 dargestellt ist. Ein Segment jedes Kreises bildet später die entsprechende Kurve der Bahn. Auf dieser Grundlage wird zunächst eine konventionelle Dubins Bahn geplant, siehe 6.7, also eine Bahn in einer Ebene mit vorgegebenen, konstanten Kreisradien, die hier allerdings zwischen den einzelnen Kurven variieren können.

Dubins Bahnen sind nahe an einer zeitoptimalen Lösung, außerdem sind sie in ihrer Gestalt intuitiv und daher recht benutzerfreundlich. Für eine praktische Anwendung müssen jedoch zwingend flugmechanische und operationelle Aspekte berücksichtigt werden.

---

[19]Die grundlegenden Eigenschaften von Dubins Bahnen sind in Abschn. 6.1.1 erläutert.

6.4.2   Höhen- und Geschwindigkeitprofil

Zunächst betrachten wir zwei operationelle Erweiterungen hinsichtlich Höhen- und Geschwindigkeitsveränderungen.[20]

- Der Übergang von einer Geschwindigkeit V_i zu einer Geschwindigkeit V_j wird entlang einer geraden Wegstrecke $\Delta r_{i,j}$ geplant. Die Kurven werden also mit konstanter Geschwindigkeit durchflogen.
- Eine Höhenveränderung von h_i nach h_j wird ebenfalls entlang eines Geradenstückes geplant.[21] Wird dabei die Steigleistung des Flugzeuges überschritten, so erfolgt die Höhenveränderung alternativ über eine Helix im Kurvenflug.

Die resultierende Trajektorie wird anschließend mithilfe von Splines approximiert. Hierzu können Standardverfahren benutzt werden, wie sie beispielsweise in [3, S. 223 ff.] beschrieben und in Matlab implementiert sind. Im Folgenden gehen wir näher auf die beiden operationellen Beschränkungen ein.

Geschwindigkeitsänderung
Im koordinierten Flug gilt für die Änderung der Bahngeschwindigkeit

$$\dot{V}_K = a = \frac{F - W - g\,\sin(\gamma)}{m},$$

wobei F die Schubkraft und W der Widerstand ist. Aufgrund der Beschränkung $F \leq F_{\max}(h)$ ist letztendlich das Beschleunigungsvermögen a begrenzt. Unter konstanter Beschleunigung ergibt sich

$$V_K(t) = V_0 + a \cdot t \quad \Rightarrow \quad V_K(r) = \sqrt{V_0^2 + 2\,a\,r},$$

wobei r die Bogenlänge des zurückgelegten Bahnstücks ist.

Nun stellt sich die Frage, wie der Geschwindigkeitswechsel zwischen zwei Wegpunkten erfolgen soll. Wir beschränken uns auf den Fall, dass die Beschleunigung während des Geradeausflugs auftritt und darüber hinaus stückweise konstant ist, wie es in Abb. 6.8 dargestellt ist. Es ergeben sich drei Möglichkeiten:

a) Der Geschwindigkeitswechsel erfolgt gleichmäßig. Für ein Geradenstück der Länge Δr gilt

---

[20]Genau dies ist ja bei einer Dubins Bahn nicht gegeben, denn per Definition liegt sie in einer Ebene und wird mit konstanter Geschwindigkeit durchlaufen.
[21]Einen glatten Übergang des Höhenverlaufs betrachten wir weiter unten in Abschn. 6.4.3.

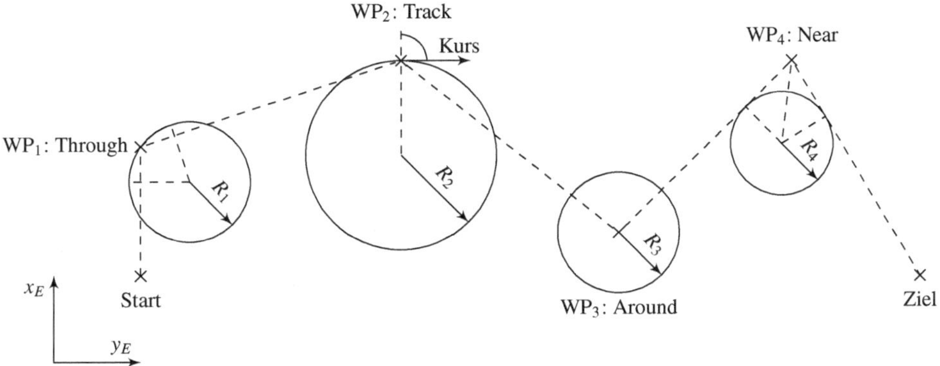

Abb. 6.6 Platzieren der Kurvenkreise

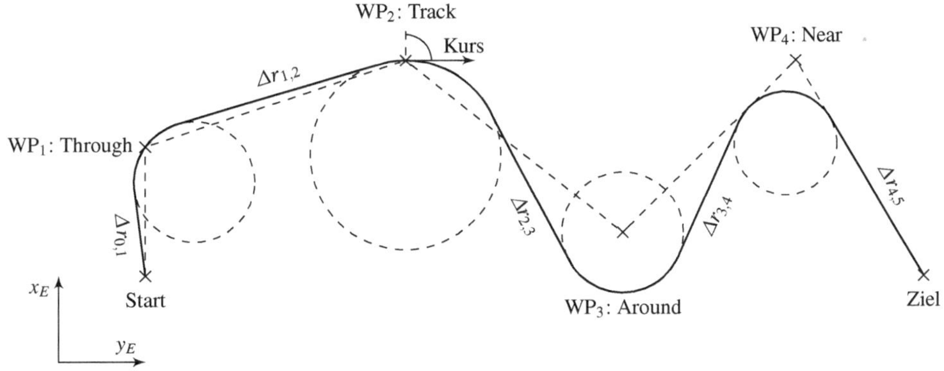

Abb. 6.7 Horizontale Planung der Dubins Bahn

$$a = \frac{V_i^2 - V_{i-1}^2}{2\,\Delta r}. \tag{6.23}$$

b) Der Geschwindigkeitswechsel erfolgt direkt zu Beginn des Geradenstücks mit maximaler Beschleunigung beziehungsweise Verzögerung. Dies stellt die zeitoptimale Lösung dar falls $V_i > V_{i-1}$.

c) Der Geschwindigkeitswechsel erfolgt direkt vor der ausleitenden Kurve mit maximaler Beschleunigung beziehungsweise Verzögerung. Dies führt zur kürzest möglichen Flugzeit falls $V_i < V_{i-1}$.

Abb. 6.8 verdeutlicht, dass die Radien der Kurven vor und nach dem Geschwindigkeitswechsel variieren.[22]

---

[22]Dies gilt unter der Annahme, dass der Rollwinkel in beiden Fällen identisch ist. Es ist nämlich $R_i = V_i^2/(g\,\tan(\phi))$.

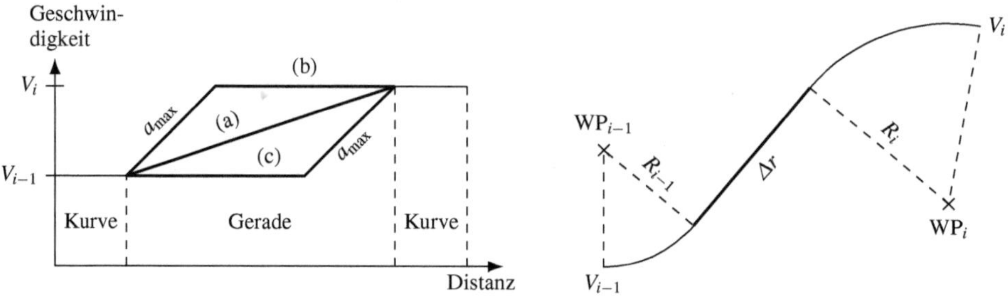

Abb. 6.8 Varianten zur Planung des Geschwindigkeitsprofils

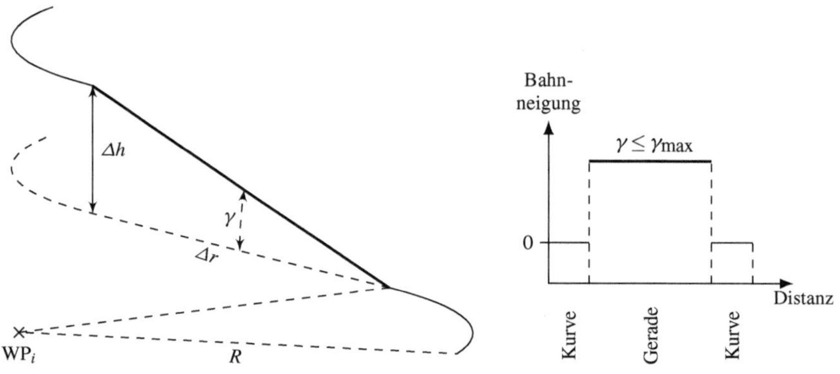

Abb. 6.9 Höhenwechsel im Geradeausflug

Höhenänderung

Die einfachste Möglichkeit, um die Flughöhe zwischen zwei Wegpunkten zu wechseln, besteht darin, den Geradeausflug mit konstantem Bahnneigungswinkel γ zu neigen, siehe Abb. 6.9. Dabei kommen Flugleistungsgrenzen in Form von Bahnneigungsbeschränkungen ins Spiel, die durch

$$\gamma_{min} \leq \gamma \leq \gamma_{max}$$

ausgedrückt werden können.[23] Für ein Geradenstück der horizontalen Länge Δr ergibt sich dadurch eine Beschränkung des Höhenwechsels $\Delta h = h_1 - h_{i-1}$ von

$$\Delta r \, \tan(\gamma_{min}) \leq \Delta h \leq \Delta r \, \tan(\gamma_{max}). \tag{6.24}$$

---

[23]Beispielsweise ergibt sich unter stationären Bedingungen $\dot{V}_K = 0$ aus der Begrenzung des Schubs $F \leq F_{max}$ die Ungleichung $\gamma \leq \arcsin\left(\frac{F_{max} - W}{m\,g}\right)$.

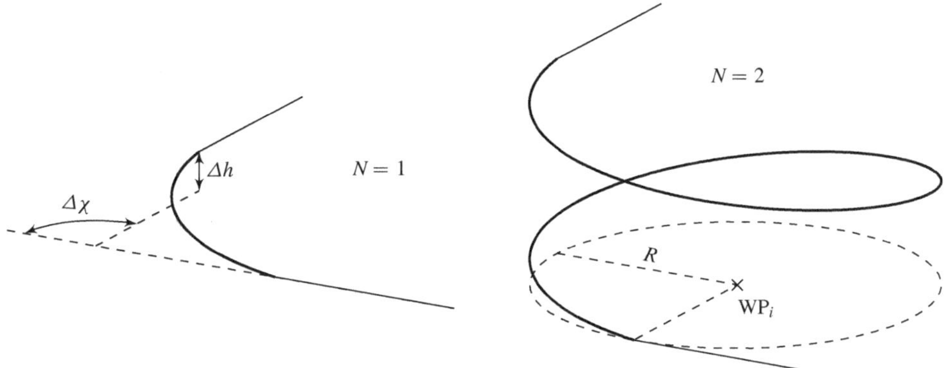

Abb. 6.10 Höhenwechsel mittels Helix

Falls diese Ungleichung nicht erfüllt werden kann, ist das Geradenstück Δr zu kurz für den erforderlichen Höhenwechsel. Die Höhenänderung muss dann durch Überlagerung von Kurvenflug und Steig-/Sinkflug realisiert werden. Wie in Abb. 6.10 dargestellt, ergibt sich dadurch eine Helix-Bahn. Abhängig vom gewünschten Höhenwechsel Δh ist es dabei unter Umständen erforderlich, die Kurve mehrfach zu durchfliegen um die Beschränkung $\gamma_{min} \leq \gamma \leq \gamma_{max}$ einzuhalten.[24] Sei $N > 0$ die Anzahl der geflogenen Runden und $\Delta\chi$ die Kursänderung der Dubins Bahn, siehe Abb. 6.10, dann gilt

$$\gamma = \arctan\left(\frac{\Delta h}{R\left(|\Delta\chi| + 2\,N\,\pi\right)}\right)$$

woraus die benötigte Mindestanzahl an Runden berechnet werden kann

$$N = \begin{cases} \text{aufrunden}\left(\dfrac{\Delta h - |\Delta\chi|\,R\,\tan(\gamma_{max})}{2\,\pi\,R\,\tan(\gamma_{max})}\right) & \text{falls } \Delta h > 0, \\[2ex] \text{aufrunden}\left(\dfrac{\Delta h - |\Delta\chi|\,R\,\tan(\gamma_{min})}{2\,\pi\,R\,\tan(\gamma_{min})}\right) & \text{falls } \Delta h < 0. \end{cases}$$

Interessanterweise ist dabei der horizontale Kurvenradius R für $\dot\gamma = 0$ unabhängig von γ und es gilt $R = \frac{V_K}{\dot\chi} = \frac{V_K^2}{g\,\tan(\phi)}$.

---

[24] An dieser Stelle ist es wichtig zu berücksichtigen, dass die Grenzwerte γ_{min} und γ_{max} allgemein vom Rollwinkel abhängen. Insbesondere sinkt der maximale Bahnneigungswinkel je größer der Betrag des Rollwinkels ist, da der induzierte Widerstand ansteigt.

Planungsschema

Algorithmus 1 : Erweiterte Planung nach Dubins

Eingabe : Wegpunktliste mit Geschwindigkeitsangaben V_i

Ergebnis : Trajektorie bzw. Splines

Daten : Rollwinkel ϕ, Beschleunigungsgrenzen $a_{\min}$, $a_{\max}$, Bahnneigungswinkelgrenzen $\gamma_{\min}$, $\gamma_{\max}$

Planung Kurvenkreise:

> **für** *alle Wegpunkt* WP_i *in Wegpunktliste* **tue**
>
>> Berechne Kurvenradius: $R_i = \dfrac{V_i^2}{g\,\tan(\phi)}$;
>>
>> Platziere Kurvenkreis entsprechend dem WP-Typ;   `// siehe Abb. 6.6`
>
> **Ende**

Planung der horizontalen Dubins Bahn;   `// siehe Abb. 6.7`

für *alle Geradenstücke* Δr_{ij} **tue**

> *Geschwindigkeitsplanung:*
>
>> Plane Geschwindigkeitsprofil über Δr_{ij} ;   `// siehe Abb. 6.8`
>>
>> Berechne Beschleunigung: $a_{ij} = \dfrac{V_i^2 - V_j^2}{2\Delta r_{ij}}$;   `// siehe Gl. (6.23)`
>>
>> **wenn** *Beschleunigung zu groß:* $a_{ij} > a_{\max}$ **dann**
>>
>>> Abbruch: Wegpunktliste bitte anpassen;   `// |V_i - V_j| verkleinern`
>>
>> **Ende**
>
> *Vertikale Planung:*
>
>> Höhenwechsel im Geradeausflug über Δr_{ij} ;   `// siehe Abb. 6.9`
>>
>> Prüfe $\Delta r_{ij}\,\tan(\gamma_{\min}) \leq \Delta h_{ij} \leq \Delta r_{ij}\,\tan(\gamma_{\max})$;   `// siehe Gl. (6.24)`
>>
>> **wenn** *Höhenwechsel unzulässig* **dann**
>>
>>> Höhenwechsel mittels Helix am Wegpunkt i ;   `// siehe Abb. 6.10`
>>
>> **Ende**

Ende

Wandle Trajektorie in Splines $V_K(\tau)$ und $r(\tau)$ um.;   `// Spline-Interpolation`

Die erweiterte Dubins Planung mit Geschwindigkeits- und Höhenänderung ist in Algorithmus 1 zusammengefasst. Neben der Wegpunktliste benötigt das Schema den gewünschten Rollwinkel, die maximale Beschleunigung $a_{\max}$ und Verzögerung $a_{\min}$, sowie die Bahnneigungswinkelgrenzen $\gamma_{\min}$ und $\gamma_{\max}$ als Eingabeparameter.[25] Wir gehen davon aus, dass ein Verfahren zur Spline-Interpolation vorliegt, das Ergebnis ist daher eine Trajektorie in Form von parametrisierten Splines.

6.4.3 Erweiterungen

Die oben erläuterte Bahn besitzt den Nachteil jeder Dubins Bahn, nämlich dass an den Schnittstellen zwischen Geraden und Kurven Unstetigkeiten in der Beschleunigung und somit im Rollwinkel existieren. Dies ist in der Praxis nicht realisierbar. Ähnlich verhält es sich mit dem Bahnneigungswinkel, der an Übergängen ebenfalls springt. Auch dies ist nicht

---

[25]Diese Daten sind in der Regel höhenabhängig. Für die Planung nehmen wir für jeden Bahnabschnitt konstante Werte an.

realisierbar, da das vertikale Beschleunigungsvermögen limitiert ist. Beide Effekte führen zwingend zu Abweichungen in den Lenk- und Regelkreisen.

Im Folgenden werden diese Defizite durch gezielte Erweiterungen der Dubins Planung behoben. Um Beschränkungen einhalten zu können, werden also *lokale Anpassungen* der Trajektorie vorgenommen. Die folgenden Ausführungen sind dabei als Konzept und prinzipielles Vorgehen zu verstehen. Auf eine vollständige mathematische Formulierung verzichten wir daher.

Begrenzung der Rollrate

Besteht eine Bahn nur aus Geradenstücken, dies entspricht Splines erster Ordnung ($N = 1$), so kommt es bereits im Bahnazimut χ zu Sprüngen. Wie Tab. 6.2 zeigt, ist in diesem Fall weder der Rollwinkel ϕ noch die Rollrate p definiert. Das Ergebnis ist insofern nicht überraschend, da ein Flugzeug für eine Kursänderung immer eine Kurve fliegen muss.

Als nächstes betrachten wir nochmals den konventionellen Dubins Pfad, welcher sich durch einen Spline zweiter Ordnung ($N = 2$) annähern lasst. Aus Tab. 6.2 kann abgelesen werden, dass der zugehörige Rollwinkelverlauf ϕ für eine solche Bahn unstetig ist. Dies hängt damit zusammen, dass der Übergang von einem Geradenstück (Krümmung = 0) auf einen Kreisbogen (Krümmung = 1/Radius) einen Sprung in der horizontalen Beschleunigung $\ddot{r}_x$ und $\ddot{r}_y$ verursacht. Wie wir bereits wissen, ist die Rollrate eine Funktion des horizontalen Rucks $\dddot{r}_x$ und $\dddot{r}_y$, daher ist p an diesen Stellen nicht definiert.

Eine mögliche Lösung des Problems stellen Klothoiden dar, welche auch im Straßen- und Schienenbau Anwendung finden. Klothoiden zeichnen sich dadurch aus, dass der Krümmungsverlauf linear über der Länge zunimmt. Sie bilden somit einen glatten und daher ruckfreien Übergang zwischen Geraden- und Kreisbahnen, siehe Abb. 6.11. Als Ergebnis ist der entsprechende Rollwinkelverlauf ϕ stetig und die Rollrate p somit definiert und endlich, siehe Tab. 6.2. Für eine Approximation der Klothoiden muss der Spline mindestens dritte Ordnung aufweisen ($N = 3$).

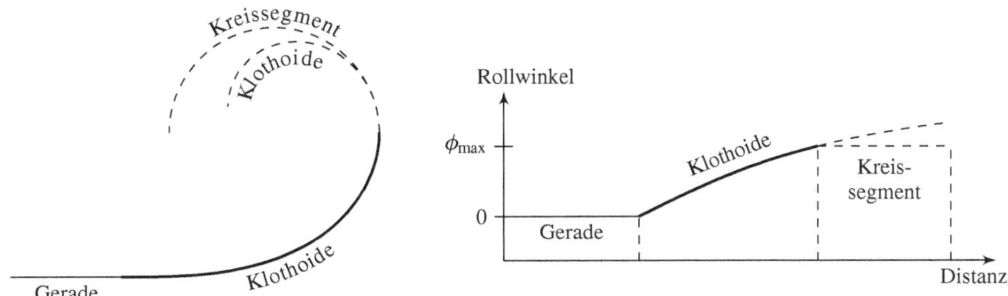

Abb. 6.11 Einleitung des Kurvenflugs mittels Klothoide

Tab. 6.2 Ordnung des Splines und Differenzierbarkeit

Bahn	Ableitung	Kurs	Rollwinkel	Rollrate	N
Geraden	$\boldsymbol{v} = \dot{\boldsymbol{r}}$	$\chi(t)$	–	–	1
Dubins	$\boldsymbol{a} = \ddot{\boldsymbol{r}}$	$\chi(t)$	$\phi(t)$	–	2
Klothoide	$\dot{\boldsymbol{a}} = \dddot{\boldsymbol{r}}$	$\chi(t)$	$\phi(t)$	$p(t)$	3

Begrenzung des Lastvielfachen

Bisher wurde lediglich der stationäre Vertikalflug betrachtet. Eine Änderung des Bahnneigungswinkels entspricht einer zusätzlichen vertikalen Beschleunigung des Flugzeugs. Da das Lastvielfache

$$n_z = -\frac{a_{mz}}{g} \le n_{\max}$$

begrenzt ist, kann das Flugzeug keine beliebigen Änderungsraten $\dot{\gamma}$ realisieren. Der entsprechende Zusammenhang ergibt sich aus den Gl. (3.2), (3.3) und (6.7) zu[26]

$$\dot{\gamma} = \frac{g}{V_K}\left(n_z \cos(\phi) - \cos(\gamma)\right), \tag{6.25}$$

wobei $\alpha = \beta = 0$ und $\dot{V}_K = 0$ angenommen ist.

Abb. 6.12 zeigt einen beispielhaften Höhenverlauf in der Vertikalebene. Um der Begrenzung des Lastvielfaches gerecht zu werden, können vertikale Kreisbögen mit Radius $R_v > 0$ verwendet werden, wobei

$$R_v = \frac{V_K}{\dot{\gamma}} \ge \frac{V_K^2}{g\left(n_{\max}\cos(\phi) - \cos(\gamma)\right)}$$

eingehalten werden muss. Für beliebige Bahnneigungswinkel γ folgt daraus

$$R_v \ge \frac{V_K^2}{g\left(n_{\max}\cos(\phi) - 1\right)}$$

und im Geradeausflug $\phi = 0$ weiterhin

---

[26]Es gilt $a_{mz} = \dot{w} + p\cdot w - q\cdot u - \cos(\phi)\cos(\theta)\,g = -V_k\,q - \cos(\phi)\cos(\gamma)\,g$. Auflösen nach q und einsetzten in Gl. (6.7) liefert das gewünschte Ergebnis.

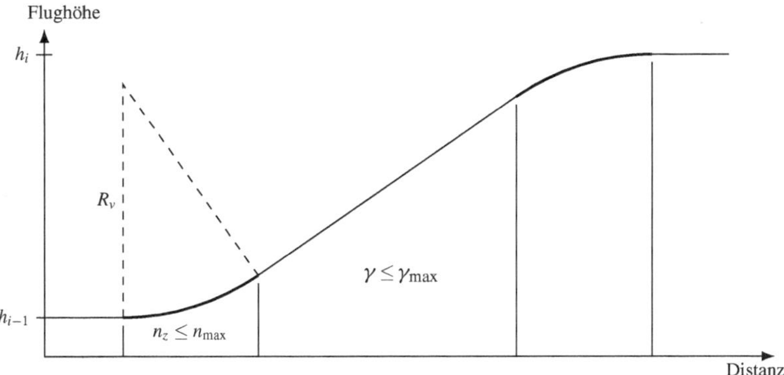

Abb. 6.12 Vertikale Planung mit begrenztem Lastvielfachen

$$R_v \geq \frac{V_K^2}{g\,(n_{\max} - 1)}.$$

Für die vorgestellten Erweiterungen ist eine Anpassung der geometrischen Zusammensetzung der Bahn notwendig. Beispielsweise wird für das kontinuierliche Einleiten der Kurve zusätzlicher Raum benötigt, wodurch sich die Kurvenkreise in der Horizontalebene leicht verschieben. Ähnlich verhält es sich mit den vertikalen Kreisen und der Planung des Höhenprofils. Wie bereits oben erwähnt, wird an dieser Stelle auf eine vollständige mathematische Darstellung der Zusammenhänge verzichtet.

Literatur

1. Adamy, J.: Nichtlineare Systeme und Regelungen. Springer, Heidelberg (2014). https://www.ebook.de/de/product/22568025/juergen_adamy_nichtlineare_systeme_und_regelungen.html
2. Atkins, E.M., Ollero, A., Tsourdos, A.: Unmanned Aircraft Systems. Wiley, Hoboken (2016)
3. Deuflhard, P., Hohmann, A.: Numerische Mathematik 1: Eine Algorithmisch Orientierte Einführung. De Gruyter & Oldenbourg, Berlin (2018). https://doi.org/10.1515/9783110614329
4. Gros, M., Fichter, W.: G3-continuous trajectory design for fixed-wing aircraft based on 6-DOF kinematics. In: AIAA Scitech 2016 Forum. American Institute of Aeronautics and Astronautics (2016). https://doi.org/10.2514/6.2016-1873
5. Pinchetti, F.: Flexible 4D Path Planning with Splines. Technischer Bericht, verfügbar am Institut für Flugmechanik und Flugregelung, Universität Stuttgart (2015)
6. Pinchetti, F., Joos, A., Fichter, W.: Efficient continuous curvature path generation with pseudo-parametrized algebraic splines. CEAS Aeronaut. J. **9**(4), 557–570 (2018). https://doi.org/10.1007/s13272-018-0306-3

Anwendungsbeispiel 7

Als Anwendungsbeispiel für die Algorithmen der vorherigen Kapitel wird ein unbemanntes Flächenflugzeug verwendet, das in Abb. 7.1 dargestellt ist.[1] Die Struktur besteht aus Hartschaum, der Antrieb erfolgt durch einen bürstenlosen Elektromotor, der über einen Lithium-Polymer Akkumulator versorgt wird. In dieser Konfiguration sind Flugzeiten von 30 min und mehr möglich. Zur Steuerung sind vier Servomotoren vorhanden, die die gewünschten Ausschläge von Höhen- und Seitenruder sowie der beiden Querruder realisieren.

Als Bordrechner und Sensorsystem für den automatischen Betrieb wird das kommerziell erhältliche Pixhawk System eingesetzt [1], siehe Abb. 7.2a. Neben einer Stromversorgungseinheit und Schnittstellen für Sensoren, Aktuatoren, Telemetrie und Fernsteuerung beinhaltet dieses System einen Einplatinen-Linux-Rechner mit einem ARM Cortex-M7 (216 MHz) als Prozessor. Für die Programmierung sind entsprechende Entwicklungswerkzeuge vorhanden. Mit diesen kann Bordsoftware aus einem Matlab/Simulink Modell erzeugt werden, welchen den kompletten funktionalen Teil der Flugsteuerung abbildet. Lenkung, Regelung und Navigation beruhen dabei auf den hier vorgestellten Methoden und Algorithmen.

Für die Zustandsschätzung kommt ein Erweitertes Kalman-Filter entsprechend Abb. 3.15 zum Einsatz. Neben Drehraten und spezifischen Beschleunigungen aus der inertialen Messeinheit werden Positions- und Geschwindigkeitsmessungen des GPS-Empfängers, die barometrische Höhe und Magnetfeldmessungen aus dem Magnetometer zur Korrektur verwendet.

---

[1] Diese Drohne kommt (neben vielen anderen) am Institut für Flugmechanik und Flugregelung in der Forschung und Lehre zum Einsatz.

Abb. 7.1 Unbemanntes Flächenflugzeug im automatischen Flug

7.1 Lineare Modellierung

Für die Auslegung der Regler werden zunächst lineare Entwurfsmodelle benötigt. Die Elemente der Matrizen A und B sind Ersatzgrößen, also partielle Ableitungen der Kräfte und Momente bezüglich der Zustände und Steuerungen. Beispielsweise ist M_α die Variation des spezifischen Nickmoments über dem Anstellwinkel. Die Ersatzgrößen können mit der im Anhang A.3 dargestellten, einfachen Vorgehensweise berechnet werden. Eingabedaten beschränken sich hierbei auf die Geometrie und Massenverteilung des Flugzeugs.

Zunächst wird ein Linearisierungspunkt gewählt. Die Trimmgeschwindigkeit sei $V_0 = 18\,$m/s. Da typischerweise in niedriger Höhe geflogen wird, setzten wir außerdem $h_0 = 0\,$m, daraus folgt $\rho_0 = 1,225\,$kg/m^3. Der Trimmstaudruck beträgt somit $\bar{q}_0 = 198,5\,$N/m^2.

Im Folgenden werden exemplarisch die Ersatzgrößen $M_{(\cdot)}$ für die Nickdynamik hergeleitet. Das Fluggerät besitzt eine Spannweite von $b = 2,2\,$m und eine Flügeltiefe von $t_F = 0,245\,$m, woraus sich eine Streckung von $\Lambda = b/t_F = 9$ und Flügelfläche von $F_F = b\,t_F = 0,54\,$m^2 ergeben. Für die Verschiebung der $t/4$-Linie zum Schwerpunkt gilt $x_F - x_{\mathrm{CoM}} = 2,7\cdot 10^{-3}\,$m Das Höhenleitwerk besitzt eine Tiefe von $t_{\mathrm{HLW}} = 0,16\,$m und Breite von $b_{\mathrm{HLW}} = 0,46\,$m, was einer Fläche von $F_{\mathrm{HLW}} = 7,4\cdot 10^{-2}\,$m^2 entspricht. Die Verschiebung des Höhenleitwerks bezüglich des Schwerpunkts beträgt $x_{\mathrm{HLW}} - x_{\mathrm{CoM}} = 0,57\,$m. Unter der Annahme eines zylindrischen Rumpfes und eines ebenen Flügels ergibt sich für die Massenträgheit in der Nickachse $I_y = 0,34\,$kg m^2, wobei unter anderem die Batterie mit dem Steinerschen Anteil $I_{y,B} = m_B\,x_B^2$ einfließt. Daraus folgen die Nicksteifigkeit und Nickdämpfung zu

$$M_\alpha = \frac{2\pi\,\bar{q}_0}{I_y}\left(F_F\,(x_F - x_{\mathrm{CoM}})\frac{\Lambda}{\Lambda+2} + F_{\mathrm{HLW}}(x_{\mathrm{HLW}} - x_{\mathrm{CoM}})\right)$$

$$= -148{,}2\,\mathrm{s}^{-2},$$

$$M_q = -\frac{\pi\,\rho_0\,V_0}{I_y}\left(F_F(x_{\mathrm{CoM}} - x_F)^2\frac{\Lambda}{\Lambda+2} + F_{\mathrm{HLW}}\,(x_{\mathrm{CoM}} - x_{\mathrm{HLW}})^2\right)$$

$$= -4{,}80\,\mathrm{s}^{-1}.$$

Als letztes benötigen wir noch die Höhenruderwirksamkeit. Der Auftriebsanstieg für einen Ausschlag wird dabei über eine äquivalente Wölbung des Höhenleitwerks approximiert. Für den zusätzlichen Auftriebsbeiwert gilt $C_{A\eta}(t_{\mathrm{HLW}}, t_\eta) = 6\pi\,t_\eta/t_{\mathrm{HLW}}$. Mit den Abmessungen des Höhenruders $t_\eta = 0{,}055\,\mathrm{m}$ und $b_\eta = b_{\mathrm{HLW}} = 0{,}46\,\mathrm{m}$ ergibt sich

$$M_\eta = \frac{b_\eta\,t_{\mathrm{HLW}}\,\bar{q}_0}{I_y}(x_{\mathrm{HLW}} - x_{\mathrm{CoM}})\,C_{A\eta}(t_{\mathrm{HLW}}) = -157{,}4\,\mathrm{s}^{-2}.$$

Ähnlich können alle weiteren Ersatzgrößen berechnet werden. Insgesamt erhalten wir für die Längsbewegung

$$\begin{pmatrix}\dot\alpha\\\dot q\\\dot V\\\dot\theta\end{pmatrix} = \begin{bmatrix}-9{,}10 & 1 & -5{,}19\cdot10^{-2} & 0\\ -148{,}2 & -4{,}80 & 0 & 0\\ 4{,}58 & 0 & -6{,}58\cdot10^{-2} & -9{,}81\\ 0 & 1 & 0 & 0\end{bmatrix}\begin{pmatrix}\alpha\\q\\V\\\theta\end{pmatrix} + \begin{bmatrix}0 & -5{,}21\cdot10^{-5}\\ -0{,}412 & 0\\ 0 & 1{,}82\cdot10^{-2}\\ 0 & 0\end{bmatrix}\begin{pmatrix}\eta\\\delta_F\end{pmatrix},$$

$$a_{m,z} = Z_\alpha\cdot\alpha = -163{,}9\,\mathrm{m/s}^2\cdot\alpha, \qquad \gamma = \theta - \alpha,$$

$$(7.1)$$

wobei Höhenruder und Schub auf den Wertebereich $\pm 100\,\%$ normiert sind. Auf entsprechende Weise kann das Modell für die Seitenbewegung erstellt werden. Es ergibt sich

$$\begin{pmatrix}\dot r\\\dot\beta\\\dot p\\\dot\phi\end{pmatrix} = \begin{bmatrix}-4{,}09 & 4{,}94\cdot10^{1} & -1{,}70 & 0\\ -1 & -4{,}12\cdot10^{-1} & 0 & 0{,}55\\ 5{,}59 & -1{,}08\cdot10^{2} & -41{,}38 & 0\\ 0 & 0 & 1 & 0\end{bmatrix}\begin{pmatrix}r\\\beta\\p\\\phi\end{pmatrix} + \begin{bmatrix}0 & 0{,}218\\ 0 & 0\\ 1{,}10 & 0\\ 0 & 0\end{bmatrix}\begin{pmatrix}\xi\\\zeta\end{pmatrix},$$

$$a_{m,y} = Y_\beta\cdot\beta = -7{,}16\,\mathrm{m/s}^2\cdot\beta,$$

$$(7.2)$$

wobei die Steuerflächen ξ und ζ ebenfalls auf $\pm 100\,\%$ normiert sind. Diese beiden Systeme bilden die Grundlage für die Auslegung der inneren Regelkreise.

7.2 Reglerauslegung

Die Lenkung und die unterlagerten Regelkreise sind in Anlehnung an Abb. 6.5 umgesetzt. Für die Regelung der Geschwindigkeiten und Rolllage werden bezüglich den Abb. 5.1

und 5.2 folgende Änderungen vorgenommen. Da keine aerodynamischen Winkelmessungen verfügbar sind, werden statt α und β Beschleunigungen $a_{m,y}$ und $a_{m,z}$ zurückgeführt. Für die Seitenbewegung wird lediglich bei der Rollwinkelregelung ein I-Anteil für den Regelfehler $\phi - \phi_c$ verwendet, aber nicht bei der Regelung des Schiebewinkels.[2] Es ist also

$$\begin{pmatrix} \eta \\ \delta_F \end{pmatrix} = - \underbrace{\begin{bmatrix} -1{,}0 & -15 & 0 & -120 \\ 0 & 0 & 24 & -40 \end{bmatrix}}_{K} \begin{pmatrix} a_{m,z} - a_{m,z,0} \\ q - q_0 \\ V - V_c \\ \gamma - \gamma_c \end{pmatrix} - \underbrace{\begin{bmatrix} 0 & -29 \\ 8 & 0 \end{bmatrix}}_{K_I} \int_0^t \begin{pmatrix} V - V_c \\ \gamma - \gamma_c \end{pmatrix} \mathrm{d}\tau + \begin{pmatrix} \eta_\phi \\ 0 \end{pmatrix},$$

$$\begin{pmatrix} \xi \\ \zeta \end{pmatrix} = - \underbrace{\begin{bmatrix} 0 & 0 & 30 & 80 \\ -8{,}5 & 1{,}5 & 6{,}0 & 0 \end{bmatrix}}_{K} \begin{pmatrix} r - r_0 \\ a_{my} \\ p - p_0 \\ \phi - \phi_c \end{pmatrix} - \underbrace{\begin{bmatrix} 1 \\ 0 \end{bmatrix}}_{K_I} \int_0^t (\phi - \phi_c)\,\mathrm{d}\tau.$$

Der Term $\eta_\phi = k_\phi \frac{g}{V_0} \sin^2(\phi)/\cos(\phi)$ dient zur Kurvenkompensation entsprechend Gl. (4.6). Die Sollwerte q_0, r_0 und p_0 für die Drehraten werden als Vorsteuerungen eingesetzt und ergeben sich mittels der Gl. (6.14) und (6.6) direkt aus dem Splineverlauf. Ähnlich verhält es sich mit der Sollvertikalbeschleunigung

$$a_{m,z,0} = -n_{z,0} \cdot g = -\frac{V_K \dot{\gamma} + g \cos(\gamma)}{\cos\phi}, \tag{7.3}$$

siehe Gl. (6.25). Als Anti-Windup Maßnahme wird das Verfahren zur Limitierung der Reglerintegratoren mit zustandsabhängigen Grenzen (4.20) verwendet.

In Abb. 7.2b sind die Eigenwerte des offenen und geschlossenen Regelkreises der linearisierten Längsbewegung (7.1) dargestellt. Da die erweiterte Strecke sechster Ordnung ist, sind insgesamt sechs Eigenwerte im Spiel. Für die offene Strecke entsprechen diese der Phygoide, der Anstellwinkelschwingung und den beiden Integratoren. Im geregelten Fall weist die Strecke zwei komplexe Eigenwertpaare auf, die jeweils eine Dämpfung von ungefähr $\sqrt{2}/2$ besitzen. Für die Übertragung von γ_c auf γ ergibt sich eine Bandbreite von $3{,}99\,\mathrm{rad/s}$. Die Fluggeschwindigkeit V folgt der Vorgabe V_c mit einer Bandbreite von $0{,}59\,\mathrm{rad/s}$.

Mit den Parametern der linearisierten Seitenbewegung (7.2) besitzt das Übertragungsverhalten von ϕ_c auf ϕ eine Bandbreite von $4{,}42\,\mathrm{rad/s}$. Die Kursregelung ist entsprechend Gl. (6.2) umgesetzt, es ist $k_\chi = 0{,}89\,\mathrm{s}^{-1}$ und $\phi_{\max} = 60°$. Damit ergibt sich am Trimmpunkt eine Bandbreite von $0{,}89\,\mathrm{rad/s}$ von χ_c auf χ, was etwa einem Fünftel der Bandbreite der Rollregelung entspricht.

---

[2]Es steht keine explizite Messung von β zur Verfügung und es hat sich gezeigt, dass eine Integration von a_{my} bei einem systematischen Fehler (Bias) problematisch ist.

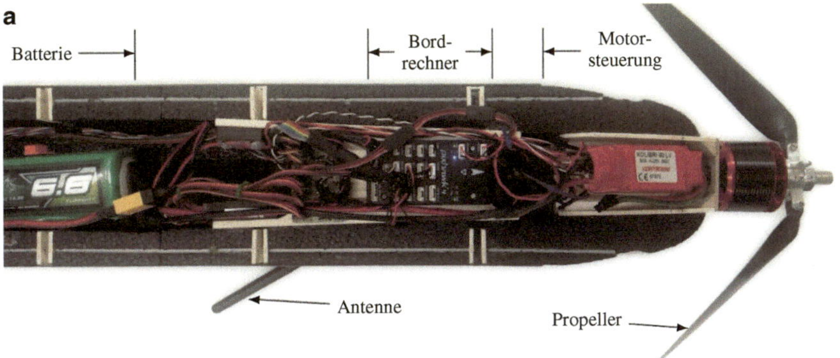

Aufgeklappter Rumpf mit eingebautem Bordrechner

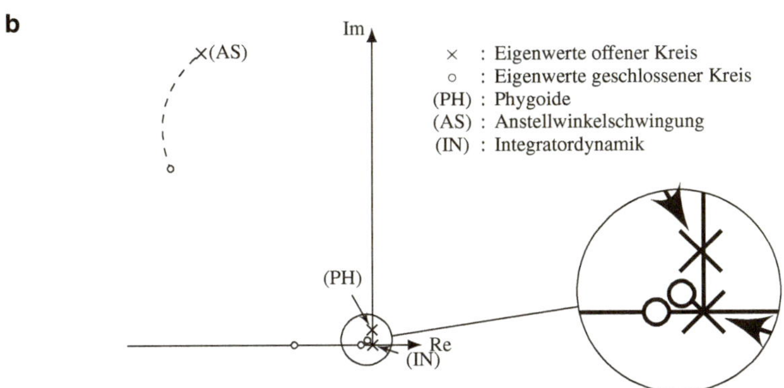

Reglerentwurf Längsbewegung

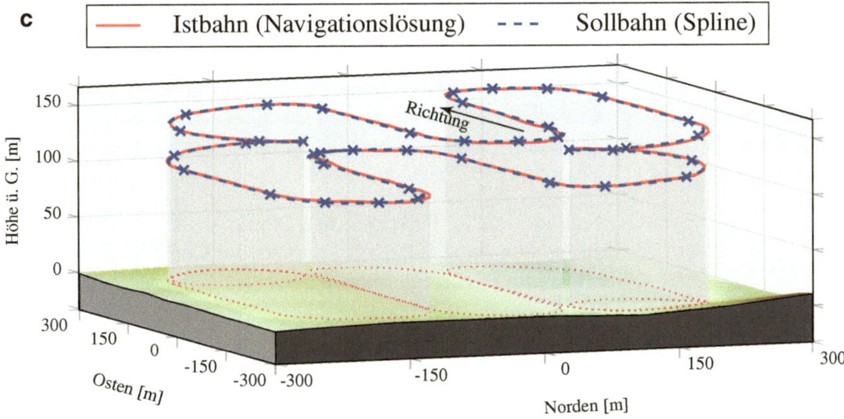

Bahnverlauf beim Flugversuch

Abb. 7.2 Automatischer Betrieb eines unbemannten Flächenflugzeugs

Für die Regelung des Bahnabstands werden gemäß Gl. (6.20) die Verstärkungsfaktoren $k_h = 0{,}98\,\text{s}^{-1}$ und $k_v = 0{,}22\,\text{s}^{-1}$ gewählt. In der Horizontalbewegung ergibt sich damit eine Bandbreite von $0{,}22\,\text{rad/s}$, also etwa ein Viertel der Bandbreite der Kursregelung. Ähnlich steht die Bandbreite des vertikalen Bahnabstands mit $0{,}98\,\text{rad/s}$ im Verhältnis eins zu vier zur Bandbreite der Bahnneigungsregelung. Aufgrund dieser Verhältnisse ist jeweils der unterlagerte Regelkreis deutlich schneller, was eine zentrale Voraussetzung für den kaskadierten Ansatz ist.[3]

Die Bahnneigung wird auf $\gamma_{\min} = -7{,}5°$ und $\gamma_{\max} = 7{,}5°$ begrenzt.

7.3   Flugergebnisse

Abb. 7.2c zeigt die Ergebnisse eines Flugversuches. Neben der geflogenen Bahn, die hier durch die geschätzte Position $\hat{r}$ aus der Navigationslösung des Kalman-Filters dargestellt wird, ist auch die geplante Sollbahn abgebildet. Die Solltrajektorie setzt sich aus Splines für Position und Geschwindigkeit zusammen und bildet einen geschlossenen Rundkurs. Die zugrunde liegende Trajektorienplanung basiert auf der erweiterten Methode nach Dubins, die im letzten Kapitel diskutiert wurde. Bei der Planung werden alle relevanten Beschränkungen wie Rollwinkel-, Rollraten- und Bahnneigungsgrenzen berücksichtigt.

Die Ergebnisse zeigen, dass mit den verwendeten Methoden die Limitierungen des Flugzeugs sowohl im Zuge der Trajektorienplanung als auch innerhalb der Regelkreise mit einbezogen werden können. Es fällt auf, dass die Bahn im Flug sehr genau eingehalten werden kann. Dies geht auch darauf zurück, dass sich aus der Bahnbeschreibung mit Splines Vorsteuerungen für viele Zustandsgrößen berechnen lassen, die dann direkt aufgeschaltet werden. Dieses Prinzip zeigt sich unter anderem am Rollwinkel ϕ_0 besonders vorteilhaft, welcher in die Kursregelung (6.22) einfließt. Dadurch wird die Regelgüte im Kurvenflug entscheidend verbessert.

Literatur

1. Meier, L., Tanskanen, P., Fraundorfer, F., Pollefeys, M.: Pixhawk: A system for autonomous flight using onboard computer vision. In: 2011 IEEE International Conference on Robotics and Automation, S. 2992–2997. Institute of Electrical and Electronics Engineers (2011). https://doi.org/10.1109/icra.2011.5980229

---

[3]Die Voraussetzungen $\phi = \phi_c$, $\chi = \chi_c$ und $\gamma = \gamma_c$ sind also erfüllt.

Anhang A

A.1 Konzepte der Systemtheorie

A.1.1 Koordinatensysteme

Im Folgenden beschränken wir uns auf die Definition derjenigen Koordinatensysteme, die für die vorliegende Thematik benötigt werden.[1]

Flugzeugfestes System
Sein Index ist f. Wir können uns das f-System am Flugzeug festgemacht denken. Hiermit kann die Lage des Flugzeugs gegenüber einem Referenzsystem beschrieben werden. Außerdem ist die Massenverteilung eines Flugzeuges im körperfesten System unter gewissen Annahmen konstant.

- O_f – Massenmittelpunkt des Flugzeuges
- x_f – entlang der Flugzeug-Längsachse, nach vorne gerichtet
- y_f – ergänzt das Rechtssystem
- z_f – senkrecht auf der x_f-Achse und in der Symmetrieebene des Flugzeuges nach unten gerichtet

Stabilitätsachsen
Das System der Stabilitätsachsen hat den Index s. Es ist ebenfalls körperfest. Charakteristisch für dieses System ist die Ausrichtung der x_s-Achse. Sie zeigt in Richtung des Geschwindigkeitsvektors im perfekt symmetrischen stationären Flugzustand, das heißt sie ist gegenüber der x_f-Achse verdreht um den stationären Anstellwinkel α_0.

---

[1] Für umfassende Betrachtungen wird auf flugmechanische Grundlagen verwiesen, siehe z. B. [3].

© Springer-Verlag GmbH Deutschland, ein Teil von Springer Nature 2020
W. Fichter und J. Stephan, *Flugregelung,*
https://doi.org/10.1007/978-3-662-60907-1

- O_s – Massenmittelpunkt des Flugzeuges
- x_s – entlang des Geschwindigkeitsvektors im stationären Flug
- y_s – ergänzt das Rechtssystem
- z_s – senkrecht auf der x_f-Achse und in der Symmetrieebene des Flugzeuges nach unten gerichtet

Die linearen Bewegungsmodelle enthalten üblicherweise Drehgeschwindigkeiten, die im s-System dargestellt sind.

Erdfestes Koordinatensystem

Wir gehen im Folgenden von einer ruhenden, flachen Erde aus. Das erdfeste System ist mit einem Index E bezeichnet und folgendermaßen definiert.

- O_E – fester Punkt auf der Erdoberfläche, beispielsweise gegeben durch die Anfangsposition eines Flugverlaufes.
- x_E – tangential zur Erdoberfläche, nach Norden gerichtet
- y_E – ergänzt das Rechtssystem, nach Osten ausgerichtet
- z_E – senkrecht zur Erdoberfläche, zum Erdmittelpunkt gerichtet

Das erdfeste System eignet besonders zur Darstellung der Flugzeugposition, siehe Abb. A.1. Gleichzeitig ist es bei ruhender, flacher Erde ein Inertialsystem. Auf das E-System bei runder Erde gehen wir hier nicht ein.

Abb. A.1 Erdfestes und geodätisches System, Bahngeschwindigkeit

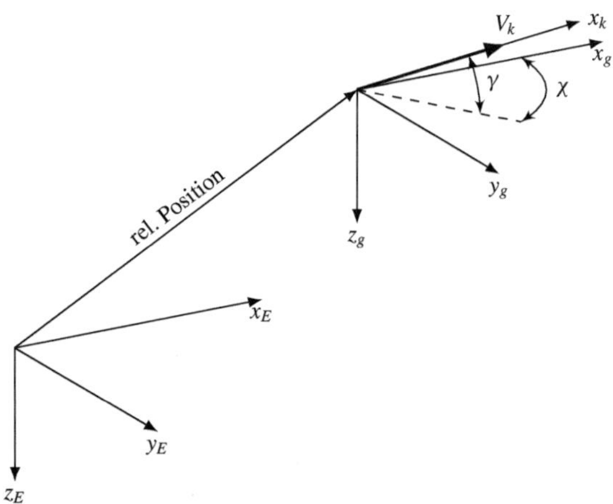

Geodätisches Koordinatensystem

Das geodätische System mit Index g eignet sich als Referenzsystem für die Lagedarstellung eines Flugzeugs. Es ist am Schwerkraftvektor ausgerichtet.

- O_g – Massenmittelpunkt des Flugzeuges
- x_g – tangential zur Erdoberfläche, nach Norden gerichtet
- y_g – ergänzt das Rechtssystem, nach Osten ausgerichtet
- z_g – senkrecht zur Erdoberfläche, zum Erdmittelpunkt gerichtet

Diese Definition gilt nicht nur bei flacher, ruhender Erde, sondern auch bei runder Erde. Für uns ist der erste Fall relevant.

Bahnsystem

Sein Index ist k. Das Bahnsystem eignet sich zur Beschreibung der translatorischen Flugbewegung über Grund, siehe Abb. A.1. Es kann auf tatsächliche Flugbahnen als auch Referenzbahnen angewendet werden. Letzteres wird hier mit einem Index r versehen.

- O_k – Massenmittelpunkt des Flugzeuges
- x_k – entlang der Bahngeschwindigkeit, also der Geschwindigkeit über Grund
- y_k – liegt in der x_g/y_g-Ebene, in Flugrichtung nach rechts
- z_k – vervollständigt das Rechtssystem

Der Vektor der Bahngeschwindigkeit beschreibt immer die momentane Bahntangente.

Aerodynamisches Koordinatensystem

Dieses System hat den Index a. Aerodynamische Kräfte und Momente werden am besten in diesem System beschrieben.

- O_a – Massenmittelpunkt des Flugzeuges
- x_a – entgegengesetzt zur Anströmung
- y_a – vervollständigt das Rechtssystem
- z_a – in der Symmetrieebene des Flugzeugs, senkrecht auf x_a, nach unten

Wie in Abb. A.2 dargestellt, beschreibt die x_a-Achse die Richtung der Fluggeschwindigkeit, also der Geschwindigkeit gegenüber der umgebenden Luft. Bei einem koordinierten Flug liegt die Fluggeschwindigkeit in der Symmetrieebene des Flugzeuges. Im Allgemeinen ist dies jedoch nicht unbedingt der Fall.

Abb. A.2 Flugzeugfeste
x-Achsen und aerodynamische
x-Achse

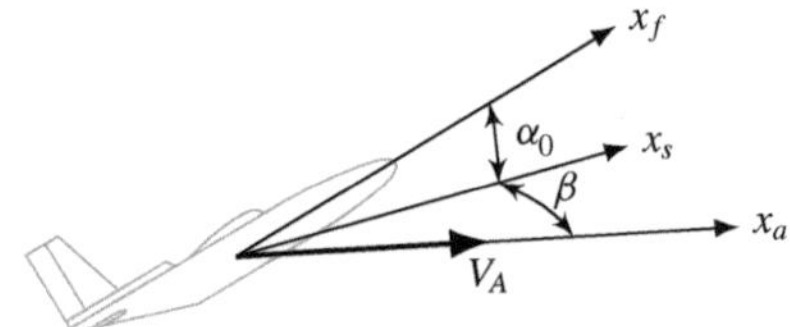

Transfomationen und Winkelbezeichnugen

Zwischen den Koordinatensytemen kann transformiert werden. Die Transformationsmatrizen sind im Folgenden angegeben. Dabei verwenden wir die Notation $T_i(x)$, $i = 1, 2, 3$, die eine Elementardrehung um die Achse i mit dem Winkel x bezeichnet.

- Vom erdfesten System ins Bahnsystem, $T_{kE} = T_2(\gamma)\,T_3(\chi)$ mit dem Bahnazimutwinkel χ und dem Bahnneigungswinkel γ.
- Vom Bahnsystem ins aerodynamische System, $T_{ak} = T_1(\mu) = T_1(\phi)$, das letzte Gleichheitszeichen gilt nur bei Windstille. Hierbei ist μ der Hängewinkel und ϕ der Rollwinkel.
- Vom aerodynamischen System ins körperfeste System, $T_{fa} = T_2(\alpha)\,T_3(-\beta)$, wobei α und β den Anstellwinkel und Schiebewinkel darstellen.
- Vom köperfesten System in Stabilitätsachsen, $T_{sf} = T_2(-\alpha_0)$, mit dem stationären Anstellwinkel α_0.
- Vom erdfesten System ins körperfeste System, $T_{fE} = T_1(\phi)\,T_2(\theta)\,T_3(\psi)$. Die Kardanwinkel ψ, θ, ϕ stehen für den Gierwinkel, Nickwinkel und Rollwinkel.

Die Elementardrehung sind folgendermaßen definiert:

$$
\underbrace{\begin{bmatrix} 1 & 0 & 0 \\ 0 & \cos(x) & \sin(x) \\ 0 & -\sin(x) & \cos(x) \end{bmatrix}}_{=:T_1(x)}, \quad
\underbrace{\begin{bmatrix} \cos(x) & 0 & -\sin(x) \\ 0 & 1 & 0 \\ \sin(x) & 0 & \cos(x) \end{bmatrix}}_{=:T_2(x)}, \quad
\underbrace{\begin{bmatrix} \cos(x) & \sin(x) & 0 \\ -\sin(x) & \cos(x) & 0 \\ 0 & 0 & 1 \end{bmatrix}}_{=:T_3(x)}.
$$

A.1.2 Diskretisierung von linearen Reglern

Die Umrechnung eines kontinuierlichen Systems (1.1) in ein zeitdiskretes System der Form (1.2) erfolgt mit Berechnungsformeln für die zeitdiskreten Systemmatrizen. Hierfür gibt es viele Varianten, eine weit verbreitete Methode stützt sich auf die Trapezregel. Dies ist im Folgenden dargestellt.

Zunächst betrachten wir die Lösung der Differenzialgleichung (1.1). Diese ist gegeben durch

$$x(k+1) = x(k) + \int_{kT}^{(k+1)T} \dot{x}(\tau)d\tau. \tag{A.1}$$

Hiermit liegt bereits eine rekursive Darstellung vor, die wir aber praktisch noch nicht verwenden können. Was fehlt ist die Berechnung des Integrals in Gl. (A.1). Hierzu machen wir die Näherung

$$\dot{x}(\tau) \approx A \frac{x(k+1) + x(k)}{2} + B \frac{y(k+1) + y(k)}{2},$$

was einer linearen Näherung des Verlaufes von $\dot{x}(t)$ entspricht[2], siehe Abb. 1.6. Hieraus folgt

$$x(k+1) = x(k) + \frac{T}{2} A (x(k+1) + x(k)) + \frac{T}{2} B (y(k+1) + y(k)),$$

beziehungsweise etwas umgeordnet

$$x(k+1) - \frac{T}{2} A x(k+1) - \frac{T}{2} B y(k+1) = x(k) + \frac{T}{2} A x(k) + \frac{T}{2} B y(k)$$

$$=: \sqrt{T} \, w(k+1). \tag{A.2}$$

Mithilfe der letzten Gl. (A.2) wird eine neue Zustandsgröße w des Reglers definiert. Aus der linken Seite von (A.2) erhalten wir

$$\left(I - \frac{T}{2} A\right) x = \sqrt{T} \cdot w + \frac{T}{2} B y \tag{A.3}$$

$$\Rightarrow \quad x = \left(I - \frac{T}{2} A\right)^{-1} \sqrt{T} \cdot w + \left(I - \frac{T}{2} A\right)^{-1} \frac{T}{2} B y.$$

Hier ist der Zeitindex k weggelassen, denn in dieser Gleichung tauchen nur Terme mit dem selben Zeitargument auf, das heißt diese Gleichung gilt für alle Zeitpunkte.

Die rechte Seite von (A.2) ergibt

$$\sqrt{T} \, w(k+1) = \left(I + \frac{T}{2} A\right) x(k) + \frac{T}{2} B y(k),$$

beziehungsweise mit x aus Gl. (A.3)

$$\sqrt{T} \, w(k+1) = \left(I + \frac{T}{2} A\right) \left(I - \frac{T}{2} A\right)^{-1} \sqrt{T} \cdot w(k)$$

$$+ \left(I + \frac{T}{2} A\right) \left(I - \frac{T}{2} A\right)^{-1} \frac{T}{2} B y(k) + \frac{T}{2} B y(k).$$

---

[2]Genau dieses Vorgehen ist auch unter dem Namen Trapezregel bekannt.

Fasst man Terme mit $\boldsymbol{w}(k)$ und $\boldsymbol{y}(k)$ zusammen, so ergibt sich

$$\boldsymbol{w}(k+1) = \underbrace{\left(\boldsymbol{I} + \frac{T}{2}\,\boldsymbol{A}\right)\left(\boldsymbol{I} - \frac{T}{2}\,\boldsymbol{A}\right)^{-1}}_{=:\boldsymbol{A}_d}\boldsymbol{w}(k)$$

$$+ \underbrace{\left(\left(\boldsymbol{I} + \frac{T}{2}\,\boldsymbol{A}\right)\left(\boldsymbol{I} - \frac{T}{2}\,\boldsymbol{A}\right)^{-1} + \boldsymbol{I}\right)\cdot\frac{\sqrt{T}}{2}\,\boldsymbol{B}}_{=:\boldsymbol{B}_d}\,\boldsymbol{y}(k).$$

Dies ist die gesuchte Differenzengleichung mit den entsprechenden Berechnungsformeln für die Parameter $\boldsymbol{A}_d$ und $\boldsymbol{B}_d$. Bei der Ausgangsgleichung $\boldsymbol{u}(k) = \boldsymbol{C}\,\boldsymbol{x}(k) + \boldsymbol{D}\,\boldsymbol{u}(k)$ können wir ebenfalls den Ausdruck für $\boldsymbol{x}$ von Gl. (A.3) einsetzen und erhalten

$$\boldsymbol{u}(k) = \underbrace{\boldsymbol{C}\left(\boldsymbol{I} - \frac{T}{2}\,\boldsymbol{A}\right)^{-1}\sqrt{T}}_{=:\boldsymbol{C}_d}\,\boldsymbol{w}(k) + \underbrace{\left(\boldsymbol{D} + \boldsymbol{C}\left(\boldsymbol{I} - \frac{T}{2}\,\boldsymbol{A}\right)^{-1}\frac{T}{2}\,\boldsymbol{B}\right)}_{=:\boldsymbol{D}_d}\,\boldsymbol{y}(k).$$

A.1.3 Eigenwertvorgabe und Modale Regelung

Die Methoden der Eigenwertvorgabe und modalen Regelung sind mögliche Herangehensweisen (unter vielen) zum Reglerentwurf bei linearen Mehrgrößensystemen. Die Grundidee besteht in der Vorgabe von Eigenwerten für den geschlossenen Regelkreis und der gezielten Realisierung durch den Regler. Im Falle der modalen Regelung werden darüber hinaus Forderungen an die Eigenvektoren gestellt. Da sich mit Eigenwerten und Eigenvektoren Flugeigenschaften beschreiben lassen, eignet sich diese Methoden sehr gut für den Flugregelungsentwurf.

Zur Herleitung der Methoden gehen wir von einer steuerbaren Flugzeugdynamik der Form $\dot{\boldsymbol{x}} = \boldsymbol{A}\,\boldsymbol{x} + \boldsymbol{B}\,\boldsymbol{u}$ aus sowie einem Zustandsregler $\boldsymbol{u} = -\boldsymbol{K}\,\boldsymbol{x}$. Die Dimension des Zustands ist n, die Dimension der Eingänge ist m. Diese Darstellung beinhaltet auch den Fall einer erweiterten Regelstrecke, wie es bei einem zusätzlichen I-Regler für die Ausgangsgrößen der Fall ist. Dann repräsentieren die Matrizen $\boldsymbol{A}$, $\boldsymbol{B}$, $\boldsymbol{K}$ und der Zustandsvektor $\boldsymbol{x}$ die jeweils um die Reglerintegratoren erweiterten Größen.

Für die Herleitung der Entwurfsvorschriften des Reglers $\boldsymbol{K}$ betrachten wir das Eigenwertproblem des *geschlossenen* Regelkreises

$$\forall i = 1, \ldots, n \;:\; (\boldsymbol{A} - \boldsymbol{B}\,\boldsymbol{K})\,\bar{\boldsymbol{v}}_i = \bar{\lambda}_i\,\bar{\boldsymbol{v}}_i, \tag{A.4}$$

wobei $\bar{\lambda}_i$ die Eigenwerte und $\bar{v}_i$ die Eigenvektoren des geschlossenen Kreises sind. Der entscheidende Schritt ist die Definition von sogenannten Parametervektoren p_i der Form

$$K\,\bar{v}_i = p_i, \quad i = 1\ldots n. \tag{A.5}$$

p_i hat die Länge m des Systemeingangs. Formal ergibt sich also für alle n Eigenvektoren und Parametervektoren

$$K\,\underbrace{[\bar{v}_1 \ldots \bar{v}_n]}_{=:V} = \underbrace{[p_i \ldots p_n]}_{=:P}$$

und damit eine Bestimmungsgleichung für den Regler, nämlich

$$K = P\,V^{-1}.$$

Da wir uns die Eigenwerte $\bar{\lambda}_i$ für das geregelte Flugzeug vorgeben, stellt sich nun die Frage, wie wir die Vektoren $\bar{v}_i$ und p_i berechnen können. Hierzu nutzen wir wiederum die Gl. (A.4) und (A.5), umgestellt in der Form $\left(\bar{\lambda}_i\,I - A\right)\right)\,\bar{v}_i = B\,p_i$, das heißt

$$\forall i = 1, \ldots, n \;:\; \left[\bar{\lambda}_i\,I - A \;\; B\right]\begin{pmatrix}\bar{v}_i \\ p_i\end{pmatrix} = 0. \tag{A.6}$$

Dies ist offensichtlich ein lineares, homogenes Gleichungssystem für die Unbekannten $\bar{v}_i$ und p_i. Unter den gemachten Annahmen[3] hat es genau eine nicht-triviale Lösung, wenn die $n \times (n + m)$ Matrix $[\bar{\lambda}_i\,I - A \;\; B]$ eine Spalte mehr als Zeilen hat, also $n + m = n + 1$.

Dies ist dann der Fall, wenn nur eine Steuerung $m = 1$ im Spiel ist, wie zum Beispiel das Höhenruder für die Regelung der Anstellwinkelschwingung. Dann liefert Gl. (A.6) jene Verstärkungsfaktoren K, welche die gewünschten Eigenwerte $\bar{\lambda}_i$ einstellen. Somit haben wir eine Methode zur Eigenwertvorgabe.

Im Falle mehrerer Steuerungen besitzt Gl. (A.6) nicht nur eine Lösung.[4] Anschaulich ist die bloße Vorgabe von Eigenwerten also nicht mehr eindeutig. Wir können also $m - 1$ Zusatzforderungen an das Gleichungssystem (A.6) beziehungsweise an den geschlossenen Regelkreis stellen. Formal gesehen lassen sich die Zusatzforderungen als $m - 1$ zusätzliche Zeilen in Gl. (A.6) in folgender Form einbauen:

$$\forall i = 1, \ldots, n \;:\; \begin{bmatrix}\bar{\lambda}_i\,I - A & B \\ z_i^\top & \end{bmatrix}\begin{pmatrix}\bar{v}_i \\ p_i\end{pmatrix} = 0. \tag{A.7}$$

Die Zeilen von z_i entsprechen sogenannten Entkopplungsbedingungen, die an die entsprechende Eigenbewegung $\bar{\lambda}_i$ des geschlossenen Kreises gestellt werden können. Zur Formulierung von Zusatzforderungen z_i gibt es eine pragmatische Vorgehensweise. Wir betrachten eine ausgewählte Bewegungsform, also einen Eigenwert $\bar{\lambda}_i$ mit dem dazugehörenden

---

[3]Also, dass Steuerbarkeit vorliegt und dass die vorgegebenen Eigenwerte keine Mehrfachheit aufweisen.

[4]Das heißt, die Dimension des Nullraums ist größer eins.

Zustand $\tilde{x}_i$ des auf Diagonalform transformierten Systems. Nun fordern wir, dass sich der Zustand $\tilde{x}_i$ und damit die Bewegungsform mit dem Eigenwert $\tilde{\lambda}_i$ nicht auf bestimmte Größen auswirken soll. Diesen Ansatz nennt man Modale Regelung.

Unterdrückung von Eigenbewegungen im Flugzustand

Der Zusammenhang zwischen Flugzuständen und Zuständen eines in Diagonalform transformierten Systems lautet $x = \bar{V}\,\tilde{x}$. Die Matrix $\bar{V}$ enthält die Eigenvektoren es geschlossenen Regelkreises als Spalten. Für eine ausgewählte j-te Komponente des Flugzustandes können wir schreiben

$$x_j = \bar{v}_{j,1}\,\tilde{x}_1 + \bar{v}_{j,2}\,\tilde{x}_2 + \ldots + \bar{v}_{j,n}\,\tilde{x}_n. \tag{A.8}$$

Wollen wir verhindern, dass sich der Zustand $\tilde{x}_i$ *nicht* im j-ten Zustand bemerkbar macht, so muss $\bar{v}_{j,i}$ null werden. Die Zusatzzeile in (A.7) ist dann

$$z_i^\top = \begin{pmatrix} \overset{1}{0} \ldots \overset{j}{1} \ldots \overset{n}{0} & \overset{n+1}{0} & \ldots & \overset{n+m}{0} \end{pmatrix}. \tag{A.9}$$

Unterdrückung von Eigenbewegungen in Stellgrößen

Eine bestimmte Bewegungsform beziehungsweise Frequenz kann auch in der Stellgröße unterdrückt werden. Die Stellgröße ist $u = -K\,x = -P\,V^{-1}\,x = -P\,\tilde{x}$. Für eine ausgewählte j-te Stellgröße ist

$$u_j = -p_{j,1}\,\tilde{x}_1 - p_{j,2}\,\tilde{x}_2 - \ldots - p_{j,n}\,\tilde{x}_n. \tag{A.10}$$

Es soll sich nun der Zustand $\tilde{x}_i$ *nicht* in der j-ten Stellgröße bemerkbar machen, es muss also $p_{j,i}$ null werden. Die Zusatzzeile in (A.7) ist dann

$$z_i^\top = \begin{pmatrix} \overset{1}{0} \ldots \overset{n}{0} & \overset{n+1}{0} & \ldots & \overset{n+j}{1} & \ldots & \overset{n+m}{0} \end{pmatrix}. \tag{A.11}$$

Unterdrückung von Eigenbewegungen in Regelgrößen

Regelgrößen sind die Ausgänge eines Systems, es gilt $y = C\,x + D\,u = (C\,\bar{V} - D\,P)\,\tilde{x}$. Für eine Komponente folgt

$$y_j = (c_j^\top\,\bar{v}_1 - d_j^\top\,\bar{p}_1)\,\tilde{x}_1 + \ldots + (c_j^\top\,\bar{v}_n - d_j^\top\,\bar{p}_n)\,\tilde{x}_n. \tag{A.12}$$

Um zu verhindern dass sich der Zustand $\tilde{x}_i$ beziehungsweise die dazugehörende Frequenz nicht in y_j bemerkbar macht, muss gelten

$$z_i^\top = (c_j^\top \quad -d_j^\top). \tag{A.13}$$

Damit eine Reglerverstärkungsmatrix K praktikabel berechnet werden kann, sollten immer $m - 1$ Zusatzbedingungen der oben dargestellten Form für jeden vorgegebenen Eigenwert $\bar{\lambda}_i$ des geschlossenen Regelkreises formuliert werden. Nicht reelle Eigenwerte sind stets konjugiert komplex. Dies führt dazu, dass die Reglerverstärkung K letztendlich wieder reell ist.

Berechnungsschema
Zunächst werden die gewünschten Eigenwerte λ_i und im Fall der Modalen Regelung auch die zugehörigen Entkopplungsbedingungen z_i gewählt. Davon ausgehen können die Vektoren $\bar{v}_i$ und p_i aus Gl. (A.6) für Eigenwertvorgabe beziehungsweise (A.7) für Modale Regelung berechnet werden. Dabei handelt es sich um ein sogenanntes Nullraumproblem, welches in Matlab mit dem Befehl `null` gelöst werden kann. Nachdem dies für alle Eigenwerte erledigt ist, folgt letztlich die Reglerverstärkungsmatrix[5] $K = P \, V^{-1}$.

A.1.4 Integration normalverteilter Zufallszahlen

Beim Prinzip der Inertialnavigation sind wir der Integration von Beschleunigungen und Drehraten begegnet. Bei guter Kalibrierung, also ohne systematischen Fehler, können Messwerte als wahre Werte mit additiv überlagerten, normalverteilten und mittelwertfreien Zufallszahlen dargestellt werden. Nun stellen wir die Frage, was sich bei Integration einer solchen normalverteilten Zufallszahl ergibt? Wir betrachten also ein zeitdiskretes normalverteiltes Signal $x(i)$ mit Mittelwert $E\{x(i)\} = 0$ und Varianz $E\{x(i)^2\} = \sigma^2$, es ist also $x \sim \mathcal{N}(0, \sigma^2)$. Weiterhin soll gelten, dass die einzelnen Werte unkorreliert sind, also $\forall i \neq j \; : \; E\{x(i)\,x(j)\} = 0$. Eine Integration können wir bei zeitdiskreten Werten als Summe darstellen

$$y(k) = \sum_{i=1}^{k} x(i) = x(1) + x(2) + \cdots + x(k),$$

wobei k der aktuellen, fortlaufenden Zeit entspricht. Der Mittelwert des integrierten Signals ist dann

$$\begin{aligned} E\{y(k)\} &= E\{x(1) + x(2) + \cdots + x(k)\} \\ &= E\{x(1)\} + E\{x(2)\} + \cdots + E\{x(k)\} \\ &= 0. \end{aligned}$$

Für die Varianz ergibt sich

$$\begin{aligned} E\{y(k)^2\} &= E\{(x(1) + \cdots + x(k))(x(1) + \cdots + x(k))\} \\ &= E\{x(1)^2\} + E\{x(2)^2\} + \cdots + E\{x(k)^2\} \\ &= k \cdot \sigma^2. \end{aligned}$$

---

[5]Im Falle der reinen Eigenwertvorgabe kann die komplette Berechnung der Verstärkungsmatrix mit dem Matlab-Befehl `place` durchgeführt werden.

Wir sehen also, dass das integrierte Signal zwar mittelwertfrei bleibt, die Varianz aber linear mit der Zeit beziehungsweise mit anwachsendem Index k ansteigt. Eine Zufallsgröße, deren statistischen Kenngrößen zeitabhängig sind, bezeichnet man auch als einen instationären Prozess. Ein solcher liegt hier vor.

A.2   Modell eines mechanischen Beschleunigungsmessers

In diesem Anhang befassen wir uns im Detail mit der Funktionsweise eines klassischen Beschleunigungsmessers, das heißt wir werden die Messgleichung (3.1) herleiten und dadurch genau verstehen, welche Kraft- und Bewegungseinflüsse von einem Beschleunigungsmesser erfasst werden.

A.2.1   Herleitung

Ein Beschleunigungsmesser besteht aus einer Probemasse, die in einem Gehäuse gefesselt ist, das wiederum im Flugzeug eingebaut ist, siehe Abb. A.3.

Auf das Flugzeug wirkt die äußere Kraft R, die Probemasse wird mit der Kraft F gefesselt, beispielsweise durch elektrostatische Stellglieder. ω sei die absolute Drehgeschwindigkeit des Flugzeugs. Die Masse des Flugzeugs und der Probemasse bezeichnen wir mit M beziehungsweise m. Im Folgenden steht der Index P für die Probemasse und der Index C für das Zentrum des Gehäuses. $\overset{*}{(\cdot)}$ beschreibt die Ableitung im Inertialsystem und $(\dot{\cdot})$ die Ableitung im flugzeugfesten System. Messtechnisch zugänglich ist die Relativbewegung zwischen Probemasse und Gehäuse, das heißt dem Flugzeug, darum suchen wir nun eine

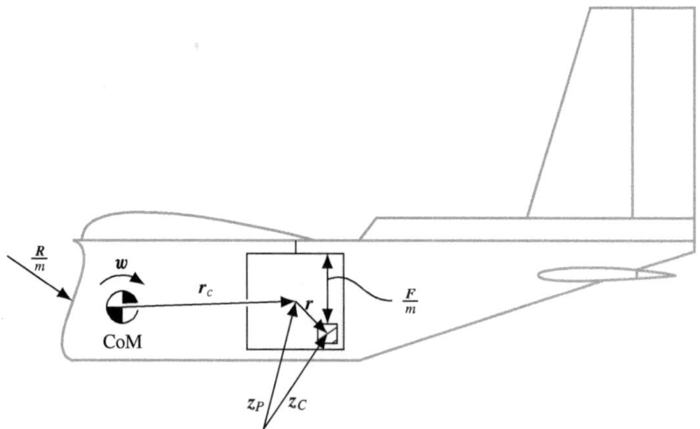

Abb. A.3 Herleitung der Messgleichung eines Beschleunigungsmessers

Beschreibung für diese Bewegung, also für $\ddot{r}$. Der Zusammenhang zwischen den absoluten Beschleunigungen von Gehäusezentrum und Probemasse ist gegeben durch die Relativkinematik. Es ist[6]

$$\overset{**}{z}_P = \overset{**}{z}_C + (\dot{\omega} \times + [\omega\times]^2)\,r + 2\,\omega \times \dot{r} + \ddot{r}. \tag{A.14}$$

Wie aus Abb. A.3 ersichtlich, ist $\overset{**}{z}_C$ hierbei die Führungsbeschleunigung. Der Term $(\dot{\omega} \times + [\omega\times]^2)\,r$ umfasst Dreh- und Zentripetalbeschleunigung, $2\,\omega \times \dot{r}$ ist die Coriolisbeschleunigung und schließlich ist $\ddot{r}$ die Relativbeschleunigung.

Die absoluten Beschleunigungen von Gehäusezentrum und Probemasse wiederum sind gegeben durch

$$\overset{**}{z}_C = g_{\text{CoM}} + (\dot{\omega} \times + [\omega\times]^2)\,r_C + \frac{R}{M} - \frac{F}{M},$$

$$\overset{**}{z}_P = g_P + \frac{F}{m}.$$

Hier stehen die Symbole g_{CoM} und g_P für die Schwerkraft jeweils im Massenmittelpunkt des Flugzeugs und der Probemasse. Bei ganz genauer Betrachtung[7] unterscheiden sich diese beiden Schwerkräfte minimal. Es ist

$$g_p = g_{\text{CoM}} + \left.\frac{\partial g}{\partial r}\right|_{\text{CoM}} (r_C + r)$$

$$= g_{\text{CoM}} + U\,(r_C + r).$$

Die Matrix U beschreibt den Gravitationsgradienten.

Der gesuchte Ausdruck für $\ddot{r}$ ergibt sich nun als Differenz der beiden absoluten Beschleunigungen von Probemasse und Flugzeug. Es folgt aus Gl. (A.14)

$$\ddot{r} = \overset{**}{z}_P - \overset{**}{z}_C - (\dot{\omega} \times + [\omega\times]^2)\,r - 2\,\omega \times \dot{r}$$

und mit den obigen Ausdrücken für $\overset{**}{z}_P$, $\overset{**}{z}_C$ folgt

$$\ddot{r} = -(\dot{\omega} \times + [\omega\times]^2)\,(r_C + r) - 2\,\omega \times \dot{r} + U\,(r_C + r) - \frac{R}{M} + \frac{F}{m} + \frac{F}{M}$$

$$= -(\dot{\omega} \times + [\omega\times]^2 - U)\,(r_C + r) - 2\,\omega \times \dot{r} - \frac{R}{M} + \left(1 + \frac{m}{M}\right)\frac{F}{m}.$$

Die letzte Zeile beschreibt die Relativbewegung zwischen Probemasse und Gehäuse. Wir können erkennen, dass die Gravitation nicht mehr auftaucht, sondern lediglich der Gravitationsgradient.

---

[6] $[\omega\text{x}]$ beschreibt eine schiefsymmetrische Kreuzproduktmatrix.

[7] Beispielsweise bei hochpräzisen Beschleunigungsmessern für Weltraumanwendungen.

A.2.2 Vereinfachungen

Nun können wir unter bestimmten Bedingungen weitere Vereinfachungen machen:

- Der Gravitationsgradient U ist sehr klein. Typischerweise hat er einen Betrag von etwa $10^{-6}\frac{1}{s^2}$, dieser Einfluss kann für Flugzeuganwendungen vernachlässigt werden.
- Die Probemasse wird gefesselt, damit erzwingen wir $r = \dot{r} = \ddot{r} \approx 0$. Dies kann beispielsweise durch einen Regelkreis bewerkstelligt werden.
- Das Massenverhältnis zwischen Probemasse und Flugzeugmasse ist sehr klein, das heißt $\frac{m}{M} \ll 1$.
- In den Fesselungskräften F sind Störanteile enthalten, die gegenüber den bekannten Stellanteilen vernachlässigbar klein sind. Dies muss durch entsprechende Konstruktion gewährleistet werden.

Unter diesen Annahmen folgt

$$\frac{F}{m} = a_m = (\dot{\omega} \times +[\omega\times]^2)\, r_C + \frac{R}{M}.$$

Die spezifische Fesselungskraft $\frac{F}{m}$ ist bekannt und die eigentliche Messgröße a_m. Für $r_C = 0$, wenn der Beschleunigungsmesser also im Massenmittelpunkt des Flugzeuges montiert wird, ist die Messgröße genau gleich den äußeren spezifischen Kräften $\frac{R}{M}$.

Die Fesselung der Probemasse wird bei einfachen mechanischen Beschleunigungsmessern durch Federn bewerkstelligt. Eine elegantere Möglichkeit besteht in einem Regelkreis. Dies ist für den Spezialfall für $r_C = 0$ in Abb. A.4 dargestellt. Aus dem Blockschaltbild erkennen wir unmittelbar, dass für eine stationäre Probemasse, das heißt für $\ddot{r} = 0$, sich die äußeren spezifischen Kräfte $\frac{R}{M}$ und damit die gesuchte Beschleunigung mit den inneren Fesselungskräften $\frac{F}{m}$ aufheben. Aus regelungstechnischer Sicht ist für eine möglichst exakte Fesselung erforderlich, dass die Störung durch die äußeren spezifischen Kräfte $\frac{R}{M}$ möglichst stark unterdrückt wird.

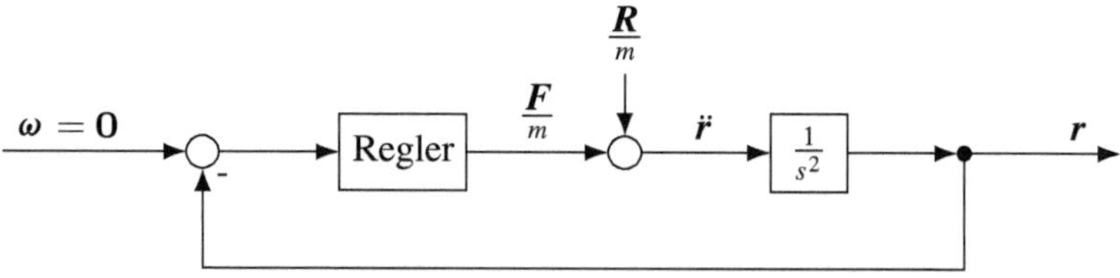

Abb. A.4 Regelkreis für Fesselung der Probemasse

A.3   Flugmechanische Parameter

Der Entwurf von Basisreglern erfordert üblicherweise ein lineares Modell, insbesondere
beim Einsatz von modellbasierten Entwurfsmethoden. Die Modale Regelung, wie Sie hier
verwendet wird, fällt in diese Kategorie.

In diesem Anhang werden Berechnungsvorschriften angegeben, mit denen relativ einfach flugmechanische Parameter, insbesondere die aerodynamischen Ersatzgrößen berechnet werden können, die zur Parametrisierung der linearen Bewegungsmodelle für Längs-
und Seitenbewegung notwendig sind. Dies ersetzt in gewissen Grenzen die Verwendung von
Rechenprogrammen wie DATCOM [5] oder XFLR/XFOIL [2]. Auf eine strenge Herleitung
der Berechnungsvorschriften wird an dieser Stelle verzichtet. Die folgenden Erläuterungen
sind als Ergänzungen zu verstehen, die es zusammen mit flugmechanischen Grundlagen[8]
erlauben, die Berechnungsvorschriften nachzuvollziehen.

A.3.1   Konstruktionsgrößen

Ausgangspunkt für das vorliegende Berechnungsverfahren ist die Kenntnis der Flugzeug-
geometrie, der Massen und Schwerpunktskoordinaten einzelner Komponenten des Flugzeugs sowie der Angabe des Trimmpunktes im Höhen-/Geschwindigkeitsdiagramm, siehe
auch Abschn. 2.1.4. Zumindest bei kleinen Fluggeräten können diese Parameter weitestgehend durch Messungen oder Abschätzungen ermittelt werden. Bei größeren Flugzeugen
sind entsprechende Angaben in Entwurfsdokumenten zu finden. In Tab. A.1 sind alle erforderlichen Konstruktionsdaten zusammengefasst.

Als Referenzkoordinatensystem wird das körperfeste s-System benutzt, das heißt Stabilitätsachsen, dessen Ursprung im Massenmittelpunkt des gesamten Flugzeugs liegt. Für
kleine stationäre Anstellwinkel kann das f-System mit dem s-System gleichgesetzt werden.

A.3.2   Aerodynamik und Massenverteilung

Zunächst müssen einige Zwischengrößen berechnet werden, die hauptsächlich die Aerody-
namik und die Massenverteilung betreffen. Diese Größen und deren Berechnungsvorschriften sind in Tab. A.2 zusammengefasst.

Massenverteilung
Zur Berechnung der Massenverteilung wird das flugzeugfeste System verwendet. Die Flügel
werden als rechteckige Platten und der Rumpf als Zylinder angenähert. Bei der Bestimmung
des Schwerpunkts des gesamten Flugzeugs wird die x-Komponente experimentell bestimmt,

---

[8]Diese werden hier vorausgesetzt.

Tab. A.1 Liste der erforderlichen Konstruktionsdaten

Formelzeichen	Größe
d_R [m]	Rumpfdurchmesser
l_R [m]	Rumpflänge
t_F [m]	Flügeltiefe (inklusive Ruder)
b [m]	Spannweite
v [rad]	V-Stellung
ϕ_{25} [rad]	Pfeilung der t/4-Linie
t_{HLW} [m]	Tiefe Höhenleitwerk (inklusive Ruder)
b_{HLW} [m]	Spannweite Höhenleitwerke (ohne Rumpfteil)
t_η [m]	Tiefe Höhenruder
b_η [m]	Spannweite Höhenruder (ohne Rumpfteil)
x_η [m]	Axialposition t/4-Linie Höhenruder
t_{SLW} [m]	Tiefe Seitenleitwerk (inklusive Ruder)
b_{SLW} [m]	Spannweite Seitenleitwerk
t_ζ [m]	Tiefe Seitenruder
b_ζ [m]	Spannweite Seitenruder
x_ζ [m]	Axialposition t/4-Linie Seitenruder
t_ξ [m]	Tiefe Querruder
b_ξ [m]	Gesamtspannweite aller Querruder
y_ξ [m]	mittlere Lateralposition der Querruder
m_R [kg]	Masse Rumpf
m_F [kg]	Masse Flügel
m_{HLW} [kg]	Masse Höhenleitwerke
m_{SLW} [kg]	Masse Seitenleitwerk
m_A [kg]	Masse Antriebssystem
m_B [kg]	Masse Batterien
m_S [kg]	Masse Systeme und Sonstige

Vereinfachung: x-Positionen der Schwerpunkte von Flächen und Leitwerke sind mit t/4-Linien identisch. $\boldsymbol{r_i} = (x_i, y_i, z_i)^T$

$\boldsymbol{r_R}$ [m, m, m]	Schwerpunkt Rumpf
$\boldsymbol{r_F}$ [m, m, m]	Schwerpunkt Flügel
$\boldsymbol{r_{HLW}}$ [m, m, m]	Schwerpunkt Höhenleitwerke
$\boldsymbol{r_{SLW}}$ [m, m, m]	Schwerpunkt Seitenleitwerk
$\boldsymbol{r_A}$ [m, m, m]	Schwerpunkt Antriebssystem
$\boldsymbol{r_B}$ [m, m, m]	Schwerpunkt Batterien
$\boldsymbol{r_S}$ [m, m, m]	Schwerpunkt Systeme und Sonstige

(Fortsetzung)

Tab. A.1 (Fortsetzung)

Formelzeichen	Größe
$x_{\text{CoM}}\ [m]$	Axialkomponente Schwerpunkt Gesamtflugzeug
$R\ [m]$	Rotorradius
$N\ [-]$	Anzahl Rotorblätter
$\varphi_t\ [rad]$	Rotorblattspitzenverwindung
$\bar{c}\ [m]$	Mittlere Rotorblatttiefe
$\Omega_{max}\ \left[\frac{rad}{s}\right]$	Maximale Rotordrehzahl
$\rho_0\ \left[\frac{kg}{m^3}\right]$	Trimmluftdichte
$V_0\ \left[\frac{m}{s}\right]$	Trimmgeschwindigkeit

Tab. A.2 Aerodynamische Parameter und Massenverteilung

Formel	Größe
$\Lambda = b/t_F$	Flügelstreckung
$F_F = t_F b$	Flügelfläche
$F_{\text{HLW}} = t_{\text{HLW}} b_{\text{HLW}}$	Fläche Höhenleitwerk
$F_{\text{SLW}} = t_{\text{SLW}} b_{\text{SLW}}$	Fläche Seitenleitwerk
$m = \sum_i m_i$ mit $i \in \{R, F, HLW, SLW, A, B, S\}$	Flugzeuggesamtmasse
$I_{x,i,S} = m_i \left(y_i^2 + z_i^2\right)$	Steinersche
$I_{y,i,S} = m_i \left(x_i^2 + z_i^2\right)$	Anteile der
$I_{z,i,S} = m_i \left(x_i^2 + y_i^2\right)$	Trägheitsmomente
$I_{x,R} = I_{x,R,S} + \frac{1}{2} m_R \left(\frac{d_R}{2}\right)^2$ $I_{y,R} = I_{y,R,S} + m_R \left(\frac{1}{4}\left(\frac{d_R}{2}\right)^2 + \frac{1}{12} l_R^2\right)$ $I_{z,R} = I_{z,R,S} + m_R \left(\frac{1}{4}\left(\frac{d_R}{2}\right)^2 + \frac{1}{12} l_R^2\right)$	Trägheitsmomente des Rumpfes
$I_{x,F} = I_{x,F,S} + \frac{1}{12} m_F \left(\frac{b}{2}\right)^2$ $I_{y,F} = I_{y,F,S} + \frac{1}{12} m_F \left(t_F^2\right)$ $I_{z,F} = I_{z,F,S} + \frac{1}{12} m_F \left(\left(\frac{b}{2}\right)^2 + t_F^2\right)$	Trägheitsmomente der Flügel

(Fortsetzung)

Tab. A.2 (Fortsetzung)

Formel	Größe
$I_{x,j} = I_{x,j,S}$ $I_{y,j} = I_{y,j,S}$ $I_{z,j} = I_{z,j,S}$	Trägheitsmomente der Komponenten j mit $j \in \{HLW, SLW, A, B, S\}$
$I_x = \sum_i I_{x,i}$ $I_y = \sum_i I_{y,i}$ $I_z = \sum_i I_{z,i}$	Trägheitsmomente des Flugzeugs
$\bar{q} = \frac{\rho_0}{2} V_0^2$	Trimmstaudruck
$\alpha_0 = \dfrac{mg}{\pi \bar{q} \left(F_{\mathrm{HLW}} + F_F \frac{\Lambda}{\Lambda+2} \right)}$	Trimmanstellwinkel
$C_A^{(F)} = \frac{2\pi \Lambda}{\Lambda+2} \alpha$	Auftriebsbeiwert Flügel
$C_A^{(R)} = 2\pi \alpha$	Auftriebsbeiwert Leitwerke
$C_A^{(F)}\big|_0 = \frac{2\pi \Lambda}{\Lambda+2} \alpha_0$	Trimmauftriebsbeiwert
$F_{\mathrm{wet},R} = \pi d_R l_R \left(1 - 2\frac{d_R}{l_R} \right)^{\frac{2}{3}} \left(1 + \left(\frac{d_R}{l_R} \right)^2 \right)$	Bespülte Oberfläche Rumpf
$F_{\mathrm{wet},F} = 2(F_F + F_{\mathrm{HLW}} + F_{\mathrm{SLW}})$	Bespülte Oberfläche Flügel/Leitwerke
$C_{fl} \approx 0{,}005$	Äquivalenter Reibungswiderstandsbeiwert
$C_{W0} = C_{fl} \frac{F_{\mathrm{wet},R} + F_{\mathrm{wet},R}}{F_F}$	Nullwiderstand
$e \approx 0{,}8$	Oswald-Faktor
$C_W = C_{W0} + \frac{C_{A,F}^2}{\pi \Lambda e}$	Quadratische Widerstandspolare
$C_W\big|_0 = C_{W0} + \frac{C_{A,F}\big|_0^2}{\pi \Lambda e}$	Trimmwiderstandsbeiwert
$\frac{\partial C_W}{\partial \alpha}\big|_0 = \frac{2}{\pi \Lambda e} \left(\frac{2\pi \Lambda}{\Lambda+2} \right)^2 \alpha_0$	
$C_{A\varepsilon}(t_f) = 6\pi\, t_\eta / t_f$	Auftriebsanstieg der Ruder, $\varepsilon \in \{\eta, \zeta, \xi\}$

die y-Komponente wird zu null gesetzt und die z-Komponente grob abgeschätzt oder ebenfalls vernachlässigt.

Die Trägheitsmomente aller Komponenten werden mit Hilfe des Steinerschen Satzes im flugzeugfesten System berechnet. Hierzu wird angenommen, dass die Schwerpunkte und Neutralpunkte aller angeströmten Profile in x-Richtung übereinstimmen ($t/4$-Linie). Die in Tab. A.1 angegeben Vektoren zu den einzelnen Bauteilen (Rumpf, Flügel, Leitwerke, Batterie, Antrieb und Systeme) beziehen sich auf den Schwerpunkt des gesamtem Flugzeugs.

Auftrieb

Flächen und Leitwerke werden als ebene Platten betrachtet. Der Profilauftrieb wird wie üblich durch $C_A = C_{A0} + C_{A\alpha}\,\alpha$ beschrieben. Am Flügel berücksichtigen wir zusätzlich die Streckung Λ. Es ist $C_{A0} = 0$ und $C_{A\alpha} = 2\pi$ und somit [1]

$$C_A^{(F)} = C_{A0}^{(F)} + \frac{2\pi\,\Lambda}{\frac{2\pi\,\Lambda}{C_{A\alpha}} + 2}\,\alpha = \frac{2\pi\,\Lambda}{\Lambda + 2}\,\alpha.$$

Bei den Leitwerken vernachlässigen wir die Streckung, sie sei also unendlich. In diesem Fall ist zunächst $C_A^{(R)} = 2\pi\alpha$. Um die Ruderausschläge zu berücksichtigen, werden diese als Wölbung modelliert, wie es in Abb. A.5 allgemein dargestellt ist. Der Auftriebsbeiwert bei einem Ruderausschlag ε wird entsprechend angepasst und durch [1]

$$C_A^{(R)}(\varepsilon) = \pi\,(2\alpha + 4\tilde{w}(\varepsilon))$$

dargestellt, mit $\tilde{w} = w/\tilde{c}$. Dabei ist $w = \sin(\varepsilon)\,t_c$ die Wölbungshöhe bei einer Rudertiefe von t_c und $\hat{c}$ die entsprechende Sehnenlänge des kompletten Profils in Abhängigkeit des Ausschlags, siehe Abb. A.5. Für das entsprechende Segment ergibt sich durch den Ruderausschlag also ein zusätzlicher Auftriebsbeiwert von $4\,\pi\,\tilde{w}$. Die beiden Terme

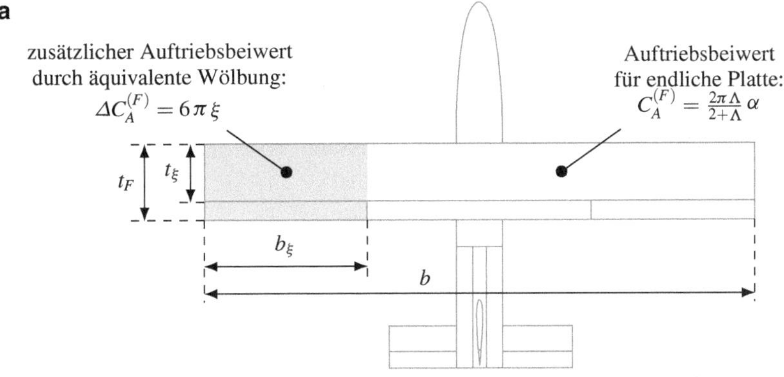

Zusatzauftrieb durch Querruderausschlag.

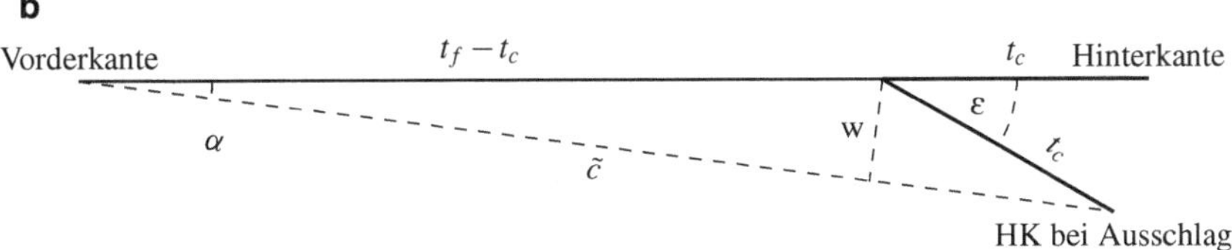

Profil mit Wölbung.

Abb. A.5 Modellierung eines Klappenausschlags

der rechten Seite können für Höhen-, Seiten- und Querruder als Funktion des jeweiligen Klappenausschlags $\varepsilon \in \{\eta, \zeta, \xi\}$ ausgedrückt und linearisiert werden. Das Ergebnis findet sich in Tab. A.2 in Form des Derivativs $C_{A\varepsilon}$.

Der Trimmanstellwinkel wird unter Annahme des Kräftegleichgewichts im stationären Horizontalflug ermittelt. Die Summe des Auftriebs von Flügel und des Höhenleitwerks muss dabei die Gewichtskraft kompensieren. Vernachlässigt wird der Einstellwinkel des Höhenleitwerks, sowie der Abwind, der vom Flügel erzeugt wird. Außerdem wird angenommen, dass der Schub genau dem Widerstand entgegen wirkt und keine Vertikalkräfte liefert.

Propeller und Schub

Das einfache Propellermodell in Tab. A.3 ist das Ergebnis einer Kombination aus Strahltheorie und Blattelement-Methode.[9] Es gelten dabei folgende vereinfachende Bedingungen:

- Mit dem Schubhebel $0 \leq \delta_F \leq 1$ wird die Drehzahl Ω vorgegeben. Ein Drehgeschwindigkeitsregler stellt die gewünschte Drehzahl $\Omega = \delta_F \cdot \Omega_{max}$ ein, wobei Ω_{max} die maximale Drehzahl ist.
- Die Drehzahlregelung ist sehr schnell und wird darum als statisch betrachtet, die Drehzahl besitzt also keine Dynamik.
- Der Propeller erzeugt keine Drehmomente auf das Flugzeug.

Der Schub des Propellers ist gegeben durch

$$T = C_T \, \rho \, A \, (\Omega R)^2.$$

Hier ist ρ die Luftdichte, R der Propellerradius und $A = \pi R^2$ die Propellerfläche. Der Schubkoeffizient ist

$$C_T = \frac{\sigma a}{4} (\phi_t - \lambda) B^2.$$

In dieser Gleichung ist $B = 1 - \frac{\tilde{c}}{2R}$ ein Faktor für Blattspitzenverluste (wobei $\tilde{c}$ die mittlere Rotorblatttiefe bezeichnet), a ist die Streckung der Propellerblätter, σ die Flächendichte des Propellers und ϕ_t die Verwindung der Blattspitzen. Diese Größen sind allesamt konstant. Dagegen ist das Anströmverhältnis λ abhängig vom vorausgehenden Anströmverhältnis $\lambda_c = \frac{V_0 + V}{\Omega R}$ und somit ist $C_T(\Omega)$ eine Funktion der Drehzahl. Stellt man eine Drehzahl ein, so wirkt diese sowohl über die quadratische Geschwindigkeit $(\Omega R)^2$ als auch über $C_T(\Omega)$ auf den Schub.

Tab. A.3 zeigt die entsprechenden Gleichungen für den stationären Fall, das heißt jeweils mit Index null. Bei einem gegebenen Widerstandsbeiwert $C_W|_0$ kann nun aus diesen

---

[9]Es stützt sich auf einen Bericht [4] von Stefan Notter, M.Sc., Institut für Flugmechanik und Flugregelung, Universität Stuttgart.

Tab. A.3 Parameter für den Schub

Formel	Größe
$A = \pi R^2$	Rotorfläche
$\sigma = \dfrac{N\bar{c}}{\pi R}$	Flächendichte
$\Lambda_{prop} = 2\dfrac{R}{\bar{c}}$	Streckung Rotorblatt
$a = \dfrac{2\pi\,\Lambda_{prop}}{2+\Lambda_{prop}}$	Auftriebsbeiwert
$B = 1 - \dfrac{\bar{c}}{2R}$	Blattspitzenverlust
Das folgende Gleichungssystem mit fünf Gleichungen muss nach der Trimmrotordrehzahl Ω_0 aufgelöst werden:	
$W_0 = \dfrac{\rho_0}{2} V_0^2 F_F\, C_W\vert_0$	Trimmwiderstand
$W_0 = c_{T,0}\rho_0 A\,(\Omega_0 R)^2$	Trimmschub
$c_{T,0} = \dfrac{\sigma a}{4}\,(\phi_t - \lambda_0)\,B^2$	Schubbeiwert
$\lambda_0 = \sqrt{\left(\dfrac{\sigma a}{16} - \dfrac{\lambda_{c,0}}{2}\right)^2 + \dfrac{\sigma a}{8}\phi_t} - \left(\dfrac{\sigma a}{16} - \dfrac{\lambda_{c,0}}{2}\right)$	Anströmverhältnis
$\lambda_{c,0} = \dfrac{V_0}{\Omega_0 R}$	Vorausgehendes Anströmverhältnis
$\delta_{F,0} = \dfrac{\Omega_0}{\Omega_{max}}$	Trimmschubhebelstellung
$k_\alpha = \dfrac{2R}{\bar{c}} + 2$	Dimensionslose Größen
$k_q = \dfrac{N}{4k_\alpha} - \dfrac{V_0}{2\Omega_{max}R\delta_{F,0}}$	Zur Beschreibung
$k_3 = \sqrt{k_q^2 + \dfrac{N\varphi_t}{2k_\alpha}}$	Des Schubmodells

Gleichungen die Drehzahl Ω_0 numerisch bestimmt werden. Damit liegt der stationäre Schub fest, es ist

$$T_0 = C_T(\Omega_0)\,\rho\,A\,(\Omega_0 R)^2.$$

Es sei hier angemerkt, dass der Schub T_0 in positiver x-Richtung wirkt, der Widerstand W_0 in negative Richtung. W_0 ist also auch positiv.

A.3.3 Ersatzgrößen

Einige Ersatzgrößen werden komplett vernachlässigt, also zu null gesetzt. Bei der Längsbewegung sind dies Z_q, Z_η, $M_{\delta F}$, $X_{\delta F}\sin(\alpha_0 + i_F)$ und bei der Seitenbewegung Y_ξ, Y_ζ, Y_p, Y_r, L_ζ, N_ξ. Für alle weiteren Ersatzgrößen können die Berechnungsformeln der Tab. A.4 entnommen werden. Es folgen ergänzende Erläuterungen zu ausgewählten Ersatzgrößen.

Tab. A.4 Berechnungsvorschriften für Ersatzgrößen

Formel	Ersatzgröße
Längsbewegung	
$Z_\alpha = -\frac{\bar{q}_0\, F_F}{m}\left(C_W\big|_0 + 2\,\pi\,\frac{\Lambda}{\Lambda+2}\right)$ $Z_V = -\frac{2\,\bar{q}_0\, F_F}{m\, V_0}\, C_{A,F}\big|_0$ $M_\alpha = \frac{2\,\pi\,\bar{q}_0}{I_y}\big(F_F\,(x_F - x_{\mathrm{CoM}})\frac{\Lambda}{\Lambda+2}$ $+\, F_{\mathrm{HLW}}\,(x_{\mathrm{HLW}} - x_{\mathrm{CoM}})\big)$	Nicksteifigkeit
$M_q = -\frac{\pi\,\rho_0\, V_0}{I_y}\big(F_F\,(x_{\mathrm{CoM}} - x_F)^2\,\frac{\Lambda}{\Lambda+2}$ $+\, F_{\mathrm{HLW}}\,(x_{\mathrm{CoM}} - x_{\mathrm{HLW}})^2\,\big)$	Nickdämpfung
$M_\eta = \frac{b_\eta\, t_{\mathrm{HLW}}\,\bar{q}_0}{I_y}\,(x_{\mathrm{HLW}} - x_{\mathrm{CoM}})\, C_{A\eta}\,(t_{\mathrm{HLW}})$	Höhenruderwirksamkeit
$X_\alpha = \frac{\bar{q}_0\, F_F}{m}\left(C_{A,F}\big|_0 - \frac{\partial C_W}{\partial \alpha}\Big|_0\right)$	Induzierter Widerstand
$X_V = -\frac{2\,\bar{q}_0\, F_F}{m\, V_0}\, C_W\big|_0$	Geschwindigkeitsdämpfung
$X_{\delta_F} = \dfrac{\pi\, N\, \Omega_{max}\, R^3\, \rho_0\left(\frac{k_\alpha-3}{k_\alpha-2}\right)^2}{2\,k_\alpha\, m}$ $\left[4\,R\,\delta_{F,0}\,\Omega_{max}\,(\varphi_t - k_3 + k_q) + V_0\left(1 - \frac{k_q}{k_3}\right)\right]$	Schubhebelwirksamkeit
Seitenbewegung	
$N_r = -\frac{C_W\big|_0\, F_F\, V_0\, b^2\, \rho_0}{12\, I_z}$	Gierdämpfung
$N_\beta = -\frac{2\,\pi\, F_{\mathrm{SLW}}\,\bar{q}_0}{I_z}\,(x_{\mathrm{SLW}} - x_{\mathrm{CoM}})$	Giersteifigkeit
$N_p = -\frac{C_{A,F}\big|_0\, F_F\, V_0\, b^2\, \rho_0}{24\, I_z}$	(negatives) Roll-Wende-Moment
$N_\zeta = \frac{b_\zeta\, t_{\mathrm{SLW}}\,\bar{q}_0}{I_z}\,(x_{\mathrm{SLW}} - x_{\mathrm{CoM}})\, C_{A\zeta}\,(t_{\mathrm{SLW}})$	Seitenruderwirksamkeit
$Y_\beta = -\frac{\bar{q}_0}{m}\left(C_W\big|_0\, F_F + 2\,\pi\, F_{\mathrm{SLW}}\right)$	Schiebe-Querkraft
$L_r = \frac{C_{A,F}\big|_0\, F_F\, V_0\, b^2\, \rho_0}{12\, I_x}$	(positives) Wende-Roll-Moment
$L_\beta = -\frac{\bar{q}_0\, b\, F_F}{2\, I_x}\left(\pi\,\nu\,\frac{\Lambda}{\Lambda+2} + C_{A,F}\big|_0\,\cos(\varphi_{25})\,\sin(\varphi_{25})\right)$	Schiebe-Roll-Moment
$L_p = -\frac{\pi\, F_F\, b^2\, \rho_0\, V_0}{12\, I_x}\,\frac{\Lambda}{\Lambda+2}$	Rolldämpfung
$L_\xi = -\frac{b_\xi\, t_F\,\bar{q}_0\, y_\xi}{2\, I_x}\, C_{A\xi}\,(t_F)$	Querruderwirksamkeit

Nickmomente

M_α erzeugt ein Nickmoment aufgrund einer Abweichung des Anstellwinkels vom Trimmzustand. Diese Abweichung führt zu einem erhöhtem Auftrieb am Flügel Z_F (schwanzlastig,

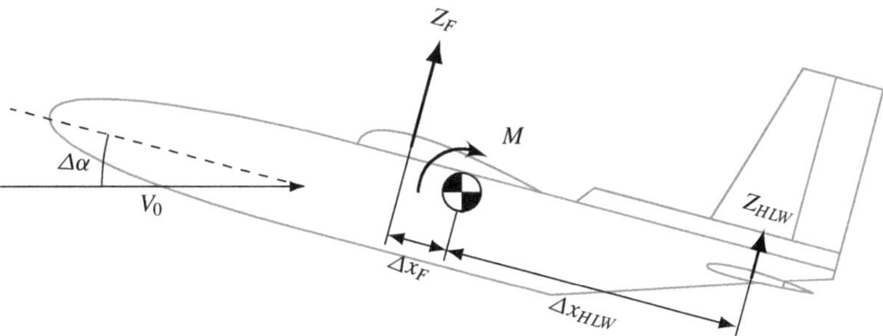

Abb. A.6 Veranschaulichung der Ersatzgröße M_α

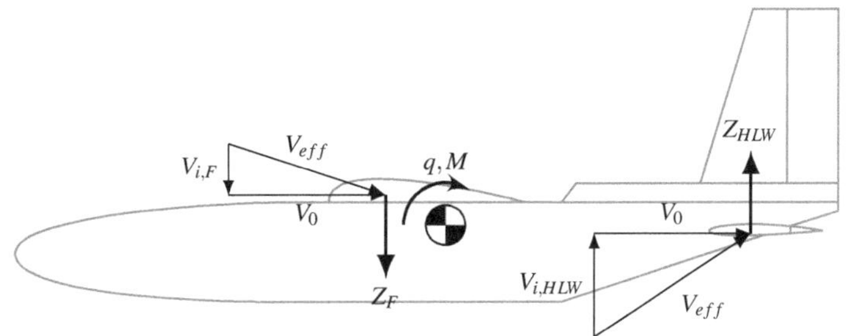

Abb. A.7 Veranschaulichung der Ersatzgröße M_q

destabilisierend) und am Höhenleitwerk Z_{HLW} (kopflastig, stabilisierend) siehe Abb. A.6. Die jeweiligen Momente ergeben sich durch Multiplikation mit den Hebelarmen, das heißt den Abständen vom Gesamtschwerpunkt. Üblicherweise dominiert der Effekt des Höhenleitwerks durch den großen Hebelarm und der Beiwert nimmt ein negatives Vorzeichen an, der Effekt ist insgesamt also stabilisierend.

M_q erzeugt ein Nickmoment aufgrund einer Nickrate und wird auch als Nickdämpfung bezeichnet. Durch eine positive Nickrate entsteht am Flügel eine zusätzliche Anströmung von oben mit $V_{i,F} = q\,(x_{\mathrm{CoM}} - x_F) < 0$, siehe Abb. A.7, was wiederum zu einem verringertem Auftrieb führt. Maßgeblich ist jedoch selbiger Effekt am Höhenleitwerk, sodass der Beiwert ein negatives Vorzeichen erhält und dadurch ein stark dämpfendes Moment entsteht.

Gier- und Rollmomente

Die Berechnung der Ersatzgrößen N_r, N_p, L_r und L_p ist vergleichsweise aufwändiger als bei anderen Ersatzgrößen, da die Drehgeschwindigkeiten r und p eine variable Anströmung über der Ausdehnung der Tragflächen in y-Richtung, also entlang der Spannweite, verursachen.

N_r beschreibt ein Giermoment aufgrund einer Gierrate und wird als Gierdämpfung bezeichnet. Durch eine positive Gierrate entsteht am linken Flügel eine höhere Anströmung,

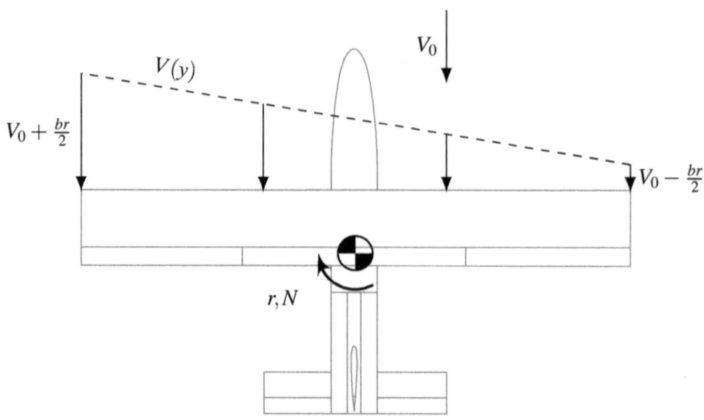

Abb. A.8 Zur Berechnung von N_r und L_r

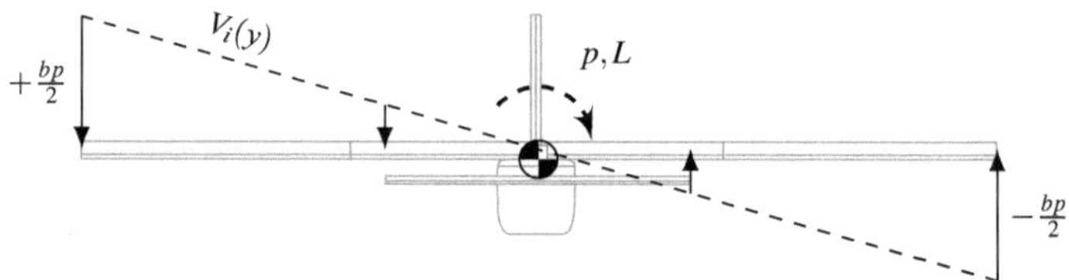

Abb. A.9 Zur Berechnung von N_p und L_p

siehe Abb. A.8. Diese führt zu einem höheren Widerstand am linken Flügel und umgekehrt. An einem Teilstück dy des Flügels entsteht ein Widerstand

$$dW = C_W|_0 \frac{\rho_0}{2} \left(V_0 + \Delta V(y)\right)^2 t_F \, dy.$$

Die durch die Gierung veränderte Anströmung ist

$$\Delta V(y) = -r \cdot y.$$

Das Giermoment entsteht durch Integration über die Spannweite:

$$N = \int_{-b/2}^{b/2} y \, dW.$$

Die Ableitung von N nach r ergibt dann die Ersatzgröße N_r, die in Tab. A.4 verzeichnet ist.

N_p ist das (negative) Roll-Wende-Moment. Die Rollrate erzeugt einen über der Spannweite veränderlichen Anstellwinkel, siehe Abb. A.9, was eine Auftriebskomponente entlang der freien Anströmung zur Folge hat. Diese bezeichnen wir im Folgenden mit dW_p. Die

Berechnung erfolgt auf ähnliche Weise wie bei N_r. Die entsprechenden Formeln für ein Teilstück dy lauten:

$$dW_p = -\left. C_A^{(F)}\right|_0 \frac{\rho_0}{2} V_0^2 (\alpha_0 + \alpha_i(y)) t_F \, dy,$$

$$\alpha_i(y) = \frac{p \cdot y}{V_0},$$

$$N = \int_{-b/2}^{b/2} y \, dW_p.$$

Die Ableitung von N nach p ergibt dann die Ersatzgröße N_p, die in Tab. A.4 verzeichnet ist.

L_r ist das (positive) Wende-Roll-Moment. Die Gierrate beeinflusst den Auftrieb entlang der Spannweite. Es ist

$$dA = -\left. C_A^{(F)}\right|_0 \frac{\rho_0}{2} (V_0 + \Delta V(y))^2 t_F \, dy,$$

$$\Delta V(y) = V_0 - r \cdot y,$$

$$L = \int_{-b/2}^{b/2} y \, dA.$$

Die Ersatzgröße L_r ergibt sich durch Ableitung von L nach r, wie es in Tab. A.4 verzeichnet ist.

L_p beschreibt ein Rollmoment aufgrund einer Rollrate. Durch die Rollrate wird der Anstellwinkel und somit der Auftrieb entlang der Spannweite beeinflusst.

$$dA = -C_A^{(F)}(\alpha_i(y)) \frac{\rho_0}{2} V_0^2 t_F \, dy,$$

$$\alpha_i(y) = \frac{p \cdot y}{V_0},$$

$$L = \int_{-b/2}^{b/2} y \, dA.$$

Die Ableitung von L nach p ergibt die Ersatzgröße in Tab. A.4.

Schub

Die Ersatzgröße $X_{\delta F}$ ergibt sich durch Ableitung des Schubes T nach der Schubhebelstellung, ausgewertet am stationären Betriebspunkt. Es ist

$$X_{\delta F} = \frac{1}{m} \frac{\partial T}{\partial \Omega} \frac{\partial \Omega}{\partial \delta_F}\bigg|_{\Omega_0, V_0, \rho_0}$$

$$= \frac{\Omega_{max}}{m} \frac{\partial T}{\partial \Omega}\bigg|_{\Omega_0, V_0, \rho_0}.$$

Eine ausgewertete Form dieser Gleichung ist als Berechnungsvorschrift in Tab. A.4 angegeben.

Literatur

1. Bschorer, S.: Technische Strömungslehre: Lehr-und Übungsbuch. Springer, Berlin (2018). https://www.ebook.de/de/product/23218073/leopold_boeswirth_sabine_bschorer_technische_stroemungslehre.html
2. Drela, M.: XFOIL: an analysis and design system for low reynolds number airfoils. In: Low reynolds number aerodynamics, S. 1–12. Springer, Heidelberg (1989). https://doi.org/10.1007/978-3-642-84010-4_1
3. Fichter, W., Grimm, W.: Flugmechanik. Shaker Verlag, Aachen (2009). https://www.ebook.de/de/product/16046608/walter_fichter_werner_grimm_flugmechanik.html
4. Notter, S.: Analytical propulsion model for propeller aircraft. Technischer Bericht, verfügbar am Institut für Flugmechanik und Flugregelung, Universität Stuttgart (2018)
5. Williams, J.E., Vukelich, S.R.: The USAF stability and control digital DATCOM, Bd. II. Implementation of DATCOM methods. Tech. rep, McDonnell Douglas Astronautics Company (1979)

Stichwortverzeichnis

© Springer-Verlag GmbH Deutschland, ein Teil von Springer Nature 2020
W. Fichter und J. Stephan, *Flugregelung*,
https://doi.org/10.1007/978-3-662-60907-1